U0326111

金属塑性成形技术基础及 CAE 工程应用

主 编 王晓溪 张 翔

副主编 石凤健 钱陈豪 段园培

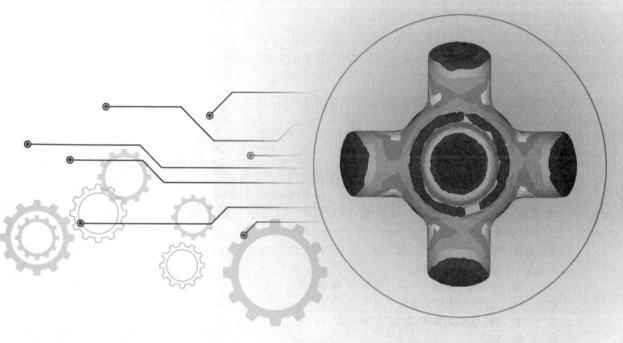

黑龙江大学出版社
HEILONGJIANG UNIVERSITY PRESS

哈尔滨

图书在版编目（CIP）数据

金属塑性成形技术基础及 CAE 工程应用 / 王晓溪，张
翔主编 . -- 哈尔滨 : 黑龙江大学出版社，2021.12（2022.8 重印）
ISBN 978-7-5686-0733-9

Ⅰ . ①金… Ⅱ . ①王… ②张… Ⅲ . ①金属－塑性变
形－高等学校－教材②金属－塑性变形－计算机辅助设计
－应用软件－高等学校－教材 Ⅳ . ① TG111.7

中国版本图书馆 CIP 数据核字（2021）第 277696 号

金属塑性成形技术基础及 CAE 工程应用
JINSHU SUXING CHENGXING JISHU JICHU JI CAE GONGCHENG YINGYONG
王晓溪　张　翔　主编　石凤健　钱陈豪　段园培　副主编

责任编辑　李　卉　于　丹　高　媛
出版发行　黑龙江大学出版社
地　　址　哈尔滨市南岗区学府三道街 36 号
印　　刷　三河市佳星印装有限公司
开　　本　787 毫米 ×1092 毫米　1/16
印　　张　23.5
字　　数　460 千
版　　次　2021 年 12 月第 1 版
印　　次　2022 年 8 月第 2 次印刷
书　　号　ISBN 978-7-5686-0733-9
定　　价　82.00 元

本书如有印装错误请与本社联系更换。

版权所有　侵权必究

前　　言

　　塑性成形既是材料制备的主要手段,又是装备制造的重要环节,在现代机械制造业中占有十分重要的地位,被广泛应用于航空航天、汽车工业、工程机械、交通运输、国防军事、日用工业等国民经济的重要部门和关键领域。金属材料塑性变形后,不仅能够获得所需零件的宏观外形,其组织性能还能得到改善和提高。虽然塑性成形过程十分复杂,且塑性成形方法多种多样并各具特点,但金属发生塑性变形时在金属学、力学和技术原理等方面具有共同的基础和规律。近年来,随着计算机硬件和信息技术的快速发展,有限元模拟仿真技术已成为对金属塑性成形过程进行科学预测、精确控制和优化设计的一种有效方法,也是塑性成形领域工程技术人员所必须要掌握的重要工具。

　　作为一所地方性、应用型本科院校,徐州工程学院与徐工集团(简称"双徐工")多年来保持着密切的产学研合作关系。在此背景下,编者按照学校编写计划的要求,围绕学科特色与专业优势,紧密结合工程机械产业发展需求,秉持以学生为中心、成果导向和持续改进的工程教育理念编写了本书,以满足当前我国机械制造业高素质、创新型应用人才培养的迫切需要。

　　本书为"双徐工"特色校企合作的重要成果之一,理论与实践并重,内容丰富,图文并茂,强调综合分析,突出工程应用,旨在培养学生运用塑性成形专业理论知识和CAE软件分析解决复杂工程问题的能力。全书内容共分两部分,第一部分为基础理论(1~5章),第二部分为工程应用(6~11章),由徐州工程学院王晓溪和江苏徐工工程机械研究院有限公司张翔担任主编,江苏科技大学石凤健、江南大学钱陈豪和安徽工程大学段园培担任副主编。各章节编写分工如下:第1、2、4、5、6章由王晓溪编写,第3章由段园培编写,第7~9章由张翔、石凤健、钱陈豪编写,第10~11章由张翔、王晓溪编写。朴南瑛、吴思远和袁峻池等同学参与了部分书稿文字校对与图片处理工作。全书由王晓溪、张翔统稿,并对所有CAE工程应用案例进行了验证。

　　感谢江苏科技大学材料科学与工程学院为本书编写提供DEFORM-3D正版软件使用支持,感谢安世工仿科技(成都)有限公司晏建军先生、余时建先生和胡洋先生等人在CAE软件操作使用方面给予的技术帮助。

　　本书在编写过程中,参阅了国内外塑性成形领域多位专家学者的相关教材、文献、著作和研究资料,在此特向有关作者和单位表示深切的谢意。

本书在出版过程中,还得到了徐州工程学院机电工程学院黄传辉院长、陈跃副院长、张磊副院长以及教务处石端虎副处长等领导和同事的大力支持,在此表示衷心的感谢。感谢江苏省重点学科(机械工程)、江苏省高校"青蓝工程"优秀教学团队以及江苏省一流本科专业(材料成型及控制工程)建设经费对本书出版提供的资助。

由于编者水平有限,且时间仓促,书中难免出现一些错误和不妥之处,恳请广大读者和同行批评指正。

编者

2021 年 12 月

内容简介

本书理论与实践并重,强调综合分析,突出工程应用,主要内容分为两部分:1~5章为基础理论部分,主要介绍金属塑性成形的物理基础、力学基础、技术基础以及有限元模拟基础等;6~11章为CAE工程应用部分,以大型商业有限元分析软件DEFORM-3D为平台,主要介绍体积金属成形有限元模拟、大塑性变形有限元模拟、典型零部件CAE分析、模具应力分析以及晶粒演变有限元模拟等。全书内容丰富,图文并茂,并含有配套CAE工程实例的电子学习资源,旨在培养学生运用塑性成形专业理论知识和CAE软件分析解决复杂工程问题的能力。

本书可作为高等工科院校材料成型及控制工程专业(塑性加工方向)本科生的教材,也可作为金属材料工程、机械工程等专业师生及有关工程技术人员的参考用书。

目　　录

第1章　绪论 ··· 1

1.1　塑性成形的发展 ·· 1

1.2　塑性成形的特点 ·· 2

1.3　塑性成形的分类 ·· 3

1.4　DEFORM 有限元工艺仿真系统 ······················· 5

1.5　课程任务与主要内容 ··· 5

第2章　金属塑性成形物理基础 ······················· 7

2.1　金属塑性变形的实质 ··· 7

2.2　金属塑性变形后的组织与性能 ·························· 13

2.3　金属的锻造性能 ··· 19

2.4　塑性变形基本规律 ·· 24

第3章　金属塑性成形力学基础 ····················· 27

3.1　塑性力学的基本假设 ·· 27

3.2　应力分析 ··· 28

3.3　应变分析 ··· 47

3.4　屈服准则 ··· 64

3.5　本构关系 ··· 72

3.6　真实应力－应变曲线 ·· 79

第4章　金属塑性成形技术基础 ····················· 85

4.1　自由锻 ··· 85

4.2　模锻 ·· 92

4.3　板料冲压 ··· 106

4.4　其他塑性成形方法 ··· 123

4.5　锻压件结构工艺性 ··· 131

4.6　塑性成形技术新进展 ······································ 138

第5章　金属塑性成形有限元基础 ················· 146

5.1　有限元法概述 ····························· 146

5.2　弹塑性有限元法 ························· 150

5.3　刚塑性有限元法 ························· 155

5.4　晶体塑性有限元法 ····················· 165

第6章　DEFORM-3D软件基本操作 ·············· 175

6.1　DEFORM-3D软件功能简介 ············ 175

6.2　DEFORM-3D软件基本操作 ············ 175

第7章　体积金属塑性成形有限元模拟 ··········· 184

7.1　反挤压 ································· 184

7.2　热模锻成形 ····························· 198

7.3　楔横轧成形 ····························· 215

第8章　大塑性变形有限元模拟 ················· 223

8.1　等通道转角挤压(ECAP) ··············· 223

8.2　反复镦压(CCDC) ····················· 229

8.3　高压扭转(HPT) ······················· 243

第9章　DEFORM-3D工程应用实例 ·············· 250

9.1　实例1:某汽车零件热锻成形 ··········· 250

9.2　实例2:十字轴闭塞锻成形 ············· 271

9.3　实例3:齿轮托架温锻成形 ············· 285

9.4　实例4:筒形工件旋压成形 ············· 309

第10章　模具应力有限元模拟 ··················· 317

10.1　问题分析 ······························· 317

10.2　创建宏观变形模拟 ····················· 317

10.3　创建模具应力分析 ····················· 319

第11章　晶粒演变有限元模拟 ··················· 326

11.1　微观组织模拟方法介绍 ················· 326

11.2　JMAK法组织演变模拟 ················· 327

11.3　CA法晶粒演变模拟 ··················· 356

参考文献 ····································· 365

第1章 绪论

1.1 塑性成形的发展

塑性成形又称为塑性加工或压力加工,是指利用金属的塑性使坯料在外力作用下发生塑性变形,从而获得具有一定形状、尺寸、精度和力学性能的毛坯、零件或原材料的加工方法。

塑性成形在我国的应用和发展历史,可以追溯到4000多年前,它是伴随着制陶、冶炼和铸造等工艺方法发展起来的,最初被用于制造劳动工具、炊具、刀剑等物品。早在青铜器时代,我国劳动人民就已发现金属铜具有良好的塑性变形能力,并掌握了锤击金属以制造工具的技术。当时采用的工艺以热锻为主,冷锻、箔材锤锻、丝材拉拔、板成形和冲压等技术也得到了应用。此外,我国古代对退火、冷加工硬化和锻造的本质等塑性加工基本理论知识有着极为深刻的认识,一些传统塑性成形方法能够流传至今,正是由于其蕴含着极高的工艺合理性,甚至有些工艺如捶金箔、打锡箔、铁画等都是现代成形技术所不及的。

19世纪以后,随着塑性力学基础理论的建立和完善,材料科学技术的飞速发展,信息、控制技术的不断进步,塑性成形作为一门真正的技术学科,被赋予崭新的内容和定义,在一定程度上反映了一个国家的制造水平和科技实力。目前,塑性成形成为现代制造业中金属加工的重要方法之一,在国民经济和国防建设的各个领域中得到了广泛的应用。例如,精密塑性成形是先进制造技术的重要组成部分,也是汽车工业和工程机械行业中应用广泛的制造工艺方法。它不仅可以节约材料和能源,减少加工工序和设备,降低生产成本,而且可以提高生产效率和产品质量,大幅提升产品的市场竞争力。20世纪90年代以来,塑性成形以新材料、新能源、人工智能和控制技术等为依托,正在以更快的速度、更大的灵活性、更加突出"精、省、净"的特点持续、快速地发展,以适应未来多样化及个性化的市场需求和发展趋势,提高企业对市场变化的快速响应能力。其中,数值模拟技术是金属塑性成形从经验化走向科学化的重大转折,使得现代汽车制造业实现了从简单形状零件到车身覆盖件等复杂形状零件成形的跨越式发展,近年来已逐渐真正进入实用阶段。

1.2 塑性成形的特点

1.2.1 塑性成形的优点

与传统铸造成形、切削加工和焊接等加工技术相比,塑性成形具有以下优点:

1.2.1.1 力学性能好

塑性成形能够有效焊合和消除金属液态成形过程中形成的气孔、缩孔和树枝晶等缺陷,从而得到完整、致密的金属组织。金属经塑性变形和再结晶后,粗大晶粒将发生显著破碎和细化,材料内部金属流线分布更加合理,力学性能得到明显改善和提高。因此,金属经塑性成形获得的零件力学性能通常优于铸件,一些承受冲击载荷或交变应力的重要零件(如机床主轴、齿轮、曲轴、连杆等),都应采用锻件毛坯进行加工。

1.2.1.2 材料利用率高

塑性成形过程中,由于金属主要依靠形状变化和体积转移来实现材料重新分配,不产生切削,即材料体积在变形前后基本保持不变,因此,与传统切削加工相比,可有效减少零件制造中的金属消耗,材料利用率较高。

1.2.1.3 生产效率高

塑性成形一般利用压力机和模具进行加工,生产效率高,易于实现机械化和自动化。例如,在双动拉深压力机上成形一个汽车覆盖件仅需短短几秒时间;采用多工位冷镦工艺加工内六角螺钉,比采用棒料切削加工效率约提高400倍。

1.2.1.4 尺寸精度和表面质量较高

随着先进塑性成形技术和设备的发展及应用,可实现毛坯或零件少切削甚至无切削加工。例如,采用精密锻造技术生产伞齿轮,其齿形部分可不经切削加工直接使用;采用精密锻造技术加工复杂曲面形状的叶片,产品只需磨削便可达到所需精度。

由于具有上述优点,近年来塑性成形在机械制造、汽车电子、航空航天、国防军工、仪器仪表和日用五金等方面得到了广泛的应用,成为当今装备制造领域的重要发展方向。

1.2.2 塑性成形的缺点

近年来,随着我国工业化水平的不断提高,塑性成形在发展过程中也逐渐凸显出一些缺点,主要表现为:

1.2.2.1 不能加工脆性材料

塑性成形主要依靠金属质点的塑性流动来实现,因此,所加工的坯料必须具有一定的塑性,脆性材料(如铸铁等)不能用于塑性成形。

1.2.2.2 产品形状(特别是内腔结构)不能太复杂

与传统铸造成形相比,塑性成形过程中金属质点的流动性较差,形状特别复杂的工件,特别是内腔结构复杂的工件,常常会因金属充填困难而难以成形加工。

1.2.2.3 设备和模具投资费用高

受加工设备和模具的限制,塑性成形难以加工体积特别大的毛坯或零件,且生产费用较高。因此,塑性成形多用于毛坯或零件的大批量生产。

1.3 塑性成形的分类

塑性成形的种类很多,每类又包含多种不同的加工方法。目前,各种分类方法尚不统一,通常可从两个方面进行分类。

1.3.1 根据加工时金属受力和变形特点分类

塑性成形按照加工时金属受力和变形特点不同,可分为体积成形和板料成形两大类。其中,体积成形是指在高温或室温下对金属块料、棒料或厚板进行成形加工的方法,主要包括锻造、轧制、挤压和拉拔等。板料成形又称板料冲压,是指利用成形设备通过模具对金属板料施加压力,使其产生塑性变形,进而获得所需形状、尺寸和性能的毛坯或零件的加工方法。由于板料成形通常在室温条件下进行,故又称为冷冲压。

图1.1为常见塑性成形工艺原理示意图。

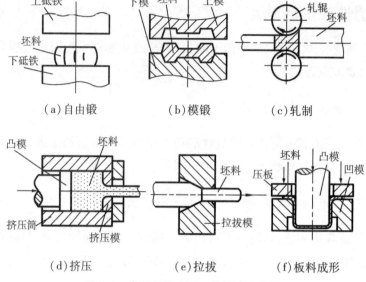

（a）自由锻　　　　　　（b）模锻　　　　　　（c）轧制

（d）挤压　　　　　　（e）拉拔　　　　　　（f）板料成形

图 1.1　常见塑性成形工艺原理示意图

塑性成形既是材料制备的主要手段，又是装备制造的重要环节。轧制、挤压、拉拔通常用来生产原材料（如管材、板材、型材等），属于基本材料的制备领域，俗称金属材料的一次塑性加工；锻造（包括自由锻和模锻）和板料成形主要用来生产毛坯或零件，属于零件成形制造领域，俗称金属材料的二次塑性加工。

1.3.2　根据加工时金属变形温度分类

塑性成形按照加工时金属变形温度的不同（通常以再结晶温度为界），可分为冷变形和热变形两大类。

1.3.2.1　冷变形

冷变形是指金属在其再结晶温度以下发生的塑性变形。冷变形过程中，金属无再结晶现象而只有加工硬化，因此需要很大的变形力，材料变形程度不宜过大，以免缩短模具寿命或使工件发生破裂。利用冷变形强化提高金属产品性能，使其获得较高的强度、硬度及表面质量，一般无须再进行切削即可作为零件使用。金属的冷冲压、冷弯、冷挤、冷镦、冷轧和冷拔均属于冷变形。

1.3.2.2　热变形

热变形是指金属在其再结晶温度以上发生的塑性变形。热变形过程中，金属加工硬化与回复和再结晶动态软化过程同时进行。因此，热变形后金属消除了冷变形强化的痕迹，具有均匀而细小的再结晶等轴晶粒组织。这种在塑性变形过程中发生的，而不是变形停止后发生的回复或再结晶称为动态回复或动态再结晶。

热变形条件下,由于金属保持了较小的变形抗力和良好的塑性,能够实现较大程度的塑性变形,因此可加工出尺寸较大和形状较为复杂的工件,同时还可以改善材料组织,提高力学性能。然而,热变形在高温条件下进行,劳动条件较差,生产效率也较低,且金属在加热过程中表面容易氧化和烧损,会影响产品尺寸精度和表面质量。金属的自由锻、模锻、热挤压和热轧成形等均属于热变形。

1.4 DEFORM 有限元工艺仿真系统

金属的塑性成形是一个典型的非线性复杂问题,受多种工艺参数和因素的共同影响,具有材料非线性、几何非线性和接触非线性等特点。近年来,随着现代计算机科学的快速发展和有限元分析的广泛应用,采用计算机辅助工程(Computer Aided Engineering,简称 CAE)技术分析塑性成形过程中金属流动变形规律成为实际生产过程中最有效的方法之一,其在工艺开发、模具设计和产品分析等方面发挥了重要作用。塑性成形 CAE 技术是指以工程和科学问题为背景,以现代计算力学为基础,利用有限元分析、有限差分法和(或)其他数学方法建立计算模型,并在计算机上对金属材料变形过程进行仿真分析(虚拟实验)。该技术的成功应用,一方面使得大量的复杂工程分析问题实现了简单化和层次化,缩短了模具和新产品的开发周期,降低了生产成本,提高了经济效益;另一方面,将有限元分析和传统实验方法结合起来,保证了产品质量,推动了模具现代制造业的快速发展,也促进了相关基础学科和应用科学的进步。

DEFORM 有限元工艺仿真系统是一套基于有限元分析的专业工艺仿真系统,拥有强大的有限元引擎和网格生成器,具有功能强大、界面友好、稳定性好、操作简单、易于使用等特点。它在一个集成环境内综合建模、成形、热传导和成形设备特性进行仿真分析,为实际工程生产提供极有价值的工艺分析数据,如材料流动、模具填充、锻造负荷、模具应力、晶粒流动、金属微结构和缺陷产生与发展情况等。DEFORM - 3D 软件适用于刚性、塑性以及弹性金属材料,粉末烧结材料,玻璃及聚合物材料等体积成形过程,是一个面向工程、面向用户、与 CAD 软件无缝对接的商业化有限元软件。

几十年来的工业实践证明,DEFORM 有限元工艺仿真系统有着卓越的准确性和稳定性,模拟引擎在大变形、行程载荷和产品缺陷预测等方面同实际生产相符,被国际成形模拟领域公认为处于同类型模拟软件的领先地位,具有十分广阔的应用和发展前景。

1.5 课程任务与主要内容

"金属塑性成形技术基础及 CAE 工程应用"是高等工科院校材料成型及控制工程

专业(塑性加工方向)一门重要的技术基础课。本课程的任务是对金属塑性成形过程中的物理现象、基本规律以及各种塑性成形技术的基本原理和工艺特点等问题加以阐述,在此基础上,通过工程实例介绍有限元数值模拟技术在塑性成形领域中的应用,详细剖析典型工程机械零部件产品 CAE 分析步骤及工艺设置过程,并对模拟过程中容易出现的一些问题进行分析,旨在培养学生运用专业理论知识进行塑性成形工艺优化设计以及解决复杂工程问题的能力。

本书在系统阐述塑性成形相关基础理论知识的同时,强调对学生综合分析及工程应用能力的培养,并适时反映塑性成形领域发展趋势和最新科研进展。全书内容共分为两部分,1~5 章为基础理论部分,主要介绍金属塑性成形基础理论知识,包括金属塑性成形的物理基础、力学基础、技术基础以及有限元基础理论。6~11 章为工程应用部分,以DEFORM-3D 软件为平台,介绍金属塑性成形 CAE 工程应用相关知识,包括体积金属成形有限元模拟、大塑性变形有限元模拟、DEFORM-3D 工程应用实例、模具应力有限元模拟以及晶粒演变有限元模拟等。

同时,为方便读者更好地掌握 DEFORM-3D 软件的应用操作,本书中所有的工程应用实例操作均附有二维码链接,读者可随时通过手机等移动终端扫描二维码学习,获取丰富的电子学习资源(如 STL 文件、KEY 源文件和工艺成形过程视频等),以便达到更好的学习效果。

第 2 章　金属塑性成形物理基础

金属坯料在外力作用下,尺寸和形状发生变化,其内部原子排列位置也发生变化。外力去除后,能够自行消失的可逆的变形称为弹性变形。当施加的外力足够大时,原子排列位置将发生不可逆变化,金属材料产生的不可逆的永久变形称为塑性变形。所谓塑性,是指在外力作用下,金属产生塑性变形而不发生破坏的能力,它是衡量金属变形难易程度的重要指标。一般来说,金属塑性越好,变形抗力越小,成形也就越容易。单晶体的塑性变形是金属晶粒内部变形的结果,而多晶体的塑性变形与组成它的各个晶粒的变形行为有关。

2.1　金属塑性变形的实质

2.1.1　单晶体塑性变形

常温和低温条件下,单晶体的塑性变形主要以滑移和孪生两种基本方式进行。

2.1.1.1　滑移

滑移是金属晶粒内部塑性变形的最主要方式,对金属塑性变形量的贡献最大。它是指在切应力的作用下,晶体(包括单晶体或多晶体的一个晶粒)的一部分相对于另一部分沿一定晶面和晶向产生相对位移,且不破坏晶体内部原子排列规律的塑性变形方式。上述特定的晶面和晶向分别被称为滑移面和滑移方向。一个滑移面和一个滑移方向的组合称为一个滑移系。图 2.1 表示单晶体滑移变形前后原子的排列方式。通常情况下,滑移系数目越多,金属塑性越好。

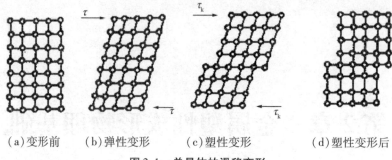

(a)变形前　　　（b)弹性变形　　　（c)塑性变形　　　（d)塑性变形后

图 2.1　单晶体的滑移变形

如图 2.2 所示,表面抛光的单晶体金属试样经过适量塑性变形后,在金相显微镜下可以观察到,其抛光的表面上出现很多相互平行的平直线条,称为滑移带。进一步经高分辨率电子显微镜分析可以发现,每条滑移带实际上是由一组相互平行的细线即滑移线组成的。这些滑移线实质为塑性变形后在试样表面上产生的一个个小"台阶","台阶"的高度约为 1000 个原子间距。因此,滑移带实际上是由相互靠近的一些滑移线所形成的大"台阶",滑移带的间距约为 10000 个原子间距。滑移线和滑移带如图 2.3 所示。

图 2.2　3.25%Si–Fe 单晶体中的平直滑移带

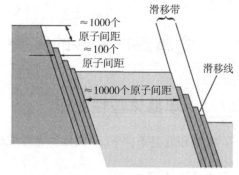

图 2.3　滑移线和滑移带示意图

滑移变形具有以下特点:

(1)滑移只能在切应力作用下发生。

晶体滑移的驱动力是外力在滑移系上的分切应力。要使滑移能够发生,需要沿滑移面的滑移方向上有一定大小的切应力,使滑移系开动的最小切应力称为临界切应力。临界切应力在一定条件下为一个定值,其大小与金属的种类、纯度、晶体结构、变形温度、应变速率和变形程度等因素有关。晶体塑性变形过程中,由于各个滑移系相对于外力的空间位向不同,因此其上所作用的分切应力大小也不同。

(2)滑移通常沿密排面和密排方向发生。

晶体中原子密度最大的晶面和晶向分别称为密排面和密排方向。由于原子密度最大的滑移面和滑移方向之间原子间距最大、结合力最弱,因此产生滑移所需切应力最小。金属塑性的好坏,与滑移面上原子的密排程度、滑移方向的数目有关。通常,原子密排程度越高,滑移方向越多,金属塑性越好。塑性变形过程中,晶体取向会不断发生变化,这一现象称为晶体的转动。它包括滑移面的转动和滑移方向的改变。

2.1.1.2　孪生

孪生是塑性变形的另一种常见方式。它是指在切应力作用下,晶体一部分沿一定晶面(孪生面)及晶向(孪生方向)相对于另一部分产生一定角度的均匀切变过程。发生切变的区域称为孪晶或孪晶带,如图2.4所示。孪生变形后,晶体内部已变形部分与未变形部分以孪晶面为对称面,构成了镜面对称的位向关系,镜面两侧晶体的相对位向发生了改变。在金相显微镜下,孪生一般呈条带状或透镜状组织,如图2.5所示。

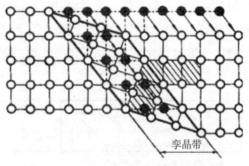

●—原子移动前的位置　○—原子移动后的位置

图2.4　孪生变形时原子移动示意图

图2.5　锌中的变形孪晶

孪生变形的难易程度取决于晶体结构和变形条件。密排六方金属如锌、镁、钛等由于室温下滑移系数目少,滑移变形难以进行,常以孪生变形为主。一些体心立方和面心立方结构金属在低温或高应变速率条件下,也会通过孪生进行塑性变形。

与滑移变形相比,孪生变形具有以下特点:

(1)孪生对金属塑性变形的直接贡献比滑移小很多。但当滑移受阻时,它能起到调整晶体取向、促进滑移继续进行的作用。

（2）在切变区域内，与孪生面平行的每一层原子的切变量与它距孪生面的远近成正比，即原子移动的距离是孪生方向原子间距的分数倍，而滑移是原子间距的整数倍。

（3）孪生后晶体变形部分取向发生了改变，而滑移后晶体变形部分取向均未改变。

（4）孪生为均匀切变，变形速率较大；而滑移仅在一些滑移面进行，变形不均匀。

2.1.2　多晶体塑性变形

2.1.2.1　概述

工程上应用的金属材料通常为多晶体。多晶体由许多取向不同的晶粒组成（图2.6），由于晶粒形状和大小各不相等，相邻晶粒空间取向互不相同且晶粒之间存在大量晶界，因此多晶体的塑性变形过程比单晶体更加复杂，包括晶内变形和晶界变形两部分，如图2.7所示。

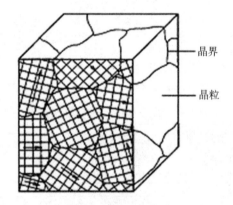

图2.6　多晶体示意图

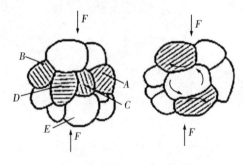

（a）晶内变形　　　（b）晶界变形

图2.7　多晶体的塑性变形

多晶体的晶内变形与单晶体塑性变形相似，其主要方式为滑移和孪生。而晶界变形主要为晶粒间的相对移动和晶粒的转动，包括晶界滑动和晶界迁移两种形式。晶界滑动是指在切应力作用下，晶粒沿晶界面所产生的剪切运动，可导致两个相邻晶粒发生相对位移,并在晶界与表面交接处形成"台阶";而晶界迁移是指晶界沿晶界法向的运动,其驱动力来自于变形畸变能,将导致相邻晶粒长大或被吞噬,直接影响变形金属加热后的组织和性能。

图2.8为晶界滑动和晶界迁移过程的示意图。可以看出,晶界滑动和晶界迁移能够协调各晶粒间的变形而不使相邻晶粒分离。图中A、B和C分别代表三个不同晶粒,其晶界汇交于1点。在切应力作用下,A、B晶界处首先产生滑动,B、C晶界随后在垂直方向发生迁移,汇交点由1移至2,从而使得相应晶粒边界位置发生变化。对于多晶体而言,晶界变形与晶内变形往往同时发生,两者之间的良好配合有利于金属获得最佳塑性。一般来说,金属在高温条件下更容易发生晶界滑动,并常伴随晶界迁移,即产生晶界变形。随着温度的升高,晶界变形占总变形量的比例也在不断增加。

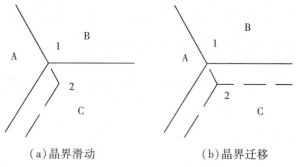

(a)晶界滑动　　　　　　　　(b)晶界迁移

图2.8　晶界滑动和晶界迁移过程

2.1.2.2　多晶体塑性变形特点

(1)变形复杂性

多晶体塑性变形比单晶体复杂得多,不仅包括晶内变形,还有晶界变形。此外,每个晶粒的变形都受到周围晶粒的约束,由于晶界两侧晶体学具有不连续性,各晶粒变形有先有后,不是同时进行的,进一步的变形需要多晶粒之间的协调动作来完成。

(2)变形不均匀

由于多晶体金属中各个晶粒的取向不同,所受的切应力大小不同,滑移优先在取向最有利的晶粒中进行,因此各晶粒的塑性变形程度不同,同一晶粒内的变形不均匀。冷变形条件下,由于晶界强度大于晶内强度,变形以晶内变形为主,即晶内变形量比晶界附近区变形量大得多。图2.9为双晶粒金属试样变形前后的形状对比。由于晶粒中心区域变形量较大,而晶界及其附近区域变形量较小,因此,试样经拉伸变形后,在晶界附近出现了"竹节"现象。

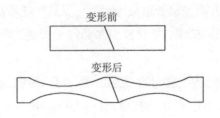

图2.9 双晶体变形的"竹节"现象

（3）变形抗力大

晶界能够强烈阻碍位错的滑移作用。滑移变形过程中，运动位错在晶界处受阻，从而产生位错塞积。随着变形不断进行，塞积位错的数目增多，造成较大的应力集中。同时，由于各晶粒取向不同，每个晶粒都需要进行多滑移以协调变形，必然会产生位错的交割，且晶粒越细小，割阶越多，阻力越大，材料的变形抗力也就越大。

2.1.3 细化晶粒对金属塑性变形的影响

常温下，金属材料的屈服强度 σ_s 与晶粒平均直径 d 满足下列关系式：

$$\sigma_s = \sigma_0 + \frac{K}{\sqrt{d}} \tag{2-1}$$

上式即为著名的霍尔-佩奇（Hall-Petch）公式。

式中，σ_0 和 K 皆为常数，σ_0 为晶内变形抗力，约为单晶体金属的屈服强度，K 与晶界结构有关，表征晶界对强度影响的程度；d 为多晶体中各晶粒的平均直径。

研究表明，细化晶粒是提高金属强度并改善其塑韧性的一种有效途径，也是降低多晶体塑性变形不均匀性的重要措施之一。这是由于金属内部晶粒越细小，单位体积内的晶粒数目越多，晶界总面积越大。此时，位错运动所需外部施加的应力越大，材料变形抗力越大，宏观则表现为金属强度越高。同时，单位体积内晶粒数目多，金属总变形量可分散到更多晶粒中，细小晶粒内部和晶界附近的应变差较小，变形更加均匀，由应力集中引起材料开裂的机会减少，材料的塑性得以改善。此外，晶粒尺寸越细小，晶界越曲折，越不利于裂纹的传播，从而在断裂过程中可以吸收的能量越多，使材料表现出的韧性越高。因此，在工业生产中，为使材料具有较高的综合力学性能，通常总是想方设法获得细小而均匀的晶粒组织。

2.2　金属塑性变形后的组织与性能

2.2.1　冷变形及其影响

2.2.1.1　组织变化特征

（1）形成纤维组织

金属塑性变形是一个复杂的过程,不仅其外形尺寸发生变化,其内部晶粒也会相应地被拉长或压扁。其中,变形方式和变形量对晶粒形状的变化起着决定性作用。变形量越大,晶粒伸长程度越明显,方向性越强。当变形量很大时,晶粒被拉长为细条状,难以分辨,呈纤维状条纹分布,晶界遭到破坏,变得模糊不清,通常称为纤维组织,如图2.10所示。

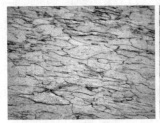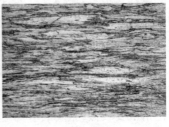

（a）变形量10%　　　（b）变形量40%　　　（c）变形量80%

图2.10　工业纯铁在不同变形程度下的显微组织（100×）

纤维组织使得金属力学性能呈现明显的各向异性,通常沿流线方向比垂直于流线方向具有更高的力学性能,尤其是塑性和冲击韧性。因此,在制定锻件热加工工艺时,必须合理控制金属流线的分布,尽可能使锻造流线方向与零件的受力方向一致。对于受力情况简单的零件,如曲轴、吊钩、齿轮、叶片等,应使锻造纤维的分布与零件外形轮廓相符而不被切断,流线方向与最大正应力方向保持一致,并在零件内部封闭,不在表面露头,以提高零件的性能。图2.11为在两种不同加工方式下棒料内部的流线分布情况。可以看出,经切削加工成形的螺栓头部与杆部流线不完全连贯,部分流线被切断[图2.11(a)],切应力沿流线方向,流线分布不合理,故螺栓质量较差;经局部镦粗加工的螺栓头部与杆部的流线连续并沿其外形轮廓分布[图2.11(b)],因此螺栓质量较好。

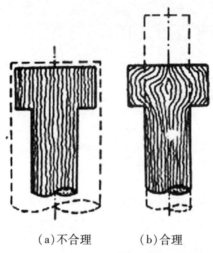

(a)不合理　　(b)合理

图 2.11　螺栓内部锻造流线示意图

（2）亚结构细化

塑性变形过程中，在外力作用下金属晶粒内部点缺陷数目急剧增加。同时，晶粒的充分破碎和细化也将产生大量位错，晶体内位错不断增殖，位错密度迅速升高。随着变形量的增加，位错之间发生复杂的交互作用形成位错缠结，使得位错继续运动的阻力增加，形成胞状亚结构。此时，变形晶粒由许多小单元的胞状亚结构组成，称为形变亚晶或变形胞，如图 2.12 所示。此时，亚结构的边界即胞壁处堆积大量位错，而胞内位错密度较低，胞间的取向差较小。随着变形量进一步增大，位错胞数目逐渐增多，尺寸不断减小，胞间的取向差增大。晶格严重畸变将导致位错滑移运动的阻力增加，材料变形抗力提高，出现冷变形强化现象。

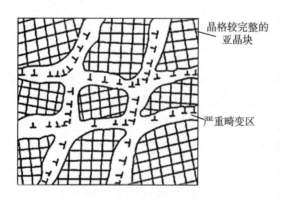

图 2.12　形变亚晶形成过程示意图

（3）形成变形织构

由于多晶体发生塑性变形时伴随着晶粒的转动，当变形量很大（70%～90%）时，在外力作用下多晶体中原为任意取向的各个晶粒，会逐渐调整其取向而彼此趋于一致。这种塑性变形使晶粒具有择优取向的组织，称为变形织构。

金属加工变形方式不同,可能会出现两种不同类型的变形织构,即丝织构和板织构,分别如图2.13和图2.14所示。拉拔时,各个晶粒的某一晶向与拔丝方向平行或接近平行,所形成的织构称为丝织构。轧制时,各个晶粒的某一晶面平行于轧制平面,某一晶向平行于轧制方向,所形成的织构称为板织构。

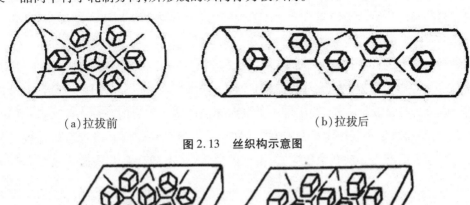

（a）拉拔前   （b）拉拔后

图2.13 丝织构示意图

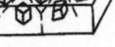

（a）轧制前   （b）轧制后

图2.14 板织构示意图

多数情况下,变形织构将使得金属材料在冷变形过程中的变形量分布不均匀,呈现各向异性,会对材料性能和加工工艺产生不利影响。例如,当使用有织构的板材拉深杯形件时,由于板材各个方向的变形能力不同,加工出来的工件壁厚不均、沿口不齐,出现所谓"制耳"现象(见图2.15),从而影响工件的质量和材料的利用率。但在某些情况下,变形织构的存在却是有利的。例如,因硅钢片沿⟨100⟩方向最易磁化,当采用具有这种变形织构的硅钢片制作电动机或变压器的铁芯时,可以减少铁损,提高设备利用率。

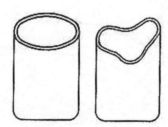

（a）无变形织构   （b）有变形织构

图2.15 杯形件因变形织构产生的"制耳"现象

（4）产生残余内应力

金属发生塑性变形时,由于金属内部变形不均匀以及存在点阵畸变,外力所做的功大部分转化为热能,一小部分(约占总变形功的10%)以点阵畸变能的形式保留在金属内部,形成复杂的残余内应力。

残余内应力一般分为三类:由金属工件或材料各部分间的宏观变形不均匀引起的称为宏观内应力(第一类内应力)。因晶粒或亚晶粒之间的变形不均匀而产生的称为微观内应力(第二类内应力),约占全部内应力的1%~2%。金属在塑性变形中产生大量点阵缺陷(如位错、空位、间隙原子等),使点阵中的一部分原子偏离其平衡位置,而造成的晶格畸变称为点阵畸变(第三类内应力)。在变形金属吸收的能量中,绝大部分(80%~90%)都用于点阵畸变。

残余内应力的存在通常对金属材料的性能是有害的,它将导致工件在加工、淬火过程中产生变形和开裂,造成金属材料耐蚀性下降。因此,金属经塑性变形后,通常需要进行退火处理,以减小或消除工件内部的残余内应力。但有时工件表面残留一层残余内应力,反而对延长其使用寿命有利。例如,采用喷丸和碳氮共渗表面热处理工艺使齿轮工件表面产生一层残余压应力,形成冷硬层,可有效提高其表面耐磨性和疲劳强度。

2.2.1.2 力学性能变化

随着变形程度的增加,金属材料强度和硬度升高而塑韧性下降的现象称为加工硬化,也称为冷作硬化或形变强化。图2.16给出了常温下塑性变形对低碳钢力学性能的影响规律。从图中可以看出,变形程度越大,材料的强度和硬度值越大,加工硬化现象越严重。这是由于塑性变形过程中,材料内部位错密度不断增加,大量位错运动时相互交割作用加剧,在滑移面上产生了许多晶格方向混乱的微小碎晶,滑移面附近的晶格也产生了畸变,增加了位错继续滑移的阻力,使得继续变形更加困难,材料变形抗力增大,因而提高了金属的强度。

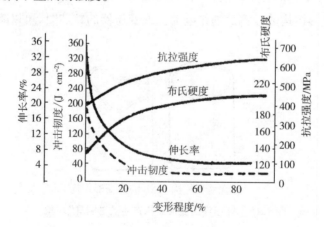

图2.16 常温下塑性变形对低碳钢力学性能的影响

工程中经常利用加工硬化来提高金属材料的强度。如起重用的钢索和建筑用的钢筋,常采用冷拔工艺以提高其强度。但另一方面,加工硬化会使金属材料变脆、变硬,且容易产生裂纹,给进一步的塑性变形带来困难。因此,往往需要在工序之间安排退火,使金属重新恢复变形的能力,以消除加工硬化带来的不利影响。

2.2.2 回复

回复是指经冷塑性变形的金属在较低温度加热的过程中,原子获得热能,使冷变形时处于高位能的原子恢复到正常排列,从而消除变形产生的晶格扭曲的过程,如图2.17所示。

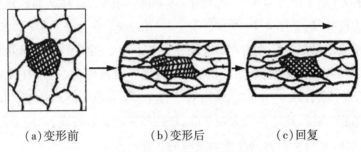

(a)变形前   (b)变形后   (c)回复

图2.17 金属回复示意图

对于纯金属,回复一般发生在 $0.25T_m \sim 0.3T_m$ 的温度范围(其中,T_m 为熔点温度,单位为 K)。由于回复不改变晶粒的形状以及变形晶粒的取向,也不能使晶粒内部的破坏现象及晶界间物质的破坏现象得到恢复,只是逐渐消除晶格的扭曲程度,因此,在回复阶段,金属内部组织变化不明显,其强度、硬度略有下降,塑性略有提高,但某些物理、化学性能会发生显著变化,如电阻显著下降,抗应力腐蚀能力提高等,第一类内应力基本消除(图2.18)。

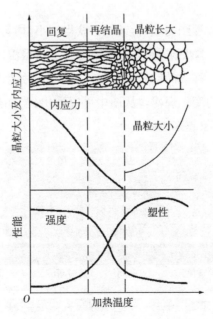

图2.18 冷变形金属加热过程中组织和性能变化示意图

工业上,通常利用回复对冷变形金属进行低温加热,既稳定组织又保留加工硬化,这种热处理方法称为去应力退火。

2.2.3　再结晶

当变形金属被加热至较高的温度时,金属原子将获得更高的热能。此时,由于原子活动能力增强,通过金属原子的扩散,因加工硬化被破碎拉长的晶粒形状开始发生变化,金属内部逐渐生成许多无畸变、细小、等轴的新晶粒,这种新晶粒代替原变形晶粒的过程即为再结晶,如图2.19所示。

发生再结晶的最低温度称为再结晶温度,记为 $T_{再}$。再结晶温度不是一个物理常数,它受变形程度、材料纯度、加热时间、加热速度等因素影响,通常在较大范围内变化。一般对于纯金属,$T_{再} = 0.4T_{m}(K)$,对于合金,$T_{再} = (0.5 \sim 0.7)T_{m}(K)$。冷变形金属经再结晶后,强度、硬度将会大幅下降,塑性和韧性显著提高,内应力完全消失,加工硬化状态消除,金属重新回到冷变形之前的状态。

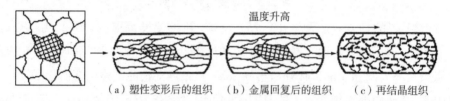

（a）塑性变形后的组织　　（b）金属回复后的组织　　（c）再结晶组织

图 2.19　金属再结晶过程示意图

2.2.4　晶粒长大

冷变形金属再结晶过程刚完成时,通常会获得细小、均匀的等轴晶粒组织,此时金属处于较低的能量状态。随后若继续升高温度或延长保温时间,晶粒之间将互相吞并,导致晶粒进一步长大,称为晶粒长大现象。图2.20为纯铁冷拔变形后在550 ℃加热不同时间的显微组织的变化规律。从图中可以看出,当加热温度一定时,随着保温时间的延长,晶粒长大现象越来越明显。

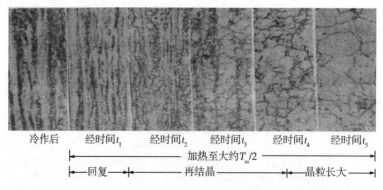

图 2.20　纯铁冷拔90%后在550 ℃加热不同时间的显微组织

晶粒长大是一个自发的过程,其驱动力是晶粒长大前后的界面能差,它能减小晶界总面积,从而降低总的界面能,使组织更加趋于稳定。一般情况下,大多数晶粒几乎同时逐渐均匀长大,这种现象称为正常长大。但若加热超过一定温度或保温时间较长,则会有少数晶粒逐步"吞并"周围大量小晶粒而急剧长大,其尺寸可超过原始晶粒的几十倍或上百倍,这种晶粒长大过程称为异常晶粒长大或二次再结晶,如图2.21所示。

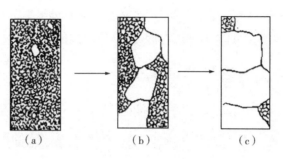

（a）　　　　　　（b）　　　　　　（c）

图2.21　异常晶粒长大过程示意图

2.3　金属的锻造性能

塑性变形过程中,变形程度的大小对金属材料的组织和性能具有重要的影响。金属的锻造性能是指金属经受锻造成形的能力,常用塑性和变形抗力两个指标来衡量。金属的塑性越好,变形抗力越小,锻造性能越好,越有利于加工成形。

2.3.1　锻造比

锻造过程中,常用锻造比(坯料变形前后横截面积或高度之比)来表示金属坯料变形程度的大小,它是衡量金属工艺性能好坏的重要指标之一。根据锻造过程中成形工序的不同,锻造比可分为拔长锻造比和镦粗锻造比两种。

拔长锻造比($Y_{拔}$)是指金属坯料拔长前的横截面积(F_0)与拔长后的横截面积(F)之比或拔长后的长度(L)与拔长前的长度(L_0)之比,即:

$$Y_{拔} = \frac{F_0}{F} = \frac{L}{L_0} \qquad (2-2)$$

镦粗锻造比($Y_{镦}$)是指金属坯料镦粗后的横截面积(F)与镦粗前的横截面积(F_0)之比或镦粗前高度(H_0)与镦粗后高度(H)之比,即:

$$Y_{镦} = \frac{F}{F_0} = \frac{H_0}{H} \qquad (2-3)$$

正确选择锻造比对于改善金属组织和提高锻件质量具有重要意义。实际生产中,应根据金属材料的种类、锻件尺寸以及性能要求、锻造工序等多方面因素进行综合考虑,做出合理选择。随着锻造比的增加,铸态粗大晶粒得到破碎和细化,锻件内部的孔隙、疏松等材料缺陷锻合,金属流线分布趋于均匀,组织更加致密,锻件各项力学性能指标如强度、塑性、韧性和抗疲劳性能等均得到提高。若锻造比过小,则达不到细化晶粒、提高金属力学性能的目的。然而,锻造比并非越大越好。当锻造比增加至一定数值后,由于金属组织的致密程度和晶粒细化程度已达到极限,力学性能将不再升高。此时若继续变形,不但会增加锻造的工作量,还会产生纤维组织,导致材料出现各向异性。锻造比超过金属允许的变形程度极限,还会导致锻件出现裂纹甚至发生开裂。

2.3.2 影响金属锻造性能的因素

金属的锻造性能不仅取决于它的成分和组织等内在因素,还与变形温度、变形速度和应力状态等外在条件密切相关。

2.3.2.1 金属的本质

(1)化学成分

金属的化学成分不同,则塑性不同,其可锻性也不同。一般情况下,纯金属的可锻性比合金好。例如,纯铁的塑性比碳含量高的碳钢好,变形抗力也较小。当钢中加入合金元素,特别是加入一些强碳化物形成元素(如铬、钼、钨、钒等)时,由于合金碳化物会在钢中形成硬化相,导致钢的变形抗力增大,因此塑性变形能力显著下降。通常合金元素含量越高,其塑性越差,变形抗力越大,可锻性越差。此外,杂质元素会降低钢的塑性成形能力,对钢的锻造性能会产生不利影响,如磷会使钢出现冷脆性,硫会使钢出现热脆性。

(2)组织状态

金属内部的组织状态不同,其锻造性能也有很大差别。一般情况下,纯金属及固溶体具有良好的可锻性,而碳化物的可锻性较差。例如,碳钢在高温下为单相奥氏体组织,可锻性好,而纯铁和低碳钢主要以铁素体为基体,塑性比高碳钢要好,变形抗力也小。随着碳含量的增加,钢中的碳化物逐渐增多,在高碳钢中甚至会出现硬而脆的网状渗碳体,钢的塑性下降,变形抗力增加,可锻性变差。铸态柱状晶和粗大的树枝晶塑性较差,而均匀、细小的等轴晶组织塑性较好,如超细晶组织在特定的变形条件下,还会出现超塑性现象。

2.3.2.2 变形条件

(1)变形温度

变形温度是影响金属塑性变形的一个重要工艺参数,它对生产率、产品质量以及材料的利用率等均具有极大的影响。

在一定的温度范围内,随着变形温度的升高,原子动能增加,金属软化过程占据主导,材料塑性提高,变形抗力降低,锻造性能得到明显改善。扩大锻造温度范围,对改善金属的锻造性能有利,实际生产中应选择尽量高的加热温度和宽的温度范围进行锻造。变形温度过低,金属塑性差,变形抗力大,锻造性能差,锻件易开裂;变形温度过高,金属表面易氧化、脱碳以及产生过热、过烧等缺陷,也会对锻造性能产生不利影响。

锻造温度指锻件始锻温度与终锻温度之间的范围。确定合理的锻造温度,对于改善金属锻造性能,提高锻件生产率和产品质量,以及减少坯料和金属的消耗均有直接影响。若始锻温度过高且加热时间过长,金属坯料将会出现过热现象,发生表面氧化烧损和严重脱碳,导致锻后晶粒粗大,锻件力学性能下降;当加热温度接近熔点时,晶界因氧化将会遭到破坏,金属将失去塑性而直接报废,这种现象称为过烧。若终锻温度过低,金属未发生再结晶现象,则加工硬化严重,变形抗力急剧增加,甚至会导致锻件发生破裂。因此,实际生产中应严格控制锻件的锻造温度。

图2.22为碳钢的锻造温度范围。从图中可以看出,为获得均匀、细小的锻后再结晶组织,碳钢的始锻温度应低于固相线200 ℃左右,终锻温度应高于再结晶温度(约为800 ℃)。

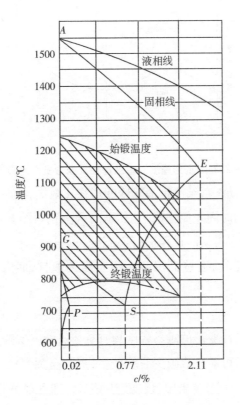

图2.22　碳钢的锻造温度范围

（2）变形速度

变形速度即单位时间内的变形程度。金属锻造过程中,将产生塑性变形功,一小部分散失到周围介质中,绝大部分将转换为热能保留在金属内部,使锻件温度升高。这种因塑性变形而产生的热量使变形体温度升高的现象,称为温升效应。当变形速度较小时,温升效应不明显,此时金属材料以强化变形为主。变形速度越大,变形抗力及单位体积的变形功越大,转化为热能的那一部分能量也就越大。由于变形时间短,热量散失少,锻件的温升效应明显。因此,随着金属塑性的提高,其变形抗力降低,锻造性能得到改善。

变形速度对金属锻造性能的影响较为复杂,应综合考虑变形中温升效应和动态再结晶的影响。图 2.23 给出了变形速度对金属塑性与变形抗力的影响规律。可以看出,在变形速度小于 a 的阶段,随着变形速度的增加,由于回复和再结晶过程来不及进行,材料产生的加工硬化现象无法消除,金属塑性降低,变形抗力增大,锻造性能变差。当变形速度达到 a 时,金属的塑性最低,变形抗力最大。当变形速度大于 a 时,随着变形速度增加,消耗于塑性变形的能量有一部分转化为热能,金属内部温度升高,温升效应明显,因此塑性增加,变形抗力降低,锻造性能变好。

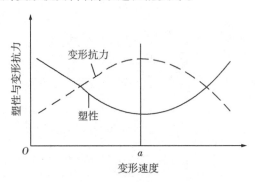

图 2.23　变形速度对金属塑性及变形抗力的影响

高温锻造过程中,动态再结晶可消除冷变形强化效应,从而降低变形抗力。然而,动态再结晶需要一定的时间才能完成,尤其是高合金钢再结晶温度高,再结晶速度缓慢,高速变形将导致动态再结晶过程进行不充分,材料变形抗力大,变形困难。因此,为保证变形过程顺利进行,有些高温合金不宜高速锻打,而应采用低速压力机锻压成形。

（3）应力状态

应力状态对金属塑性变形的难易程度具有重要影响。实践证明,压应力使金属内部缺陷焊合,组织密实,可防止或减少裂纹产生,提高金属塑性;而拉应力则易在金属内部微孔及微裂纹处产生应力集中,促使缺陷扩展,加速晶界破坏,造成金属塑性下降,甚至发生断裂。因此,在三向应力状态下,压应力的数目越多,金属塑性越好,塑性变形越容易;而拉应力的数目越多,金属塑性越差。

金属塑性变形工艺不同,所产生的应力大小和性质(拉应力或压应力)也不同。实际生产中,可以通过改变应力状态来提高金属的塑性。如图 2.24 所示,金属在挤压变形时处于三向压应力状态,比在拉拔时处于两向压应力状态和一向压应力状态呈现更好的塑性。对于塑性较差的金属,应尽量采用三向压应力状态的成形加工工艺,以充分发挥其塑性。此外,圆棒拔长时采用 V 形砧或圆形砧替代平板形砧,可使侧向压应力数目增加,金属塑性提高,更有利于变形,从而提高拔长效率。

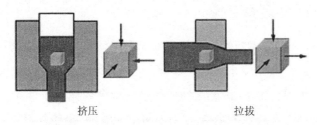

图 2.24　挤压和拉拔过程中金属的应力状态

金属所处的应力状态不同,变形抗力也不同。拉应力使金属容易产生滑移,变形抗力减小;而压应力则会使金属内部摩擦力增大,材料变形抗力增大。因此,对于塑性较好的金属,变形时出现拉应力可以减少变形能量的消耗,而对于塑性较差的金属,则应尽量在三向压应力状态下变形,以免产生裂纹,但同时也对模具寿命和锻压设备提出了更高的要求。实际生产中,在选择锻件具体塑性成形方法时,应充分考虑应力状态对金属锻造性能的影响。

(4)其他因素

除上述因素外,摩擦条件也是影响金属锻造性能的一个重要因素。摩擦力越大,变形越不均匀,所引起的附加应力越大,从而导致变形抗力越大,塑性越低,金属锻造性能越差。因此,生产中应尽可能提高毛坯的表面质量,选用合适的润滑剂和润滑方法,以减小金属流动时的摩擦阻力。

由于塑性变形主要依靠模具使材料成形,因此模具结构对金属塑性成形有很大影响。实际生产中,应合理设计模具结构和工艺参数,使金属具有良好的流动条件。例如,为减小模锻时金属成形流动的阻力,避免割断纤维和出现折叠,锻模模膛深度不宜太大且在转向深处应设有适当的圆角。

综上所述,金属的锻造性能既取决于金属材料的性质,又取决于变形条件。塑性变形过程中,应充分考虑各种因素的综合影响,合理选择成形工艺,力求为金属塑性变形创造最有利的加工条件,才能充分利用金属的塑性获得合格的制品。

2.4 塑性变形基本规律

金属塑性变形遵循着一定的基本规律。深入了解塑性变形过程中金属质点流动的规律,即在给定条件下,变形体内将出现什么样的速度场和位移场,以确定物体形状、尺寸的变化及应变场,可为进一步选择变形工艺和设计模具奠定理论基础。

2.4.1 体积不变定律

体积不变定律是指金属塑性变形前后的体积保持不变,即体积为常数,也称为不可压缩定律。实际上,塑性变形过程中金属的总变形包括塑性变形与弹性变形两部分,卸载后弹性变形自行消失,因此塑性变形过程中金属体积不能精确等于卸载后金属体积。同时,塑性变形还能将金属坯料内部间隙、孔洞、疏松和裂纹等缺陷焊合或消除,使得材料密度增加,体积略有减小。但这些微小体积变化与变形坯料宏观体积相比太小,可以忽略不计。因此,为方便起见,金属塑性变形过程中坯料和锻模模膛尺寸等均可以根据体积不变定律来进行简化计算。

2.4.2 临界切应力定律

滑移是在切应力作用下进行的,当晶体受力时,并非所有的滑移系都同时参与滑移,只有当外力在某一滑移系中的分切应力达到某一临界值时,该滑移系才能开动,晶体才开始滑移。通常把使滑移系开动的最小切应力称为滑移的临界切应力,用 τ_k 表示。

图 2.25 以单晶体金属拉伸为例,来讨论滑移时的分切应力。设圆柱形金属单晶体试样的横截面积为 A,受轴向拉力 F 作用,F 与滑移方向夹角为 λ,F 与滑移面法线方向夹角为 φ,则 F 在滑移方向上的分力为 $F\cos\lambda$,滑移面的面积为 $A/\cos\varphi$。因此,拉力 F 在滑移方向上的分切应力 τ 可用下式表示:

$$\tau = \frac{F\cos\lambda}{A/\cos\varphi} = \frac{F}{A}\cos\lambda\cos\varphi \qquad (2-4)$$

式中,F/A 为试样拉伸时横截面的正应力,当滑移系中的分切应力达到其临界值 τ_k 时,晶体开始滑移,这时在宏观上金属开始出现屈服现象,即 $F/A = \sigma_s$,将其代入上式,可得:

$$\tau_k = \sigma_s\cos\lambda\cos\varphi \qquad (2-5)$$

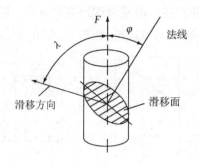

图 2.25　单晶体滑移时的分切应力示意图

晶体滑移的驱动力来源于外力在滑移系上的分切应力。在一定的温度和变形速度下,临界切应力为一恒定值,其数值大小取决于金属的种类、纯度、变形温度与加载速度,而与外力的大小和方向无关。例如,变形温度升高,新滑移系的开动使得临界切应力降低,滑移将变得更加容易进行,而快速变形则可提高临界切应力。拉伸和压缩变形过程中,晶面发生转动使得晶体各部分相对外力的取向不断改变,能够使原来不利于滑移的取向转到有利于滑移的取向,从而开动更多的新滑移系而发生多系滑移;反之,也可以使原来有利于滑移的取向转到不利于滑移的取向,使已开动的滑移系停止动作。

2.4.3　最小阻力定律

塑性变形过程中,若金属质点有可能向各个不同的方向移动,则每一质点将沿着阻力最小的方向移动,这一变形规律称为最小阻力定律。通常情况下,质点流动阻力最小的方向为通过该质点指向金属变形部分周边的法线方向。

最小阻力定律可以确定塑性变形中金属质点的移动方向,进而控制金属坯料变形的流动方向。在塑性成形工艺及模具设计中,通过调整某些方向的金属流动阻力来改变其流动量,能够达到合理成形、降低能耗、提高生产率的目的。例如,在锻模结构设计时,既要考虑减少模具某部分的阻力,以利于金属坯料流动成形,不产生缺陷,又要考虑增大模具某部分的阻力,以保证金属能够充满整个模腔。又如,利用闭式滚挤和闭式拔长进行模锻制坯时,采用椭圆形或菱形截面的型腔,可增大金属向侧边流动的阻力,在高度方向的变形量相同的情况下,可增大长度方向的伸长量,进而提高滚挤和拔长的效率。

在平砧间镦粗具有足够塑性的金属坯料时,锤头与坯料之间的摩擦阻力会阻碍金属流动。金属流动距离越短,摩擦阻力越小,金属的流动就越容易。例如,各向同性矩形截面的金属坯料在无摩擦的平板间镦粗时,材料内部各质点分别沿着由横截面中心向四周的放射线方向流动,发生均匀变形,如图 2.26(a)所示。实际镦粗变形时,由于平砧与坯料接触面间不可避免地存在摩擦,沿四边垂直的方向摩擦阻力最小,而沿对角线阻力最大,因此,金属质点主要沿垂直四边方向流动。随着变形程度的增加,坯料断面趋向于椭圆形,并最终逐渐形成圆形,如图 2.26(b)所示。

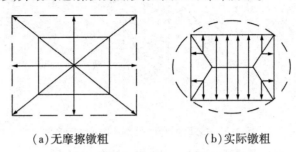

(a)无摩擦镦粗　　　　　　　(b)实际镦粗

图 2.26　矩形截面金属坯料镦粗流动模型

第3章 金属塑性成形力学基础

3.1 塑性力学的基本假设

在外力作用下,金属由弹性状态进入塑性状态。金属的塑性变形行为不仅与材料组织性能相关,还与其力学状态有关。研究金属在塑性状态下的力学行为称为塑性理论或塑性力学,它是连续介质力学的一个分支。由于金属塑性成形是一个非常复杂的过程,受数学方法求解问题的限制,获得塑性成形问题的精确解通常十分困难。

为简化研究过程,建立理论公式,在研究塑性力学时,通常采用以下基本假设:

3.1.1 连续性假设

变形体内均由连续介质组成,即整个变形体内不存在任何空隙,材料是密实的。这样,应力、应变、位移等物理量都是连续变化的,且可以表示成坐标的连续函数。

3.1.2 均匀性、各向同性假设

变形体内各质点的组织、化学成分都是均匀而且相同的,即各质点在各个方向上的物理性能和力学性能均相同,且不随坐标的改变而变化。

3.1.3 初始应力为零假设

物体在受外力之前处于自然平衡状态,即附加内力为零,物体变形时内部所产生的应力仅由外力引起。

3.1.4 体积力为零假设

塑性变形时,虽然体积也有微量变化,但相对于塑性变形量,可以忽略不计,即假设体积保持不变。因此,对于一般的塑性成形过程,体积力如重力、磁力、惯性力等与面力相比是十分微小的,可忽略不计。

3.1.5　体积不变假设

物体在塑性变形前后的体积保持不变。

在塑性理论中,分析问题要从静力学、几何学和物理学等角度来考虑。静力学角度一般假设物体塑性变形时是处于表面作用力下的静力平衡系统,从变形体中质点的应力分析出发,根据静力学平衡条件导出该点附近各应力分量之间的关系,即应力平衡微分方程。几何学角度是根据变形体的连续性和均匀性假设,用几何方法导出小应变几何方程,反映各应变分量与位移之间的关系。物理学角度则是根据实验和基本假设导出变形体内应力与应变之间的关系式,即本构方程。此外,还要建立变形体由弹性状态进入塑性状态并使塑性变形继续进行所需的力学条件,即屈服准则。

以上就是塑性变形的力学基础,对物体进行变形分析时,首先要了解变形体内任意一点的应力、应变状态。

3.2　应力分析

应力分析的目的在于求解变形体内的应力分布,即求解变形体内各点的应力状态及各应力分量随坐标位置的变化情况,这是正确分析工件塑性加工有关问题的重要基础。

3.2.1　张量的基本知识

3.2.1.1　角标符号和求和约定

成组的符号和数组用一个带下角标的符号表示,这种符号叫角标符号。如直角坐标系的3根轴x、y、z,可写成x_1、x_2、x_3,用角标符号简记为$x_i(i=1,2,3)$;空间直线的方向余弦l、m、n可写成l_x、l_y、l_z,简记为$l_i(i=x,y,z)$。如果一个坐标系带有m个角标,每个角标取n个值,则该角标符号代表着n^m个元素,例如:$\sigma_{ij}(i,j=x,y,z)$就包含有$3^2=9$个元素,即9个应力分量。

运算中,常遇到n个数组各元素乘积求和的形式,例如:

$$a_1x_1+a_2x_2+a_3x_3=\sum_{i=1}^{3}a_ix_i=p \qquad (3-1)$$

为了省略求和记号$\sum$,引入如下的求和约定:在算式的某一项中,如果有某个角标重复出现,就表示要对该角标自1到n的所有元素求和。根据这一约定,上式可简记为:

$$a_i x_i = p \ (i = 1,2,3) \tag{3-2}$$

上述重复出现的角标叫哑标,而在用角标表示的算式中有不重复出现的角标,称为自由标。自由标不包含求和的意思,但可以表示该等式代表的个数。在一个等式中,要注意区分哑标和自由标。

3.2.1.2　张量的基本概念

有些简单的物理量,只需要一个标量就可以表示,如距离、时间、温度等。有些物理量是空间矢量,如位移、速度和力等,需要用空间坐标系中的 3 个分量来表示。更有一些复杂的物理量,如应力状态和应变状态,需要用空间坐标系中的 3 个矢量,即 9 个分量才能完整地表示,这就需要引入张量的概念。

张量是矢量的推广,可定义为若干个当坐标系改变时满足转换关系的所有分量的集合。广义地说,绝对标量就是零阶张量,其分量数目为 $3^0 = 1$;矢量就是一阶张量,有 $3^1 = 3$ 个分量;应力状态、应变状态是二阶张量,有 $3^2 = 9$ 个分量。

设有某物理量 P,它关于 $x_i(i = 1,2,3)$ 的空间坐标系存在 9 个分量 $P_{ij}(i,j = 1,2,3)$。若将 x_i 空间坐标系的坐标轴绕原点 O 旋转一个角度,则得到新的空间坐标系 $x_k(k = 1',2',3')$,如图 3.1 所示。

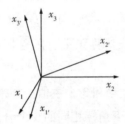

图 3.1　空间坐标系 x_i 与 x_k

新坐标系 x_k 的坐标轴关于原坐标系 x_i 的方向余弦可记为 l_{ki} 或 $l_{lj}(k,l = 1',2',3';\ i,j = 1,2,3)$。由于 $\cos(x_k,x_i) = \cos(x_i,x_k)$,因而可以得出 $l_{ki} = l_{ik}, l_{lj} = l_{jl}$。新旧坐标系间的方向余弦如表 3.1 所示。

表 3.1　新旧坐标系间的方向余弦

	x_1	x_2	x_3
$x_{1'}$	$l_{1'1}$	$l_{1'2}$	$l_{1'3}$
$x_{2'}$	$l_{2'1}$	$l_{2'2}$	$l_{2'3}$
$x_{3'}$	$l_{3'1}$	$l_{3'2}$	$l_{3'3}$

物理量 P 在新坐标系 x_k 的 9 个分量为 $P_{kl}(k,l = 1',2',3')$。若这个物理量 P 在坐标系 x_i 中的 9 个分量 P_{ij} 与在坐标系 x_k 中的 9 个分量 P_{kl} 之间存在下列线性变换关系:

$$P_{kl} = P_{ij}l_{ki}l_{lj}(i,j = 1,2,3;k,l = 1',2',3') \tag{3-3}$$

则这个物理量被定义为张量,可用矩阵表示:

$$P_{ij} = \begin{bmatrix} P_{11} & P_{12} & P_{13} \\ P_{21} & P_{22} & P_{23} \\ P_{31} & P_{32} & P_{33} \end{bmatrix}$$

P_{ij}所带的角标数目是 2 个,称为二阶张量。

张量是满足一定的坐标转换关系的分量所组成的集合,它的重要特征是在不同的坐标系中分量之间可以用一定的线性关系来换算。式(3-3)为二阶张量的判别式。

3.2.1.3 张量的基本性质

(1)张量不变量。张量的分量一定可以组成某些函数$f(P_{ij})$,这些函数值与坐标轴无关,不随坐标而改变,这样的函数叫作张量不变量。二阶张量存在 3 个独立的不变量。

(2)张量可以叠加和分解。几个同阶张量各对应的分量之和或差定义为另一个同阶张量。两个相同的张量之差定义为零张量。

(3)张量可分为对称张量、非对称张量、反对称张量。若张量具有性质$P_{ij} = P_{ji}$,称为对称张量;若张量具有性质$P_{ij} = -P_{ji}$,且当 $i=j$ 时对应的分量为 0,则称为反对称张量;如果张量$P_{ij} \neq P_{ji}$,就称为非对称张量。任意非对称张量可以分解为一个对称张量和一个反对称张量。

(4)二阶对称张量存在 3 个主轴和 3 个主值。如果以主轴为坐标轴,则两个下角标不同的分量均为 0,只留下两个下角标相同的 3 个分量,叫作主值。

3.2.2 外力、应力和点的应力状态

3.2.2.1 外力和应力

(1)外力

塑性变形时,由外部施加于物体的作用力称为外力。按照作用方式的不同,外力分为两大类:一类是作用在金属表面的力,称为面力或接触力,它可以是集中力,也可以是分布力;另一类是作用在金属物体每个质点上的力,称为体积力。

面力包括作用力、反作用力和摩擦力等。其中,作用力是由塑性成形设备提供的,使金属坯料产生塑性变形。作用力根据塑性成形工艺不同,可以是压力、拉力或剪切力。反作用力是设备、模具和工具等反作用于金属坯料的力。作用力与反作用力互相平行,大小相等,方向相反,分别作用在两个不同的物体上。

体积力的大小与质点质量有关,包括重力、磁力、惯性力等。在塑性成形中,体积力与面力相比占次要地位,通常可以忽略不计。因此,分析金属塑性成形时,一般假设是在面力作用下的静力平衡力系。

(2)应力

在外力作用下,变形体内各质点会产生相互作用的力,称为内力。物体单位面积上的内力,称为应力。

图3.2(a)表示物体受外力系 F_1、F_2 等的作用处于平衡状态,设 Q 为物体内任意一点,过 Q 点作一法线 N 的截面 A,此截面将物体分为两部分。移去上半部分,作用于截面 A 上的内力就变成外力,并与作用于下半部分的外力组成平衡力系。

在 A 面上围绕 Q 点取一微小面积 ΔA,ΔA 上分布内力的合力为 ΔF,ΔF 的大小和方向与 Q 点的位置和 ΔA 的大小有关。定义:

$$S = \lim_{\Delta A \to 0} \frac{\Delta F}{\Delta A} = \frac{\mathrm{d}F}{\mathrm{d}A} \tag{3-4}$$

S 为截面 A 上 Q 点的全应力。全应力 S 是一个矢量,可以分解成两个正交方向上的分量,即垂直于截面的分量 σ 和平行于截面的分量 τ。其中,σ 称为正应力,τ 称为切应力,显然有:

$$S^2 = \sigma^2 + \tau^2 \tag{3-5}$$

若将截取的下半部分放入空间坐标系 $Oxyz$ 中,并使截面 A 的法线 N 平行于 y 轴[图3.2(b)],则全应力 S 在3个坐标轴上的投影称为应力分量,它们分别是 σ_y、τ_{yx} 和 τ_{yz}。

在变形体内不同质点的应力状况一般是不同的。对于任一点而言,过 Q 点可以作无限多的切面,在不同方向的切面上,Q 点的应力也是不同的。仅用某一个切面的应力不足以反映该点的应力状况。为了全面表示一点的应力状况,需要引入单元体及应力状态的概念。

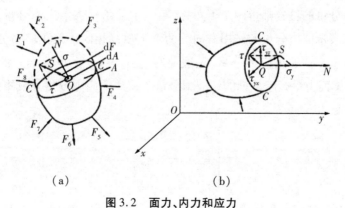

(a)　　　　　　　　　　(b)

图3.2　面力、内力和应力

3.2.2.2　直角坐标系中一点的应力状态

通过某一点的所有截面上的应力情况,即变形内任一点沿不同方向的斜面上应力的变化规律,称为一点的应力状态。

设直角坐标系 $Oxyz$ 中有一承受任意力系的变形体,过变形体内任意一点 Q 可沿不同方向切取无限多个微分面。在这些无限多的微分面中总可以找到 3 个相互垂直的微分面组成的无限小的平行六面体,其棱边分别平行于 3 根坐标轴,称为单元体。由于各微分面上的全应力均可以按照坐标轴的方向分解成一个正应力分量和两个切应力分量[见图 3.2(b)],因此在 3 个相互垂直的微分面上一共有 9 个应力分量,其中正应力分量 3 个、切应力分量 6 个,如图 3.3 所示。

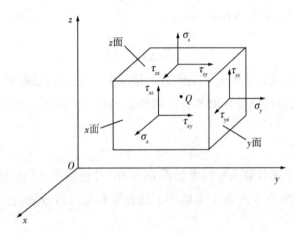

图 3.3　直角坐标系中单元体上的应力分量

为了清楚地表示出各个微分面上的应力分量,对应力分量的表示符号和正负方向统一命名,具体规定如下:

(1)应力分量的符号规定

每个应力分量的符号都带两个下角标,第一个下角标表示应力分量的作用平面,第二个下角标表示应力分量的作用方向。两个下角标相同的是正应力分量,如 σ_{xx} 表示 x 面上平行于 x 轴的正应力分量,一般简写为 σ_x;两个下角标不同的是切应力分量,如 τ_{xy} 表示 x 面上平行于 y 轴的切应力分量。将 9 个应力分量写成矩阵的形式,可以表示为:

$$\begin{bmatrix} \sigma_x & \tau_{xy} & \tau_{xz} \\ \tau_{yx} & \sigma_y & \tau_{yz} \\ \tau_{zx} & \tau_{zy} & \sigma_z \end{bmatrix}$$

(2)应力分量的正负号规定

在单元体上,外法线指向坐标轴正向的微分面叫作正面,反之称为负面。在正面上,指向坐标轴正向的应力分量取正号,指向相反的取负号。负面上的应力分量则相反,指向坐标轴负向的应力分量取正号,反之为负。按此规定,正应力以拉为正、压为负。

由于单元体处于静力平衡状态,故绕单元体各轴的合力矩为0,由此导出:

$$\tau_{xy} = \tau_{yx}\,;\ \tau_{yz} = \tau_{zy}\,;\ \tau_{zx} = \tau_{xz}$$

上式表明,切应力总是成对出现,大小相等,方向相反,共同指向或背离截面的交线方向,称为切应力互等定理。因此,一点的应力状态中9个应力分量只有6个是相互独立的,它们构成一个二阶对称的应力张量,用张量符号 σ_{ij} 表示,即:

$$\sigma_{ij} = \begin{bmatrix} \sigma_x & \tau_{xy} & \tau_{xz} \\ \tau_{yx} & \sigma_y & \tau_{yz} \\ \tau_{zx} & \tau_{zy} & \sigma_z \end{bmatrix} = \begin{bmatrix} \sigma_x & \tau_{xy} & \tau_{xz} \\ \cdot & \sigma_y & \tau_{yz} \\ \cdot & \cdot & \sigma_z \end{bmatrix}$$

根据张量的基本性质,应力张量可以叠加和分解,并存在3个主方向(主轴)和3个主应力(主值)以及3个独立的应力张量不变量。后面将进一步讨论。

3.2.3　任意斜截面上的应力

若过一点的3个相互垂直的微分面上的9个应力分量已知,则根据静力平衡条件,该点的应力分量可以确定。

如图3.4所示,已知 O 点3个相互垂直坐标微分面的9个应力分量。现设过 Q 点任一方位斜微分面 ABC 与3个坐标轴相交于 A、B、C 3点。这样,过 O 点的4个微分面组成一个微小四面体 $OABC$。设斜微分面 ABC 的外法线 N,其方向余弦为 l、m、n,即:

$$l = \cos(N,x)\,;\ m = \cos(N,y)\,;\ n = \cos(N,z)$$

若斜微分面 ABC 的面积为 $\mathrm{d}A$,则微分面 OBC(x 面)、微分面 OCA(y 面)、微分面 OAB(z 面)的面积分别为 $\mathrm{d}A_x$、$\mathrm{d}A_y$、$\mathrm{d}A_z$,各微分面之间的关系为:

$$\mathrm{d}A_x = l\mathrm{d}A\,;\ \mathrm{d}A_y = m\mathrm{d}A\,;\ \mathrm{d}A_z = n\mathrm{d}A$$

现设斜微分面 ABC 上的全应力为 S,它在3个坐标轴方向上的分量为 S_x、S_y、S_z。由于四面体无限小,可认为在4个微分面上的应力分量是均布的,且微小四面体 $OABC$ 处于静力平衡状态。由静力平衡条件 $\sum F_x = 0$,得:

$$S_x\mathrm{d}A - \sigma_x\mathrm{d}A_x - \tau_{yx}\mathrm{d}A_y - \tau_{zx}\mathrm{d}A_z = 0$$

整理得:

$$\begin{cases} S_x = \sigma_x l + \tau_{yx} m + \tau_{zx} n \\ S_y = \tau_{xy} l + \sigma_y m + \tau_{zy} n \\ S_z = \tau_{xz} l + \tau_{yz} m + \sigma_z n \end{cases} \tag{3-6}$$

用角标符号简记为:

$$S_j = \sigma_{ij}l_i(i,j = x,y,z)$$

显然,全应力为:

$$S^2 = S_x^2 + S_y^2 + S_z^2$$

斜微分面上正应力 σ 为全应力 S 在法线 N 方向的投影,它等于 S_x、S_y、S_z 在 N 方向上的投影之和,即:

$$\sigma = S_x l + S_y m + S_z n = \sigma_x l^2 + \sigma_y m^2 + \sigma_z n^2 + 2(\tau_{xy}lm + \tau_{yz}mn + \tau_{zx}nl)$$

$$(3-7)$$

斜微分面上的切应力为:

$$\tau^2 = S^2 - \sigma^2 \tag{3-8}$$

因此,已知过一点的 3 个正交微分面上的 9 个应力分量,可以求出过该点任意方向微分面上的应力,即可以确定该点的应力状态。由于切应力互等,故一点的应力状态取决于 6 个独立的分量。

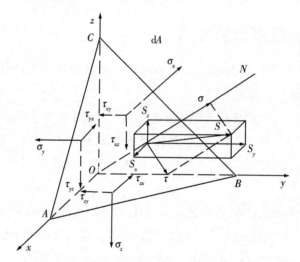

图 3.4　任意斜微分面上的应力

如果质点处于变形体的边界上,斜微分面 ABC 就是变形体的外表面,则该面上作用的表面力就是外力 T,T 沿坐标轴的分量为 T_x、T_y、T_z,式(3 - 6)所示的平衡关系仍成立。因此,用 T 代替式(3 - 3)中的 S,即可得到:

$$\begin{cases} T_x = \sigma_x l + \tau_{yx}m + \tau_{zx}n \\ T_y = \tau_{xy}l + \sigma_y m + \tau_{zy}n \\ T_z = \tau_{xz}l + \tau_{yz}m + \sigma_z n \end{cases} \tag{3-9}$$

简记为 $T_j = \sigma_{ij}l_i(i,j = x,y,z)$。式(3-9)称为应力边界条件。

3.2.4 主应力和应力张量不变量

3.2.4.1 主应力

由上节分析可知,如果表示一点的应力状态的 9 个应力分量为已知,则过该点的斜微分面上的正应力 σ 和切应力 τ 都将随法线 N 的方向余弦 l、m、n 而改变。特殊情况下,斜微分面上的全应力 S 和正应力 σ 重合,而切应力 $\tau=0$。这种切应力为 0 的微分面称为主平面,主平面上的正应力称为主应力。主平面的法线方向称为应力主方向或应力主轴。

图 3.5 中的 3 个主平面互相正交,设斜微分面 ABC 是待求的主平面,面上的切应力为 0,正应力即为全应力($\sigma=S$)。

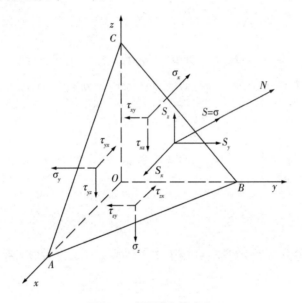

图 3.5 主平面上的应力

于是,主应力在 3 个坐标轴上的投影为:

$$\begin{cases} S_x = \sigma l \\ S_y = \sigma m \\ S_z = \sigma n \end{cases}$$

将上式与式(3-6)结合,并整理得:

$$\begin{cases} (\sigma_x - \sigma)l + \tau_{yx}m + \tau_{zx}n = 0 \\ \tau_{xy}l + (\sigma_y - \sigma)m + \tau_{zy}n = 0 \\ \tau_{xz}l + \tau_{yz}m + (\sigma_z - \sigma)n = 0 \end{cases} \tag{3-10}$$

式(3-10)为一齐次线性方程组,l、m、n 为未知数,其解为应力主轴方向。此方程

组的一组解为 $l = m = n = 0$，但由解析几何可知，方向余弦之间必须满足：

$$l^2 + m^2 + n^2 = 1 \qquad (3-11)$$

即 l、m、n 不能同时为 0，必须寻求非零解。为了求得非零解，只有满足齐次线性方程组式(3-10)的系数组成的行列式等于 0 的条件，即：

$$\begin{vmatrix} (\sigma_x - \sigma) & \tau_{yx} & \tau_{zx} \\ \tau_{xy} & (\sigma_y - \sigma) & \tau_{zy} \\ \tau_{xz} & \tau_{yz} & (\sigma_z - \sigma) \end{vmatrix} = 0$$

展开行列式，整理后得：

$$\sigma^3 - (\sigma_x + \sigma_y + \sigma_z)\sigma^2 + [\sigma_x\sigma_y + \sigma_y\sigma_z + \sigma_z\sigma_x - (\tau_{xy}^2 + \tau_{yz}^2 + \tau_{zx}^2)]\sigma$$
$$- [\sigma_x\sigma_y\sigma_z + 2\tau_{xy}\tau_{yz}\tau_{zx} - (\sigma_x\tau_{yz}^2 + \sigma_y\tau_{zx}^2 + \sigma_z\tau_{xy}^2)] = 0$$

$$J_1 = \sigma_x + \sigma_y + \sigma_z$$

令：

$$J_2 = -(\sigma_x\sigma_y + \sigma_y\sigma_z + \sigma_z\sigma_x) + \tau_{xy}^2 + \tau_{yz}^2 + \tau_{zx}^2$$
$$J_3 = \sigma_x\sigma_y\sigma_z + 2\tau_{xy}\tau_{yz}\tau_{zx} - (\sigma_x\tau_{yz}^2 + \sigma_y\tau_{zx}^2 + \sigma_z\tau_{xy}^2) \qquad (3-12)$$

上式可写成

$$\sigma^3 - J_1\sigma^2 - J_2\sigma - J_3 = 0 \qquad (3-13)$$

上式称为应力状态特征方程，它有 3 个实根，即 3 个主应力，分别用 σ_1、σ_2、σ_3 来表示。

3.2.4.2 应力张量不变量

如果取 3 个主方向为坐标轴，并用 1、2、3 代替 x、y、z，这时应力张量可写为：

$$\sigma_{ij} = \begin{bmatrix} \sigma_1 & 0 & 0 \\ 0 & \sigma_2 & 0 \\ 0 & 0 & \sigma_3 \end{bmatrix} \qquad (3-14)$$

根据式(3-12)，应力张量的 3 个不变量分别为：

$$J_1 = \sigma_1 + \sigma_2 + \sigma_3$$
$$J_2 = -(\sigma_1\sigma_2 + \sigma_2\sigma_3 + \sigma_3\sigma_1) \qquad (3-15)$$
$$J_3 = \sigma_1\sigma_2\sigma_3$$

对于一个确定的应力状态，尽管应力张量的各分量随坐标而变，但主应力具有单值性，因此，J_1、J_2、J_3 也是单值的，其不随坐标系而变，所以将 J_1、J_2、J_3 称为应力张量第一、第二、第三不变量。

在主轴坐标系中斜微分面上的正应力和切应力为：

$$\sigma = \sigma_1 l^2 + \sigma_2 m^2 + \sigma_3 n^2 \tag{3-16}$$

$$\tau^2 = S^2 - \sigma^2 = \sigma_1^2 l^2 + \sigma_2^2 m^2 + \sigma_3^2 n^2 - (\sigma_1 l^2 + \sigma_2 m^2 + \sigma_3 n^2)^2 \tag{3-17}$$

3.2.4.3 主应力图

受力物体内一点的应力状态,可用作用在单元体上的主应力来描述,只用主应力的个数及符号来描述一点应力状态的简图称为主应力图。一般,主应力图只表示出主应力的个数及正负号,并不表明所作用应力的大小。如图 3.6 所示,主应力图共有 9 种,其中三向应力状态 4 种、两向应力状态 3 种、单向应力状态 2 种。在两向和三向主应力图中,各向主应力符号相同时称为同号主应力图,符号不同时称为异号主应力图。根据主应力图,可定性地比较某一种材料采用不同的塑性成形方法加工时,塑性和变形抗力的差异。

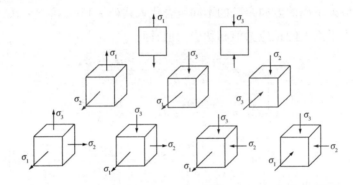

图 3.6 9 种主应力图

3.2.5 主切应力和最大切应力

与斜微分面上的正应力一样,切应力也随斜微分面的方位而改变。使切应力数值达到极大值的平面称为主切应力平面,其上所作用的切应力称为主切应力。经分析可知,在主轴空间中,垂直一个主平面而与另两个主平面交角为 45° 的平面就是主切应力平面,如图 3.7 所示。

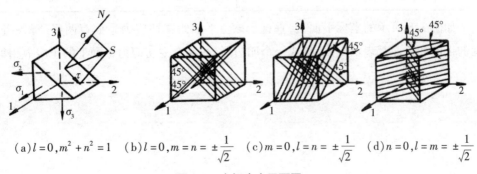

$$(a)\ l = 0, m^2 + n^2 = 1 \quad (b)\ l = 0, m = n = \pm\frac{1}{\sqrt{2}} \quad (c)\ m = 0, l = n = \pm\frac{1}{\sqrt{2}} \quad (d)\ n = 0, l = m = \pm\frac{1}{\sqrt{2}}$$

图 3.7 主切应力平面图

该面上的主切应力为:

$$\begin{cases} \tau_{12} = \pm \dfrac{\sigma_1 - \sigma_2}{2} \\[2mm] \tau_{23} = \pm \dfrac{\sigma_2 - \sigma_3}{2} \\[2mm] \tau_{31} = \pm \dfrac{\sigma_3 - \sigma_1}{2} \end{cases} \qquad (3-18)$$

主切应力角标表示与主切应力平面呈45°相交的两主平面的编号。3个主切应力平面也是互相正交。主切应力中绝对值最大的一个称为最大切应力,用$\tau_{\max}$表示。设3个主应力的关系为$\sigma_1 > \sigma_2 > \sigma_3$,则:

$$\tau_{\max} = \pm \frac{\sigma_1 - \sigma_3}{2} \qquad (3-19)$$

将主切应力平面的方向余弦的不同组合代入式(3-15)、式(3-16),可以解出作用于主切应力平面上的正应力值和切应力值,即:

$$\begin{cases} \sigma_{12} = \dfrac{\sigma_1 + \sigma_2}{2}; \ \tau_{12} = \pm \dfrac{\sigma_1 - \sigma_2}{2} \\[2mm] \sigma_{23} = \dfrac{\sigma_2 + \sigma_3}{2}; \ \tau_{23} = \pm \dfrac{\sigma_2 - \sigma_3}{2} \\[2mm] \sigma_{31} = \dfrac{\sigma_3 + \sigma_1}{2}; \ \tau_{31} = \pm \dfrac{\sigma_3 - \sigma_1}{2} \end{cases} \qquad (3-20)$$

将上述求解结果列于表3.2。

表3.2　主切应力平面及其面上的正应力和切应力

l	0	$\pm 1/\sqrt{2}$	$\pm 1/\sqrt{2}$
m	$\pm 1/\sqrt{2}$	0	$\pm 1/\sqrt{2}$
n	$\pm 1/\sqrt{2}$	$\pm 1/\sqrt{2}$	0
切应力	$\pm \dfrac{\sigma_2 - \sigma_3}{2}$	$\pm \dfrac{\sigma_3 - \sigma_1}{2}$	$\pm \dfrac{\sigma_1 - \sigma_2}{2}$
正应力	$\dfrac{\sigma_2 + \sigma_3}{2}$	$\dfrac{\sigma_3 + \sigma_1}{2}$	$\dfrac{\sigma_1 + \sigma_2}{2}$

如图3.8所示的坐标平面上,垂直于该主平面的主切应力平面有两组,将各组平面的正面和负面都表示出来,构成一个四边形,在这个主切应力平面上的正应力相等。

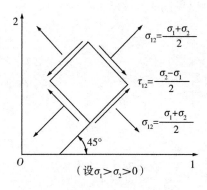

图 3.8　主切应力平面上的正应力

3.2.6　应力球张量和应力偏张量

应力张量和矢量一样,也是可以分解的,可以分解成应力偏张量和应力球张量。

设 σ_m 为 3 个正应力分量的平均值,称平均应力(或静水压力),即:

$$\sigma_m = \frac{1}{3}(\sigma_1 + \sigma_2 + \sigma_3) = \frac{1}{3}(\sigma_x + \sigma_y + \sigma_z) = \frac{1}{3}J_1$$

因此 σ_m 是不变量,与所取的坐标无关。对于一个确定的应力状态,它是单值的。设:

$$\sigma_x = \sigma_x' + \sigma_m$$

$$\sigma_y = \sigma_y' + \sigma_m$$

$$\sigma_z = \sigma_z' + \sigma_m$$

则根据张量的性质,可将应力张量分解成两个张量之和:

$$\sigma_{ij} = \begin{bmatrix} \sigma_x & \tau_{xy} & \tau_{xz} \\ \tau_{yx} & \sigma_y & \tau_{yz} \\ \tau_{zx} & \tau_{zy} & \sigma_z \end{bmatrix} = \begin{bmatrix} \sigma_x' + \sigma_m & \tau_{xy} & \tau_{xz} \\ \tau_{yx} & \sigma_y' + \sigma_m & \tau_{yz} \\ \tau_{zx} & \tau_{zy} & \sigma_z' + \sigma_m \end{bmatrix}$$

$$= \begin{bmatrix} \sigma_x' & \tau_{xy} & \tau_{xz} \\ \tau_{yx} & \sigma_y' & \tau_{yz} \\ \tau_{zx} & \tau_{zy} & \sigma_z' \end{bmatrix} + \begin{bmatrix} \sigma_m & 0 & 0 \\ 0 & \sigma_m & 0 \\ 0 & 0 & \sigma_m \end{bmatrix}$$

或:

$$\sigma_{ij} = \sigma_{ij}' + \delta_{ij}\sigma_m \tag{3-21}$$

式中,δ_{ij} 为克氏符号,也称单位张量,当 $i = j$ 时,$\delta_{ij} = 1$;当 $i \neq j$ 时,$\delta_{ij} = 0$,即:

$$\delta_{ij} = \begin{bmatrix} 1 & 0 & 0 \\ 0 & 1 & 0 \\ 0 & 0 & 1 \end{bmatrix}$$

应力张量的分解也可以用图3.9来表示。

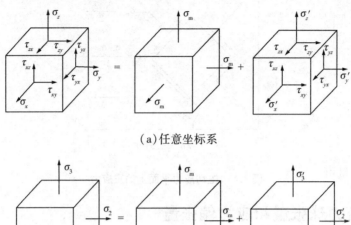

（a）任意坐标系

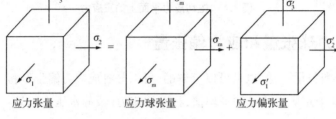

应力张量　　　　　　应力球张量　　　　　　应力偏张量

（b）主轴坐标系

图3.9　应力张量的分解

式（3-21）中的后一张量 $\delta_{ij}\sigma_{\mathrm{m}}$，表示的是一种球应力状态，也称静水应力状态，称为应力球张量，其任何方向都是主方向，且主应力相同，均为平均应力 σ_{m}。从塑性变形机理可知，无论是滑移还是孪生或晶界滑移，都主要与切应力有关，由于球应力状态的特点是在任何切平面上都没有切应力，因此不能使物体产生形状变化，而只能产生体积变化，即不能使物体产生塑性变形。

式（3-21）中的前一项 σ_{ij}' 称为应力偏张量，它是由原应力张量 σ_{ij} 减去应力球张量 $\delta_{ij}\sigma_{\mathrm{m}}$ 后得到的。应力偏张量 σ_{ij}' 的切应力分量、主切应力、最大切应力及应力主轴等都与原应力张量相同。因此，应力偏张量只使物体产生形状变化，而不能产生体积变化。材料的塑性变形是由应力偏张量引起的。

应力偏张量是二阶对称张量，它同样存在3个不变量，分别用 J_1'、J_2'、J_3' 表示。将应力偏张量的分量代入式（3-12），可得：

$$\begin{cases} J_1' = \sigma_x' + \sigma_y' + \sigma_z' = (\sigma_x - \sigma_{\mathrm{m}}) + (\sigma_y - \sigma_{\mathrm{m}}) + (\sigma_z + \sigma_{\mathrm{m}}) = 0 \\ J_2' = -(\sigma_x'\sigma_y' + \sigma_y'\sigma_z' + \sigma_z'\sigma_x') + \tau_{xy}^2 + \tau_{yz}^2 + \tau_{zx}^2 \\ \quad = \dfrac{1}{6}\left[(\sigma_x - \sigma_y)^2 + (\sigma_y - \sigma_z)^2 + (\sigma_z - \sigma_x)^2 + 6(\tau_{xy}^2 + \tau_{yz}^2 + \tau_{zx}^2) \right] \\ J_3' = \sigma_x'\sigma_y'\sigma_z' + 2\tau_{xy}\tau_{yz}\tau_{zx} - (\sigma_x'\tau_{yz}^2 + \sigma_y'\tau_{zx}^2 + \sigma_z'\tau_{xy}^2) \end{cases} \tag{3-22}$$

对于主轴坐标系，则有：

$$\begin{cases} J_1' = 0 \\ J_2' = \dfrac{1}{6}\left[(\sigma_1 - \sigma_2)^2 + (\sigma_2 - \sigma_3)^2 + (\sigma_3 - \sigma_1)^2 \right] \\ J_3' = \sigma_1'\sigma_2'\sigma_3' \end{cases} \qquad (3-23)$$

应力偏张量的第一不变量 $J_1'=0$，表明应力分量中已经没有静水应力成分。第二不变量 J_2' 具有确切的物理意义（与单位形状变形能成正比），且与材料屈服有关。第三不变量 J_3' 决定了应变的类型，即 $J_3' > 0$ 属伸长类应变，$J_3' = 0$ 属平面应变，$J_3' < 0$ 属压缩类应变。

应力偏张量可用于判断变形类型。图 3.10 分别为简单拉伸、拉拔和挤压变形区中典型部位的应力状态及其分解后的应力球张量和应力偏张量。由图可以看出，尽管主应力的数目不等（如简单拉伸是单向应力，拉拔及挤压都是三向应力），且符号不一（如简单拉伸只有拉应力，挤压只有压应力，拉拔则有拉有压），但它们的应力偏张量相似，所以产生类似的变形，即轴向伸长、横向收缩，同属于伸长类应变。

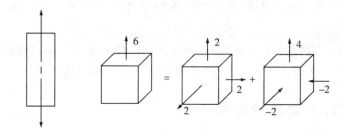

(a)简单拉伸

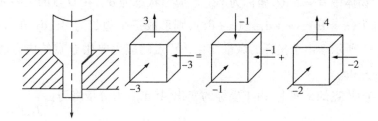

(b)拉拔

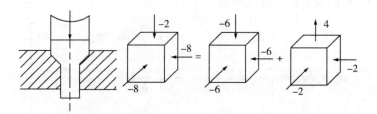

(c)挤压

图 3.10　不同变形工艺下的应力状态分析

3.2.7　等效应力

在力学分析中,材料的各种极限值如屈服强度 σ_s、抗拉强度 σ_b,通常可通过单向拉伸和压缩试验测出。为了使塑性变形中的复杂应力状态能与这些极限值相比较,人们引入"等效应力"的概念,把复杂应力状态的应力值折合成单向应力状态的应力值。

等效应力在主轴坐标系中定义为:

$$\bar{\sigma} = \frac{1}{\sqrt{2}}\sqrt{(\sigma_1 - \sigma_2)^2 + (\sigma_2 - \sigma_3)^2 + (\sigma_3 - \sigma_1)^2} = \sqrt{3J_2'} \qquad (3-24)$$

在任意坐标系中定义为:

$$\bar{\sigma} = \frac{1}{\sqrt{2}}\sqrt{(\sigma_x - \sigma_y)^2 + (\sigma_y - \sigma_z)^2 + (\sigma_z - \sigma_x)^2 + 6(\tau_{xy}^2 + \tau_{yz}^2 + \tau_{zx}^2)}$$

$$(3-25)$$

等效应力可以在一定意义上"代表"整个应力状态中的偏张量部分,因而与材料的塑性变形密切相关。人们把它称为广义应力或应力强度。等效应力也是一个不变量。

对于单向应力状态,设 $\sigma_1 \neq 0, \sigma_2 = \sigma_3 = 0$。代入式(3-24),可得: $\bar{\sigma} = \sigma_1$。

由此可见,等效应力等于单向均匀拉伸(压缩)时的应力 σ_1。

3.2.8　应力平衡微分方程

一般认为,应力是坐标的连续函数,即 $\sigma_{ij} = f(x,y,z)$。

设受力物体中有一点 Q,坐标为 x、y、z,应力状态为 σ_{ij},在 Q 点的无限邻近处有一点 Q',坐标为 $(x+dx)$、$(y+dy)$、$(z+dz)$,则形成一个边长为 dx、dy、dz 的平行六面体,如图 3.11 所示。由于坐标的微量变化,Q' 点的应力要比 Q 点的应力增加一个微量,即为 $\sigma_{ij} + d\sigma_{ij}$。

例如,在 Q' 点的 x 面上,由于坐标的变化,其正应力分量将为:

$$\sigma_x + d\sigma_x = f(x+dx,y,z) = f(x,y,z) + \frac{\partial f}{\partial x}dx + \frac{1}{2}\frac{\partial^2 f}{\partial x^2}dx^2 + \cdots \approx \sigma_x + \frac{\partial \sigma_x}{\partial x}dx$$

因此,Q' 点的应力状态可以写为:

$$\sigma_{ij} + d\sigma_{ij} = \begin{bmatrix} \sigma_x + \dfrac{\partial \sigma_x}{\partial x}dx & \tau_{xy} + \dfrac{\partial \tau_{xy}}{\partial x}dx & \tau_{xz} + \dfrac{\partial \tau_{xz}}{\partial x}dx \\[3mm] \tau_{yx} + \dfrac{\partial \tau_{yx}}{\partial y}dy & \sigma_y + \dfrac{\partial \sigma_y}{\partial y}dy & \tau_{yz} + \dfrac{\partial \tau_{yz}}{\partial y}dy \\[3mm] \tau_{zx} + \dfrac{\partial \tau_{zx}}{\partial z}dz & \tau_{zy} + \dfrac{\partial \tau_{zy}}{\partial z}dz & \sigma_z + \dfrac{\partial \sigma_z}{\partial z}dz \end{bmatrix}$$

静力平衡状态下单元体6个面上的应力分量,如图 3.11 所示。

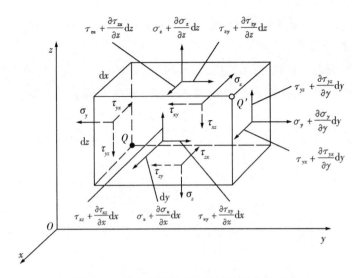

图 3.11 静力平衡状态下的六面体上的应力

由于六面体处于静力平衡状态,则由平衡条件 $\sum F_x = 0$,有:

$$\left(\sigma_x + \frac{\partial \sigma_x}{\partial x}\mathrm{d}x\right)\mathrm{d}y\mathrm{d}z + \left(\tau_{yx} + \frac{\partial \tau_{yx}}{\partial y}\mathrm{d}y\right)\mathrm{d}z\mathrm{d}x + \left(\tau_{zx} + \frac{\partial \tau_{zx}}{\partial z}\mathrm{d}z\right)\mathrm{d}x\mathrm{d}y - \sigma_x\mathrm{d}y\mathrm{d}z$$

$$- \tau_{yx}\mathrm{d}z\mathrm{d}x - \tau_{zx}\mathrm{d}x\mathrm{d}y = 0$$

由此得:

$$\frac{\partial \sigma_x}{\partial x} + \frac{\partial \tau_{yx}}{\partial y} + \frac{\partial \tau_{zx}}{\partial z} = 0$$

同理,由 $\sum F_y = 0$ 和 $\sum F_z = 0$,可得质点应力平衡微分方程的另外两个等式,合并写为:

$$\begin{cases} \dfrac{\partial \sigma_x}{\partial x} + \dfrac{\partial \tau_{yx}}{\partial y} + \dfrac{\partial \tau_{zx}}{\partial z} = 0 \\[2mm] \dfrac{\partial \tau_{xy}}{\partial x} + \dfrac{\partial \sigma_y}{\partial y} + \dfrac{\partial \tau_{zy}}{\partial z} = 0 \\[2mm] \dfrac{\partial \tau_{xz}}{\partial x} + \dfrac{\partial \tau_{yz}}{\partial y} + \dfrac{\partial \sigma_z}{\partial z} = 0 \end{cases} \qquad (3-26)$$

简记为:

$$\frac{\partial \sigma_{ij}}{\partial x_i} = 0$$

3.2.9 平面应力状态

平面应力状态假设变形体内各质点与某坐标轴垂直的平面上没有应力,且所有的应力分量与该坐标轴无关,如图 3.12 所示。工程中如无压边的板料拉深、薄壁管扭转等,由于厚度方向的应力很小可以忽略,故可以简化成为平面应力问题。

平面应力状态具有以下特点:

如图3.12,假设 z 面上所有的应力分量均为0,即 $\sigma_z = \tau_{zx} = \tau_{zy} = 0$,因此应力张量6个独立的应力分量中,只有 σ_x、σ_y、τ_{xy} 3个独立的应力分量;且 σ_x、σ_y、τ_{xy} 沿 z 方向均匀分布,即应力分量与 z 轴无关,对 z 轴偏导数为0。

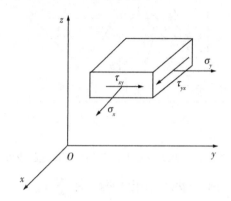

图3.12　平面应力状态

因此,平面应力状态的应力张量为:

$$\sigma_{ij} = \begin{bmatrix} \sigma_x & \tau_{xy} & 0 \\ \tau_{yx} & \sigma_y & 0 \\ 0 & 0 & 0 \end{bmatrix} \text{ 或 } \sigma_{ij} = \begin{bmatrix} \sigma_1 & 0 & 0 \\ 0 & \sigma_2 & 0 \\ 0 & 0 & 0 \end{bmatrix}$$

由式(3-26)可得平面应力状态下的应力平衡微分方程为:

$$\begin{cases} \dfrac{\partial \sigma_x}{\partial x} + \dfrac{\partial \tau_{yx}}{\partial y} = 0 \\ \dfrac{\partial \tau_{xy}}{\partial x} + \dfrac{\partial \sigma_y}{\partial y} = 0 \end{cases}$$

平面应力状态下任意斜微分面上的正应力、切应力和主应力均可由式(3-7)、式(3-8)以及式(3-13)等求得。

由于 $\sigma_3 = 0$,所以平面应力状态下的主切应力为:

$$\tau_{12} = \pm \frac{\sigma_1 - \sigma_2}{2} = \pm \sqrt{\left(\frac{\sigma_x - \sigma_y}{2} \right)^2 + \tau_{xy}^2}$$

$$\tau_{23} = \pm \frac{\sigma_2}{2}$$

$$\tau_{31} = \pm \frac{\sigma_1}{2}$$

纯剪切应力状态(即纯剪切状态)是平面应力状态的特殊情况,如图3.13所示。纯剪切应力 τ_{12} 等于最大切应力,应力主轴与坐标轴呈 $\pi/4$,切应力在数值上等于主应力，$\tau_{12} = \sigma_1 = -\sigma_2$。因此，平面应力状态条件下，若两个主应力数值上相等，但符号相反，即为纯剪切应力状态。平面应力状态条件下，z 方向虽然没有应力，但是有应变存在；只有在纯剪切时，没有应力的方向才没有应变。

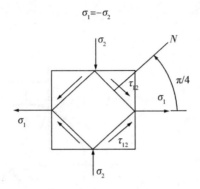

图 3.13　纯剪切应力状态

3.2.10　应力莫尔圆

　　1866 年，德国的 K. 库尔曼首先证明，物体中一点的二向应力状态可用平面上的一个圆表示，这就是应力圆。1882 年，德国工程师克里斯蒂安·O. 莫尔（Christian Otto Mohr）对应力圆做了进一步的研究，提出借助应力圆确定一点的应力状态的几何方法，后人就称应力圆为应力莫尔圆，简称莫尔圆。

　　应力莫尔圆是应力状态的几何表示法。它是指在以正应力和切应力为坐标轴的平面上，用来表示物体中某一点各不同方位截面上的应力分量之间关系的图线。在作应力莫尔圆时，切应力的正负按材料力学的规定，即：顺时针方向作用于单元体上切应力为正，反之为负。

3.2.10.1　平面应力状态下的应力莫尔圆

　　平面应力状态下，已知 σ_x、σ_y、τ_{xy}，用应力莫尔圆求任意斜面上的应力、主应力和主切应力。

　　分析：在 $\sigma - \tau$ 坐标系内标出点 $B(\sigma_x, \tau_{xy})$ 和点 $E(\sigma_y, \tau_{yx})$，连接 B、E 两点，以 BE 线与 σ 轴的交点 D 为圆心，以 DB 或 DE 为半径作圆，即得应力莫尔圆，如图 3.14 所示。

　　平面应力状态下的圆方程为：

$$(\sigma - \frac{\sigma_x + \sigma_y}{2})^2 + \tau^2 = (\frac{\sigma_x - \sigma_y}{2})^2 + \tau_{xy}^2$$

此时，圆心坐标为 $(\frac{\sigma_x + \sigma_y}{2}, 0)$，半径 $R = \sqrt{(\frac{\sigma_x - \sigma_y}{2})^2 + \tau_{xy}^2}$。

圆与 σ 轴的两个交点即为主应力 σ_1、σ_2。

该圆可以描述任意微分面上 σ、τ 的变化规律,圆周上每一点代表了一个物理平面上的应力。应注意到,应力莫尔圆上两物理平面对应的两点之间的夹角是实际这两个物理平面之间夹角的 2 倍。

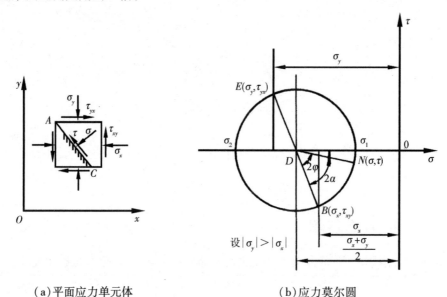

（a）平面应力单元体　　　　　　　　（b）应力莫尔圆

图 3.14　平面应力状态下的应力莫尔圆

结合图 3.14(a)和图 3.14(b)可知,与 x 轴成逆时针 φ 角的斜微分面 AC,在应力莫尔圆上则由 x 面(B 点)同样按照逆时针方向旋转 2φ 到达 N 点,N 点的坐标 (σ, τ),即为微分面 AC 上的正应力和切应力 $N(\sigma, \tau)$。

由几何关系,可得平面应力状态下主应力与 σ_x、σ_y、τ_{xy} 之间的关系为:

$$\left.\begin{array}{c}\sigma_1\\\sigma_2\end{array}\right\} = \frac{\sigma_x + \sigma_y}{2} \pm \sqrt{\left(\frac{\sigma_x - \sigma_y}{2}\right)^2 + \tau_{xy}^2}$$

从应力莫尔圆上可得到主应力与 x 轴之间的夹角及主切应力分别为:

$$\alpha = \frac{1}{2}\arctan\frac{-2\tau_{xy}}{\sigma_x - \sigma_y}$$

$$\tau_{12} = \pm\frac{\sigma_1 - \sigma_2}{2}$$

3.2.10.2　三向应力莫尔圆

对于三向应力状态,设变形体中某点的 3 个主应力为 σ_1、σ_2、σ_3,且 $\sigma_1 \geqslant \sigma_2 \geqslant \sigma_3$,三向应力莫尔圆如图 3.15 所示,其圆心的坐标和半径分别为:

$$O_3(\frac{\sigma_1 + \sigma_2}{2}, 0) \quad R_3 = \frac{\sigma_1 - \sigma_2}{2}$$

$$O_1(\frac{\sigma_2 + \sigma_3}{2}, 0) \quad R_2 = \frac{\sigma_1 - \sigma_3}{2}$$

$$O_2(\frac{\sigma_1 + \sigma_3}{2}, 0) \quad R_1 = \frac{\sigma_2 - \sigma_3}{2}$$

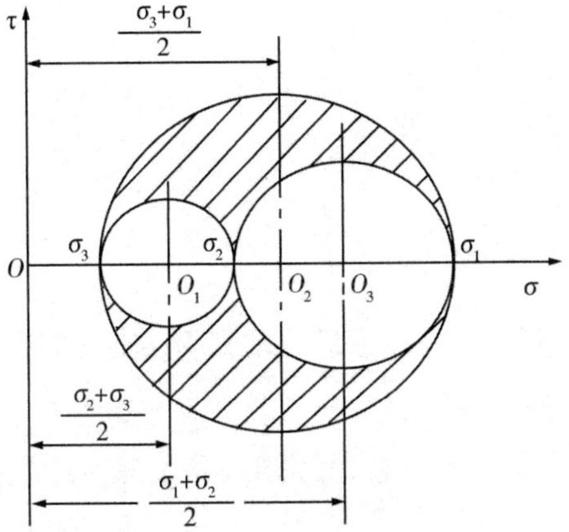

图 3.15　三向应力莫尔圆

三向应力莫尔圆表示,3 个圆的半径的数值分别等于 3 个主切应力,主应力分别等于 3 个圆两两相切的切点数值,位于水平坐标轴上。3 个圆的方程分别为:

$$\begin{cases} (\sigma - \dfrac{\sigma_2 - \sigma_3}{2})^2 + \tau^2 = (\dfrac{\sigma_2 - \sigma_3}{2})^2 = \tau_{23}^2 \\[2mm] (\sigma - \dfrac{\sigma_3 - \sigma_1}{2})^2 + \tau^2 = (\dfrac{\sigma_3 - \sigma_1}{2})^2 = \tau_{31}^2 \\[2mm] (\sigma - \dfrac{\sigma_1 - \sigma_2}{2})^2 + \tau^2 = (\dfrac{\sigma_1 - \sigma_2}{2})^2 = \tau_{12}^2 \end{cases}$$

每一个圆分别表示某方向余弦为 0 的斜面上的正应力和切应力的变化规律。3 个圆所围绕的面积内的点便表示 l、m、n 均不为 0 的斜面上的正应力和切应力。故应力莫尔圆形象地表示出一点的应力状态。

3.3　应变分析

一个物体受外力作用后,其内部各质点产生位移,如果其内部质点之间的相对位置没有发生变化,则物体只是产生刚性位移,而没有发生变形。只有物体各质点间相对位置发生改变,即内部各质点间产生相对位移,才会发生物体变形。因此,分析变形时,通常要排除物体的刚性位移。

应变是由位移引起的,因此应变分析主要是几何学和运动学的问题,它与物体中的位移场或速度场有密切的联系,位移场一经确定,物体的应变也就确定。研究变形问题通常从小变形开始,小变形是指数量级不超过 $10^{-3} \sim 10^{-2}$ 的弹塑性变形。然而金属塑性变形是大变形,基于小变形分析推导的相关结果不能直接应用。但大变形可视为由若干瞬时小变形叠加而来,大变形过程中的瞬时产生变形则为小变形,其分析可以直接借助于小变形分析结果。由于塑性变形的特殊性,需引入应变增量或应变速率来进行描述。

3.3.1 位移与应变

3.3.1.1 位移及其分量

假设变形体内质点 $M(x,y,z)$ 变形后移动到 M_1,则它们在变形前后的直线距离称为位移,如图 3.16(a)中的 MM_1。位移是矢量。在坐标系中,一点的位移矢量在 3 个坐标轴上的投影称为该点的位移分量,分别用 u、v、w 表示,或用角标符号 u_i 表示,如图 3.16(b)所示。

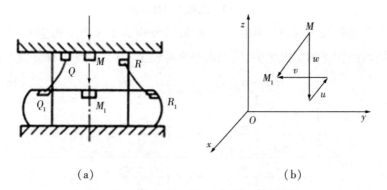

$$(a) \qquad\qquad\qquad (b)$$

图 3.16 受力物体内一点的位移及分量

根据连续性假设,位移是坐标的连续函数,而且一般都有一阶偏导数,即:

$$\begin{cases} u = u(x,y,z) \\ v = v(x,y,z) \\ w = w(x,y,z) \end{cases}$$

或:

$$u_i = u_i(x,y,z) \tag{3-27}$$

物体中某点产生了位移,不表明物体产生了变形,只有质点间产生相对位移,才会引起物体变形。例如,与 M 相邻质点 $M'(x+\mathrm{d}x, y+\mathrm{d}y, z+\mathrm{d}z)$ 在变形中产生位移矢量 u',即 $u + \delta u$,和 M 相比,产生了位移增量 δu,或 M' 与 M 之间相对位置变化量。如果 $\delta u = 0$,表明两质点间没有相对位移,MM' 没有产生变形,仅仅产生了刚体移动。

3.3.1.2 应变及其分量

应变是表示变形大小的一个物理量。物体变形时,其体内各质点在各方向上都会有应变。与应力分析一样,同样需引入"点应变状态"的概念。点应变状态也是二阶对称张量,故与应力张量有许多相似的性质。

(1)名义应变及其分量

名义应变又称为相对应变或工程应变,适用于小应变分析。名义应变又可分线应变和切应变。线应变表示变形体内线元长度的相对变化率,切应变表示变形体内相交两线元夹角在变形前后的变化。

如图 3.17 所示,设单元体平面 $PABC$ 仅仅在 xOy 坐标平面内发生了很小的拉变形,变成了 $P_1A_1B_1C_1$。单元体内各线元长度都发生了变化,例如线元 PB 由原来 r 变成 $r_1 = r + \delta r$,于是把单位长度的变化:

$$\varepsilon = \frac{r_1 - r}{r} = \frac{\delta r}{r} \qquad (3-28)$$

定义为线元 PB 的线应变。

对于平行于坐标轴的线元分别有:

$$\varepsilon_x = \frac{\delta r_x}{r_x}, \varepsilon_y = \frac{\delta r_y}{r_y}$$

又设该单元体在 xOy 平面内发生了角度的变化(剪切变形),如图 3.17(b)所示。线元 PC 和 PA 所夹的直角缩小了 φ,相当于 C 点在垂直于 PC 方向偏移了 δr_z,表明变形后两棱边 PC 和 PA 的夹角减小了 φ_{yx},称为工程切应变。

图 3.17(b)所示的 φ_{yx} 可以看成由线元 PA 和 PC 同时向内偏移相同的角度 γ_{xy} 和 γ_{yx} 而成[图 3.17(c)],且:

$$\gamma_{xy} = \gamma_{yx} = \frac{1}{2}\varphi_{yx} \qquad (3-29)$$

把 γ_{xy} 和 γ_{yx} 定义为切应变。切应变第一个角标表示线元方向,第二个角标表示线元的旋转方向,如 γ_{xy} 即表示 x 方向的线元向 y 方向偏转的角度,γ_{yx} 表示 y 方向的线元向 x 方向偏转的角度。

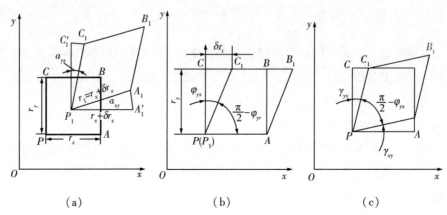

（a）　　　　　　　（b）　　　　　　　（c）

图 3.17　单元体在 xOy 坐标平面内的变形

实际变形时,线元 PA 和 PC 的偏转角度不一定相同。由于实际偏转角度中包含有刚体转动的成分,因此在研究应变时应去除刚体转动部分。经分析,γ_{xy} 和 γ_{yx} 即对应排除刚体转动成分的纯剪切变形。

（2）对数应变（真实应变）

为了真实地反映材料瞬时的塑性变形过程,一般用对数应变来表示塑性变形的程度。

设在单向拉伸时某试样的瞬时长度为 l,在下一个瞬时试样长度又伸长了 $\mathrm{d}l$,则其应变增量为:

$$\mathrm{d}\epsilon = \frac{\mathrm{d}l}{l}$$

而试样从初始长度 l_0 到终了长度 l_1,如果变形过程中主轴不变,可沿拉伸方向对 $\mathrm{d}\epsilon$ 进行积分,求出总应变:

$$\epsilon = \int_{l_0}^{l_1} \frac{\mathrm{d}l}{l} = \ln \frac{l_1}{l_0}$$

ϵ 反映了物体变形的实际情况,能真实地反映变形的累积过程,表示在应变主轴方向不变的情况下应变增量的总和,因此又称为真实应变。

$$\epsilon = \ln \frac{l_1}{l_0} = \ln \frac{l_0 + \Delta l}{l_0} = \ln(1 + \varepsilon) = \varepsilon - \frac{\varepsilon^2}{2} + \frac{\varepsilon^3}{3} - \frac{\varepsilon^4}{4} + \cdots$$

在大变形中,主要用对数应变来反映物体的变形程度。

从上式可以看出对数应变 ϵ 和相对应变 ε 的关系,即只有当变形程度很小时,相对应变 ε 才近似等于对数应变 ϵ。变形程度越大,误差也越大。一般认为,当变形程度超过 10% 时,就要用对数应变来表达。对数应变具有叠加性和可比性等性质。

3.3.2　质点的应变状态和应变张量

如图 3.18 所示,在直角坐标系中切取一平行于坐标平面的微分六面体 $PABC$ –

$DEFG$，边长分别为 r_x、r_y 和 r_z，小变形后移至 $P_1A_1B_1C_1 - D_1E_1F_1G_1$，即变成一斜平行六面体。这时，单元体同时发生了线变形、剪切变形、刚性平移和转动。

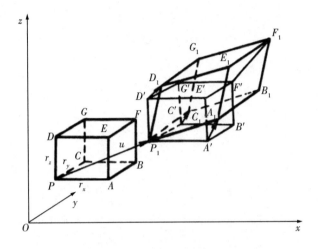

图 3.18　单元体的变形

设单元体先平移至变形后的位置，然后再发生变形，其变形可以分解为：

（1）在 x、y、z 方向上线元的长度发生改变，其线应变分别为：

$$\varepsilon_x = \frac{\delta r_x}{r_x}, \varepsilon_y = \frac{\delta r_y}{r_y}, \varepsilon_z = \frac{\delta r_z}{r_z} \qquad (3-30)$$

（2）单元体分别在 x 面、y 面和 z 面内发生角度偏转，产生切应变为：

$$\begin{cases} \gamma_{xy} = \gamma_{yx} = \dfrac{1}{2}\varphi_{yx} \\[2mm] \gamma_{yz} = \gamma_{zy} = \dfrac{1}{2}\varphi_{yz} \\[2mm] \gamma_{zx} = \gamma_{xz} = \dfrac{1}{2}\varphi_{zx} \end{cases} \qquad (3-31)$$

和一点 3 个互相垂直的微分面上 9 个应力分量决定该点的应力状态一样，质点的 3 个互相垂直方向上的 9 个应变分量也确定了该点的应变状态。已知这 9 个应变分量，可以求出给定任意方向上的应变，这表明对应不同坐标系应变分量之间有确定的变换关系。这 9 个应变分量组成 1 个应变张量，由于其中 $\gamma_{ij} = \gamma_{ji}$，故应变张量也是二阶对称张量，可用 ε_{ij} 表示为：

$$\varepsilon_{ij} = \begin{bmatrix} \varepsilon_x & \gamma_{xy} & \gamma_{xz} \\ \gamma_{yx} & \varepsilon_y & \gamma_{yz} \\ \gamma_{zx} & \gamma_{zy} & \varepsilon_z \end{bmatrix} \quad \text{或} \quad \varepsilon_{ij} = \begin{bmatrix} \varepsilon_x & \gamma_{xy} & \gamma_{xz} \\ \cdot & \varepsilon_y & \gamma_{yz} \\ \cdot & \cdot & \varepsilon_z \end{bmatrix} \qquad (3-32)$$

应变张量与应力张量具有同样的性质，主要有：

（1）存在 3 个互相垂直的主方向，在该方向上线元只有主应变而无切应变。用

ε_1、ε_2、ε_3表示主应变,则主应变张量为:

$$\varepsilon_{ij} = \begin{bmatrix} \varepsilon_1 & 0 & 0 \\ 0 & \varepsilon_2 & 0 \\ 0 & 0 & \varepsilon_3 \end{bmatrix} \tag{3-33}$$

主应变可由应变状态特征方程求得:

$$\varepsilon^3 - I_1\varepsilon^2 - I_2\varepsilon - I_3 = 0 \tag{3-34}$$

(2)存在三个应变张量不变量I_1、I_2、I_3,且:

$$I_1 = \varepsilon_x + \varepsilon_y + \varepsilon_z = \varepsilon_1 + \varepsilon_2 + \varepsilon_3$$

$$I_2 = -\left[(\varepsilon_x\varepsilon_y + \varepsilon_y\varepsilon_z + \varepsilon_z\varepsilon_x) - (\gamma_{xy}^2 + \gamma_{yz}^2 + \gamma_{zx}^2)\right] = -(\varepsilon_1\varepsilon_2 + \varepsilon_2\varepsilon_3 + \varepsilon_3\varepsilon_1)$$

$$I_3 = \begin{vmatrix} \varepsilon_x & \gamma_{xy} & \gamma_{xz} \\ \gamma_{yx} & \varepsilon_y & \gamma_{yz} \\ \gamma_{zx} & \gamma_{zy} & \varepsilon_z \end{vmatrix} = \begin{vmatrix} \varepsilon_1 & 0 & 0 \\ 0 & \varepsilon_2 & 0 \\ 0 & 0 & \varepsilon_3 \end{vmatrix} = \varepsilon_1\varepsilon_2\varepsilon_3$$

$$\tag{3-35}$$

对于塑性变形,由体积不变条件可知,$I_1 = 0$。

根据体积不变条件和特征应变可以判断,塑性变形只能有 3 种变形类型,即压缩类变形、剪切类变形和伸长类变形,如图 3.19 所示。

主应变简图对于分析塑性变形的金属流动具有极其重要的意义,它可以判定塑性变形类型。

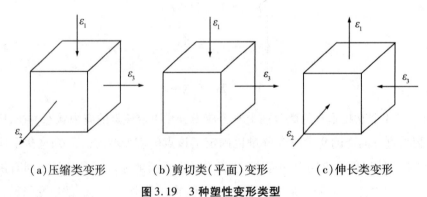

（a）压缩类变形　　　　（b）剪切类（平面）变形　　　　（c）伸长类变形

图 3.19　3 种塑性变形类型

(3)在与主应变方向成45°方向上存在主切应变,其大小为:

$$\gamma_{12} = \pm\frac{1}{2}(\varepsilon_1 - \varepsilon_2), \gamma_{23} = \pm\frac{1}{2}(\varepsilon_2 - \varepsilon_3), \gamma_{31} = \pm\frac{1}{2}(\varepsilon_3 - \varepsilon_1) \tag{3-36}$$

若 $\varepsilon_1 \geqslant \varepsilon_2 \geqslant \varepsilon_3$,则最大切应变 $\gamma_{max} = \pm\frac{1}{2}(\varepsilon_1 - \varepsilon_3)$。

（4）应变张量可以分解为应变球张量和应变偏张量：

$$\varepsilon_{ij} = \begin{bmatrix} \varepsilon_x & \gamma_{xy} & \gamma_{xz} \\ \gamma_{yx} & \varepsilon_y & \gamma_{yz} \\ \gamma_{zx} & \gamma_{zy} & \varepsilon_z \end{bmatrix} = \begin{bmatrix} \varepsilon_x - \varepsilon_m & \gamma_{xy} & \gamma_{xz} \\ \gamma_{yx} & \varepsilon_y - \varepsilon_m & \gamma_{yz} \\ \gamma_{zx} & \gamma_{zy} & \varepsilon_z - \varepsilon_m \end{bmatrix} + \begin{bmatrix} \varepsilon_m & 0 & 0 \\ 0 & \varepsilon_m & 0 \\ 0 & 0 & \varepsilon_m \end{bmatrix} = \varepsilon'_{ij} + \delta_{ij}\varepsilon_m$$

$$(3-37)$$

式中，$\varepsilon_m = \dfrac{1}{3}(\varepsilon_x + \varepsilon_y + \varepsilon_z) = \dfrac{1}{3}(\varepsilon_1 + \varepsilon_2 + \varepsilon_3)$，为平均应变；$\varepsilon'_{ij}$为应变偏张量，表示变形单元体形状变化；$\delta_{ij}\varepsilon_m$为应变球张量，表示变形单元体体积变化。

（5）存在应变张量的等效应变。

$$\begin{aligned} \bar{\varepsilon} &= \frac{\sqrt{2}}{3}\sqrt{(\varepsilon_x - \varepsilon_y)^2 + (\varepsilon_y - \varepsilon_z)^2 + (\varepsilon_z - \varepsilon_x)^2 + 6(\gamma_{xy}^2 + \gamma_{yz}^2 + \gamma_{zx}^2)} \\ &= \frac{\sqrt{2}}{3}\sqrt{(\varepsilon_1 - \varepsilon_2)^2 + (\varepsilon_2 - \varepsilon_3)^2 + (\varepsilon_3 - \varepsilon_1)^2} \\ &= \frac{\sqrt{2}}{3}\sqrt{6I_2} \end{aligned}$$

$$(3-38)$$

等效应变的特点是其为一个不变量，在数值上等于单向均匀拉伸或均匀压缩方向上的线应变 ε_1。等效应变又称广义应变，在屈服准则和强度分析中经常用到它。

（6）与应力莫尔圆一样，可以用应变莫尔圆表示一点的应变状态。

设已知主应变 ε_1、ε_2 和 ε_3 的值，且 $\varepsilon_1 > \varepsilon_2 > \varepsilon_3$，可以在 $\varepsilon - \gamma$ 平面上，分别以 $p_1\left(\dfrac{\varepsilon_1 + \varepsilon_2}{2}, 0\right)$、$p_2\left(\dfrac{\varepsilon_1 + \varepsilon_3}{2}, 0\right)$、$p_3\left(\dfrac{\varepsilon_2 + \varepsilon_3}{2}, 0\right)$ 为圆心，以 $r_1 = \dfrac{\varepsilon_1 - \varepsilon_2}{2}$、$r_2 = \dfrac{\varepsilon_1 - \varepsilon_3}{2}$、$r_3 = \dfrac{\varepsilon_2 - \varepsilon_3}{2}$ 为半径画 3 个圆，如图 3.20，称为应变莫尔圆。所有可能的应变状态都落在阴影线范围内。

由图 3.20 可知，最大切应变为 $\gamma_{max} = (\varepsilon_1 - \varepsilon_3)/2$。

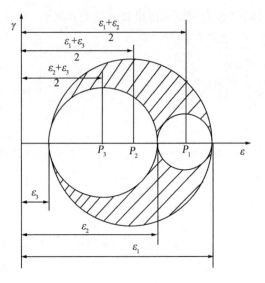

图 3.20　应变莫尔圆

3.3.3　小变形几何方程

物体变形后,体内各质点产生了位移,并因此而产生应变。因此,位移场与应变场都是空间坐标的连续函数,可以用位移表示应变。

如图 3.21 所示,设单元体棱边长度为 dx、dy、dz,它在 xOy 平面上的投影为 $abdc$,变形后的投影移至 $a_1b_1d_1c_1$,a 点变形后移到 a_1 点,所产生的位移分量为 u、v,则 b 点和 c 点的位移增量为:

$$\begin{cases} \delta u_c = \dfrac{\partial u}{\partial x}\mathrm{d}x \\[2mm] \delta v_c = \dfrac{\partial v}{\partial x}\mathrm{d}x \\[2mm] \delta u_b = \dfrac{\partial u}{\partial y}\mathrm{d}y \\[2mm] \delta v_b = \dfrac{\partial v}{\partial y}\mathrm{d}y \end{cases}$$

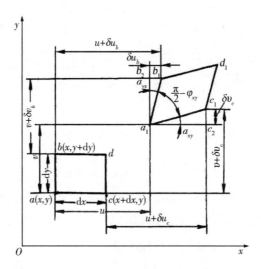

图3.21 位移分量与应变分量的关系

根据图中的几何关系,可以求出棱边 $ac(\mathrm{d}x)$ 在 x 方向的线应变 ε_x 为:

$$\varepsilon_x = \frac{u + \delta u_c - u}{\mathrm{d}x} = \frac{\delta u_c}{\mathrm{d}x} = \frac{\partial u}{\partial x}$$

以及棱边 $ab(\mathrm{d}y)$ 在 y 方向的线应变:

$$\varepsilon_y = \frac{v + \delta v_b - v}{\mathrm{d}y} = \frac{\delta v_b}{\mathrm{d}y} = \frac{\partial v}{\partial y}$$

由图中的几何关系,可得:

$$\tan\alpha_{yx} = \frac{b_2 b_1}{a_1 b_2} = \frac{u + \delta u_b - u}{v + \delta v_b + \mathrm{d}y - v} = \frac{\dfrac{\partial u}{\partial y}\mathrm{d}y}{\left(1 + \dfrac{\partial v}{\partial y}\right)\mathrm{d}y} = \frac{\dfrac{\partial u}{\partial y}}{1 + \dfrac{\partial v}{\partial y}}$$

因为 $\dfrac{\partial v}{\partial y} = \varepsilon_y$,其值远小于 1,所以有 $\tan\alpha_{yx} \approx \alpha_{yx} = \dfrac{\partial u}{\partial y}$。

同理得:

$$\tan\alpha_{xy} \approx \alpha_{xy} = \frac{\partial v}{\partial x}$$

则工程切应变为:

$$\varphi_{xy} = \varphi_{yx} = \alpha_{xy} + \alpha_{yx} = \frac{\partial u}{\partial y} + \frac{\partial v}{\partial x} \tag{3-39}$$

切应变为:

$$\gamma_{xy} = \gamma_{yx} = \frac{1}{2}\left(\frac{\partial u}{\partial y} + \frac{\partial v}{\partial x}\right) \tag{3-40}$$

按照同样的方法,由单元体在 yOz 和 zOx 坐标平面上投影的几何关系,得其余应变分量与位移分量之间的关系式,综合在一起为:

$$\begin{cases} \varepsilon_x = \dfrac{\partial u}{\partial x} \quad \gamma_{xy} = \gamma_{yx} = \dfrac{1}{2}\left(\dfrac{\partial u}{\partial y} + \dfrac{\partial v}{\partial x}\right) \\[2mm] \varepsilon_y = \dfrac{\partial v}{\partial y} \quad \gamma_{yz} = \gamma_{zy} = \dfrac{1}{2}\left(\dfrac{\partial v}{\partial z} + \dfrac{\partial w}{\partial y}\right) \\[2mm] \varepsilon_z = \dfrac{\partial w}{\partial z} \quad \gamma_{zx} = \gamma_{xz} = \dfrac{1}{2}\left(\dfrac{\partial w}{\partial x} + \dfrac{\partial u}{\partial z}\right) \end{cases} \qquad (3-41)$$

用角标符号可简记为：

$$\varepsilon_{ij} = \dfrac{1}{2}\left(\dfrac{\partial u_i}{\partial x_j} + \dfrac{\partial u_j}{\partial x_i}\right) \qquad (3-42)$$

式(3-42)的6个方程给出了小变形时位移分量和应变分量之间的关系,其是由变形几何关系得到的,因此称为小应变几何方程,又称柯西几何方程。如果物体中的位移场已知,则可由上述小应变几何方程求得应变场。

3.3.4　应变连续方程

由小应变几何方程可知,3个位移分量一经确定,6个应变分量也就确定了,显然,它们不应是任意的。只有这6个应变分量之间满足一定的关系,才能保证变形体的连续性。应变分量之间的关系称为应变连续方程或应变协调方程。

将几何方程式(3-41)中的 ε_x、ε_y 分别对 y、x 求两次偏导数,可得：

$$\dfrac{\partial^2 \varepsilon_x}{\partial y^2} = \dfrac{\partial^2}{\partial x \partial y}\left(\dfrac{\partial u}{\partial y}\right)$$

$$\dfrac{\partial^2 \varepsilon_y}{\partial x^2} = \dfrac{\partial^2}{\partial x \partial y}\left(\dfrac{\partial v}{\partial x}\right)$$

两式相加,得：

$$\dfrac{\partial^2 \varepsilon_x}{\partial y^2} + \dfrac{\partial^2 \varepsilon_y}{\partial x^2} = \dfrac{\partial^2}{\partial x \partial y}\left(\dfrac{\partial u}{\partial y} + \dfrac{\partial v}{\partial x}\right) = 2\dfrac{\partial^2 \gamma_{xy}}{\partial x \partial y}$$

$$\dfrac{\partial^2 \gamma_{xy}}{\partial x \partial y} = \dfrac{1}{2}\left(\dfrac{\partial^2 \varepsilon_x}{\partial y^2} + \dfrac{\partial^2 \varepsilon_y}{\partial x^2}\right) \qquad (3-43)$$

同理可得另外两式,连同上式综合在一起可得：

$$\begin{cases} \dfrac{\partial^2 \gamma_{xy}}{\partial x \partial y} = \dfrac{1}{2}\left(\dfrac{\partial^2 \varepsilon_x}{\partial y^2} + \dfrac{\partial^2 \varepsilon_y}{\partial x^2}\right) \\[3mm] \dfrac{\partial^2 \gamma_{yz}}{\partial y \partial z} = \dfrac{1}{2}\left(\dfrac{\partial^2 \varepsilon_y}{\partial z^2} + \dfrac{\partial^2 \varepsilon_z}{\partial y^2}\right) \\[3mm] \dfrac{\partial^2 \gamma_{zx}}{\partial z \partial x} = \dfrac{1}{2}\left(\dfrac{\partial^2 \varepsilon_z}{\partial x^2} + \dfrac{\partial^2 \varepsilon_x}{\partial z^2}\right) \end{cases} \qquad (3-44)$$

式(3-44)表明,在坐标平面内,两个线应变分量一经确定,则切应变分量也就确定了。对式(3-41)中的3个切应变等式分别对 x、y、z 求偏导,得：

$$\begin{cases} \dfrac{\partial \gamma_{xy}}{\partial z} = \dfrac{1}{2}\left(\dfrac{\partial^2 u}{\partial y \partial z} + \dfrac{\partial^2 v}{\partial x \partial z} \right) \\[3mm] \dfrac{\partial \gamma_{yz}}{\partial x} = \dfrac{1}{2}\left(\dfrac{\partial^2 v}{\partial z \partial x} + \dfrac{\partial^2 w}{\partial y \partial x} \right) \\[3mm] \dfrac{\partial \gamma_{zx}}{\partial y} = \dfrac{1}{2}\left(\dfrac{\partial^2 w}{\partial x \partial y} + \dfrac{\partial^2 u}{\partial z \partial y} \right) \end{cases} \tag{3-45}$$

将上面的前两式相加后减去第三式,得:

$$\frac{\partial \gamma_{xy}}{\partial z} + \frac{\partial \gamma_{yz}}{\partial x} - \frac{\partial \gamma_{zx}}{\partial y} = \frac{\partial^2 v}{\partial x \partial z}$$

再对上式两边对 y 求偏导数,得:

$$\frac{\partial}{\partial y}\left(\frac{\partial \gamma_{xy}}{\partial z} + \frac{\partial \gamma_{yz}}{\partial x} - \frac{\partial \gamma_{zx}}{\partial y} \right) = \frac{\partial}{\partial y}\left(\frac{\partial^2 v}{\partial x \partial z} \right) = \frac{\partial^2}{\partial x \partial z}\left(\frac{\partial v}{\partial y} \right) = \frac{\partial^2 \varepsilon_y}{\partial x \partial z}$$

与另外两式组合得:

$$\begin{cases} \dfrac{\partial}{\partial x}\left(\dfrac{\partial \gamma_{zx}}{\partial y} + \dfrac{\partial \gamma_{xy}}{\partial z} - \dfrac{\partial \gamma_{yz}}{\partial x} \right) = \dfrac{\partial^2 \varepsilon_x}{\partial y \partial z} \\[3mm] \dfrac{\partial}{\partial y}\left(\dfrac{\partial \gamma_{xy}}{\partial z} + \dfrac{\partial \gamma_{yz}}{\partial x} - \dfrac{\partial \gamma_{zx}}{\partial y} \right) = \dfrac{\partial^2 \varepsilon_y}{\partial z \partial x} \\[3mm] \dfrac{\partial}{\partial z}\left(\dfrac{\partial \gamma_{yz}}{\partial x} + \dfrac{\partial \gamma_{zx}}{\partial y} - \dfrac{\partial \gamma_{xy}}{\partial z} \right) = \dfrac{\partial^2 \varepsilon_z}{\partial x \partial y} \end{cases} \tag{3-46}$$

式(3-46)表明,在物体的三维空间内的 3 个切应变分量一经确定,线应变分量也就确定了。式(3-45)和式(3-46)统称为变形连续方程或应变协调方程。

变形连续方程的物理意义为:只有当应变分量之间满足一定的关系时,物体变形后才是连续的。否则,变形后会出现"撕裂"或"重叠",即变形体的连续性遭到破坏。

同时还应指出,如果已知一点的位移分量 u_i,则由几何方程求得的应变分量 ε_{ij} 自然满足连续方程。但如果先用其他方法求得应变分量,则只有满足上述应变连续方程,才能由几何方程求得正确的位移分量。

3.3.5 　应变增量和应变速率张量

前面讨论的均为小应变,反映的是单元体从初始状态开始至变形过程终了全过程应变量,亦称"全量应变"。然而,塑性变形一般是大变形,前面讨论的应变公式在大变形中不能直接应用。但是,我们可以把大变形看成是由很多瞬间小变形累积而成的。因此,在考察大变形中瞬间小变形的情况时,需引入速度场与应变增量的概念。

3.3.5.1 　速度分量和速度场

塑性变形过程中,物体内各质点以一定的速度运动,形成一个速度场。将质点在

单位时间内的位移叫作位移速度,它在3个坐标轴方向的分量叫作位移速度分量,简称速度分量,即:

$$\dot{u} = \frac{u}{t}$$

$$\dot{v} = \frac{v}{t}$$

$$\dot{w} = \frac{w}{t}$$

简记为:

$$\dot{u}_i = \frac{u_i}{t}$$

位移速度既是坐标的连续函数,又是时间的函数,故:

$$\dot{u}_i = \dot{u}_i(x,y,z,t)$$

即为变形体内运动质点的速度场。

3.3.5.2 位移增量和应变增量

物体在变形过程中,在某一极短的瞬时 dt,质点产生的位移改变量称为位移增量。应变增量是指变形体在变形过程中某一瞬时产生的无限小应变,其以物体在变形过程中某瞬时的形状尺寸为原始状态,更能准确反映变形体的变形情况。

全量应变以变形过程的起始点计算。如图 3.22 所示,设质点 P 在 dt 内沿路径 $PP'P_1$ 从 P' 移动无限小距离到达 P'',位移矢量 PP'' 与 PP' 之间的差即为位移增量,记为 $\mathrm{d}u_i$。

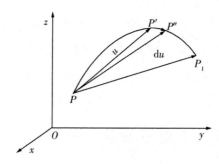

图 3.22 位移矢量和增量

此时它的速度分量记为:

$$\dot{u} = \frac{\mathrm{d}u}{\mathrm{d}t}$$

$$\dot{v} = \frac{\mathrm{d}v}{\mathrm{d}t}$$

$$\dot{w} = \frac{\mathrm{d}w}{\mathrm{d}t}$$

简记为：

$$\dot{u}_i = \frac{\mathrm{d}u_i}{\mathrm{d}t}$$

此时的位移增量分量为：

$$\mathrm{d}u_i = \dot{u}_i \mathrm{d}t \tag{3-47}$$

这里 d 为增量符号，而不是微分符号。

产生位移增量以后，变形体内各质点就有了相应的无限小应变增量，用 $\mathrm{d}\varepsilon_{ij}$ 表示。

此时，瞬时产生的变形完全可视为小变形，因此可以仿照小变形几何方程写出应变增量的几何方程，表示为：

$$\begin{cases} \mathrm{d}\varepsilon_x = \dfrac{\partial(\mathrm{d}u)}{\partial x} & \mathrm{d}\gamma_{xy} = \mathrm{d}\gamma_{yx} = \dfrac{1}{2}\left[\dfrac{\partial(\mathrm{d}u)}{\partial y} + \dfrac{\partial(\mathrm{d}v)}{\partial x}\right] \\[3mm] \mathrm{d}\varepsilon_y = \dfrac{\partial(\mathrm{d}v)}{\partial y} & \mathrm{d}\gamma_{yz} = \mathrm{d}\gamma_{zy} = \dfrac{1}{2}\left[\dfrac{\partial(\mathrm{d}v)}{\partial z} + \dfrac{\partial(\mathrm{d}w)}{\partial y}\right] \\[3mm] \mathrm{d}\varepsilon_z = \dfrac{\partial(\mathrm{d}w)}{\partial z} & \mathrm{d}\gamma_{zx} = \mathrm{d}\gamma_{xz} = \dfrac{1}{2}\left[\dfrac{\partial(\mathrm{d}w)}{\partial x} + \dfrac{\partial(\mathrm{d}v)}{\partial z}\right] \end{cases} \tag{3-48}$$

简记为：

$$\mathrm{d}\varepsilon_{ij} = \frac{1}{2}\left[\frac{\partial(\mathrm{d}u_i)}{\partial x_j} + \frac{\partial(\mathrm{d}u_j)}{\partial x_i}\right]$$

一点的应变增量也是二阶对称张量，称为应变增量张量，记为：

$$\mathrm{d}\varepsilon_{ij} = \begin{bmatrix} \mathrm{d}\varepsilon_x & \mathrm{d}\gamma_{xy} & \mathrm{d}\gamma_{xz} \\ \cdot & \mathrm{d}\varepsilon_y & \mathrm{d}\gamma_{yz} \\ \cdot & \cdot & \mathrm{d}\varepsilon_z \end{bmatrix}$$

塑性变形是一个大变形过程，在变形的整个过程中，质点在某一瞬时的应力状态一般对应于该瞬时的应变增量。可以采用无限小的应变增量来描述某一瞬时的变形情况，而把整个变形过程看作是一系列瞬时应变增量的积累。

3.3.5.3　应变速率张量

应变速率即单位时间内的应变增量，又称变形速度，用 $\dot{\varepsilon}_{ij}$ 表示，单位为 s^{-1}。

设在时间间隔 $\mathrm{d}t$ 内产生的应变增量为 $\mathrm{d}\varepsilon_{ij}$，则应变速率为 $\dot{\varepsilon}_{ij} = \dfrac{\mathrm{d}\varepsilon_{ij}}{\mathrm{d}t}$。

应变速率与应变增量相似，都是描述某瞬时的变形状态。与式（3-48）类似，应变速率：

$$
\begin{cases}
\dot{\varepsilon}_x = \dfrac{\partial \dot{u}_x}{\partial x} & \dot{\gamma}_{xy} = \dot{\gamma}_{yx} = \dfrac{1}{2}\left(\dfrac{\partial \dot{u}_y}{\partial y} + \dfrac{\partial \dot{u}_x}{\partial x}\right) \\[2mm]
\dot{\varepsilon}_y = \dfrac{\partial \dot{u}_y}{\partial y} & \dot{\gamma}_{yz} = \dot{\gamma}_{zy} = \dfrac{1}{2}\left(\dfrac{\partial \dot{u}_z}{\partial z} + \dfrac{\partial \dot{u}_y}{\partial y}\right) \\[2mm]
\dot{\varepsilon}_z = \dfrac{\partial \dot{u}_z}{\partial z} & \dot{\gamma}_{zx} = \dot{\gamma}_{xz} = \dfrac{1}{2}\left(\dfrac{\partial \dot{u}_x}{\partial x} + \dfrac{\partial \dot{u}_z}{\partial z}\right)
\end{cases}
\tag{3-49}
$$

简记为：

$$
\dot{\varepsilon}_{ij} = \frac{\mathrm{d}\varepsilon_{ij}}{\mathrm{d}t} = \frac{1}{2}\left[\frac{\partial \dot{u}_i}{\partial x_j} + \frac{\partial \dot{u}_j}{\partial x_i}\right]
$$

注：

（1）物体变形速度很慢或者温度较低时，可认为材料的力学性能与变形速度无关。

（2）当物体在较短时间内产生较大的变形以及变形速度较高时，必须考虑变形速度对材料力学性能的影响。

一点的应变速率称为应变速率张量，也是二阶对称张量。

$$
\dot{\varepsilon}_{ij} = \begin{bmatrix} \dot{\varepsilon}_x & \dot{\gamma}_{xy} & \dot{\gamma}_{xz} \\ \cdot & \dot{\varepsilon}_y & \dot{\gamma}_{yz} \\ \cdot & \cdot & \dot{\varepsilon}_z \end{bmatrix}
$$

应变速率 $\dot{\varepsilon}_{ij}$ 是应变增量 $\mathrm{d}\varepsilon_{ij}$ 对时间的微商，通常并不是全量应变的微分。应变速率张量与应变增量张量相似，用来描述瞬时变形状态。

3.3.6 平面应变和轴对称应变

3.3.6.1 平面应变问题

平面应变问题（平面变形）假设变形物体内所有质点都只在同一坐标平面内发生变形，该平面的法线方向没有变形。发生塑性变形的平面称为塑性流动平面。

假设没有变形的方向为 z 方向，则该方向上的位移分量为 0，其余两个方向的位移分量对 z 的偏导数必为 0，即：$\varepsilon_z = \gamma_{xz} = \gamma_{yz} = 0$。

则平面应变状态的 3 个应变分量为 ε_x、ε_y、γ_{xy}，且满足以下几何方程：

$$
\begin{cases}
\varepsilon_x = \dfrac{\partial u}{\partial x} \\[2mm]
\varepsilon_y = \dfrac{\partial v}{\partial y} \\[2mm]
\gamma_{xy} = \gamma_{yx} = \dfrac{1}{2}\left(\dfrac{\partial u}{\partial y} + \dfrac{\partial v}{\partial x}\right)
\end{cases}
\tag{3-50}
$$

根据体积不变条件,可知:$\varepsilon_x = -\varepsilon_y$。

平面变形状态下的应力状态有如下特点:

(1)平面变形时,物体内与 z 轴垂直的平面始终不会倾斜扭曲,所以该方向上的切应力为 0,即没有变形的 z 方向为主方向,z 平面为主平面,σ_z 为中间主应力。在塑性状态下,σ_z 等于平均应力,是一个不变量,即:

$$\sigma_z = \sigma_2 = \frac{1}{2}(\sigma_x + \sigma_y) = \sigma_m$$

此时只有 3 个独立的应力分量 σ_x、σ_y、τ_{xy}。

(2)由于 σ_z 为不变量,应力分量 σ_x、σ_y、τ_{xy} 沿 z 轴均匀分布,与 z 轴无关,所以平衡微分方程与平面应力问题相同。

$$\begin{cases} \dfrac{\partial \sigma_x}{\partial x} + \dfrac{\partial \tau_{yx}}{\partial y} = 0 \\[3mm] \dfrac{\partial \tau_{xy}}{\partial x} + \dfrac{\partial \sigma_y}{\partial y} = 0 \end{cases}$$

平面变形状态下的主切应力和最大切应力为:

$$\tau_{12} = \pm \frac{\sigma_1 - \sigma_2}{2} = \tau_{max}$$

$$\tau_{23} = \pm \frac{\sigma_2 - \sigma_3}{2}$$

平面变形状态下的最大切应力所在平面与塑性流动平面垂直的两个主平面呈 45°角。

(3)如果处于变形状态,发生变形的 z 平面即为塑性流动平面,平面塑性应变状态下的应力张量可写成:

$$\sigma_{ij} = \begin{bmatrix} \sigma_x & \tau_{xy} & 0 \\ \tau_{yx} & \sigma_y & 0 \\ 0 & 0 & \sigma_z \end{bmatrix} = \begin{bmatrix} \dfrac{\sigma_x - \sigma_y}{2} & \tau_{xy} & 0 \\ \tau_{yx} & -\dfrac{\sigma_x - \sigma_y}{2} & 0 \\ 0 & 0 & 0 \end{bmatrix} + \begin{bmatrix} \sigma_m & 0 & 0 \\ 0 & \sigma_m & 0 \\ 0 & 0 & \sigma_m \end{bmatrix}$$

或:

$$\sigma_{ij} = \begin{bmatrix} \sigma_1 & 0 & 0 \\ 0 & \sigma_2 & 0 \\ 0 & 0 & \sigma_z \end{bmatrix} = \begin{bmatrix} \dfrac{\sigma_1 - \sigma_2}{2} & 0 & 0 \\ 0 & -\dfrac{\sigma_1 - \sigma_2}{2} & 0 \\ 0 & 0 & 0 \end{bmatrix} + \begin{bmatrix} \sigma_m & 0 & 0 \\ 0 & \sigma_m & 0 \\ 0 & 0 & \sigma_m \end{bmatrix}$$

可以看出,平面塑性变形时的应力状态就是纯切应力状态叠加一个应力球张量。

3.3.6.2 轴对称问题

当旋转体承受的外力对称于旋转轴分布时,则变形体内质点所处的应力状态即为轴对称应力状态。塑性成形中的轴对称应力状态主要指每个子午面(通过旋转体轴线的平面)都始终保持平面,且子午面之间的夹角保持不变。轴对称问题一般采用圆柱坐标系 (ρ,θ,z) 表示,如图 3.23 所示。

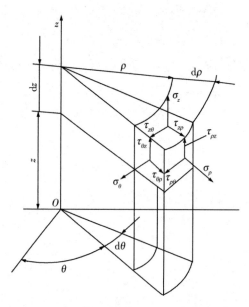

图 3.23 圆柱坐标系中的应力单元体

当用圆柱坐标表示应力单元体时,应力张量的表示形式为:

$$\sigma_{ij} = \begin{bmatrix} \sigma_{\rho} & \tau_{\rho\theta} & \tau_{\rho z} \\ \tau_{\theta\rho} & \sigma_{\theta} & \tau_{\theta z} \\ \tau_{z\rho} & \tau_{z\theta} & \sigma_{z} \end{bmatrix}$$

相应的应力平衡微分方程表示为:

$$\begin{cases} \dfrac{\partial \sigma_{\rho}}{\partial \rho} + \dfrac{1}{\rho}\dfrac{\partial \tau_{\theta\rho}}{\partial \theta} + \dfrac{\partial \tau_{z\rho}}{\partial z} + \dfrac{\sigma_{\rho} - \sigma_{\theta}}{\rho} = 0 \\[3mm] \dfrac{\partial \tau_{\rho\theta}}{\partial \rho} + \dfrac{1}{\rho}\dfrac{\partial \sigma_{\theta}}{\partial \theta} + \dfrac{\partial \tau_{z\theta}}{\partial z} + \dfrac{2\tau_{\rho\theta}}{\rho} = 0 \\[3mm] \dfrac{\partial \tau_{\rho z}}{\partial \rho} + \dfrac{1}{\rho}\dfrac{\partial \tau_{\theta z}}{\partial z} + \dfrac{\partial \sigma_{z}}{\partial z} + \dfrac{\tau_{\rho z}}{\rho} = 0 \end{cases} \qquad (3-51)$$

圆柱坐标系下的几何方程为:

$$\begin{cases} \varepsilon_\rho = \dfrac{\partial u}{\partial \rho} & \gamma_{\rho\theta} = \dfrac{1}{2}\left(\dfrac{\partial v}{\partial \rho} - \dfrac{v}{\rho} + \dfrac{1}{\rho}\dfrac{\partial u}{\partial \theta}\right) \\[2mm] \varepsilon_\theta = \dfrac{1}{\rho}\left(\dfrac{\partial v}{\partial \theta} + u\right) & \gamma_{\theta z} = \dfrac{1}{2}\left(\dfrac{\partial v}{\partial z} + \dfrac{1}{\rho}\dfrac{\partial w}{\partial \theta}\right) \\[2mm] \varepsilon_z = \dfrac{\partial w}{\partial z} & \gamma_{z\rho} = \dfrac{1}{2}\left(\dfrac{\partial w}{\partial \rho} + \dfrac{\partial u}{\partial z}\right) \end{cases} \tag{3-52}$$

轴对称状态时,由于子午面在变形中始终不会发生扭曲,并保持其对称性,所以应力状态具有以下特点:

(1)在 θ 面上没有切应力,即 $\tau_{\theta\rho} = \tau_{\theta z} = 0$,所以应力张量中只有 4 个独立的应力分量,其应力状态如图 3.24 所示。

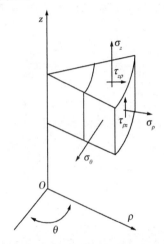

图 3.24　轴对称应力状态

(2)各应力分量与 θ 坐标无关,对 θ 的偏导数为 0。

因此,用圆柱坐标表示轴对称应力状态的应力张量为:

$$\sigma_{ij} = \begin{bmatrix} \sigma_\rho & 0 & \tau_{\rho z} \\ 0 & \sigma_\theta & 0 \\ \tau_{z\rho} & 0 & \sigma_z \end{bmatrix}$$

应力平衡微分方程式为:

$$\begin{cases} \dfrac{\partial \sigma_\rho}{\partial \rho} + \dfrac{\partial \tau_{z\rho}}{\partial z} + \dfrac{\sigma_\rho - \sigma_\theta}{\rho} = 0 \\[3mm] \dfrac{\partial \tau_{\rho z}}{\partial \rho} + \dfrac{\partial \sigma_z}{\partial z} + \dfrac{\tau_{\rho z}}{\rho} = 0 \end{cases} \tag{3-53}$$

有些轴对称问题,例如圆柱体在平砧间均匀镦粗、圆柱体坯料的均匀挤压和拉拔等,其径向应力和周向应力相等,$\sigma_\rho = \sigma_\theta$,此时,应力平衡微分方程只有 3 个独立的应力分量。

轴对称变形时,子午面始终保持平面,θ 向没有位移速度,位移分量 $v = 0$,各位移

分量均与 θ 无关,因此 $\gamma_{\rho\theta} = \gamma_{\theta z} = 0$,$\theta$ 向成为应变主方向。

此时,只有 4 个应变分量,几何方程简化为:

$$
\begin{cases}
\varepsilon_\rho = \dfrac{\partial u}{\partial \rho} \\[2mm]
\varepsilon_\theta = \dfrac{u}{\rho} \\[2mm]
\varepsilon_z = \dfrac{\partial w}{\partial z} \\[2mm]
\gamma_{z\rho} = \dfrac{1}{2}\left(\dfrac{\partial w}{\partial \rho} + \dfrac{\partial u}{\partial z}\right)
\end{cases}
\tag{3-54}
$$

对于有些轴对称问题,如均匀变形时的单向拉伸、锥形模挤压和拉拔,以及圆柱体平砧镦粗等,其径向位移分量 u 与坐标 ρ 成线性关系,于是得 $\dfrac{\partial u}{\partial \rho} = \dfrac{u}{\rho}$。

所以:

$$\varepsilon_\rho = \varepsilon_\theta$$

这时,径向正应力和周向正应力分量也相等,即 $\sigma_\rho = \sigma_\theta$。

3.4 屈服准则

3.4.1 屈服准则的概念

屈服准则是判断材料质点由弹性状态进入塑性状态的依据,又称为塑性条件。它是描述受力物体中不同应力状态下的质点进入塑性状态并使塑性变形继续进行所遵循的力学条件,也是塑性力学的基本方程之一。

当受力物体内质点处于单向应力状态时,只要单向应力达到材料的屈服点,则该质点就开始由弹性状态进入塑性状态,即发生屈服。当受力物体内质点处于多向应力状态时,必须同时考虑所有的应力分量。在一定的变形条件(变形量、变形温度、变形速度等)下,只有当各应力分量之间符合一定关系时,质点才开始屈服。一般可以表示为:

$$f(\sigma_{ij}) = C \tag{3-55}$$

式(3-55)又称为屈服函数。式中 C 是与材料性质有关而与应力状态无关的常数,可通过试验测得。

对于各向同性材料,由于屈服准则与坐标状态无关,因此可用主应力 σ_1、σ_2、σ_3 来表示。同时考虑应力球张量不影响材料质点的屈服,所以在屈服准则中,σ_1、σ_2、σ_3 应以 $|\sigma_1 - \sigma_2|$、$|\sigma_2 - \sigma_3|$、$|\sigma_3 - \sigma_1|$ 的形式出现,即:

$$f(|\sigma_1 - \sigma_2|、|\sigma_2 - \sigma_3|、|\sigma_3 - \sigma_1|) = C \qquad (3-56)$$

对于各向同性材料,各项之前无须加权。

以下关于屈服准则的研究是基于均质、各向同性的理想刚塑性材料。

3.4.2　屈雷斯加(H. Tresca)屈服准则

1864 年,法国工程师屈雷斯加根据库伦(C. A. Coulomb)在土力学中的研究结果,并从自己所做的金属挤压试验所观察到的滑移痕迹出发,提出材料的屈服与最大切应力有关。他认为,当受力物体(质点)中的最大切应力达到某一定值时,该物体就发生屈服。或者说,材料处于塑性状态时,其最大切应力为一定值,该定值只取决于材料在变形条件下的性质,而与应力状态无关。因此,又称为最大切应力不变条件。

若规定主应力大小顺序为 $\sigma_1 \geqslant \sigma_2 \geqslant \sigma_3$,则屈雷斯加屈服准则的数学表达式为:

$$\tau_{\max} = \frac{\sigma_1 - \sigma_3}{2} = C \qquad (3-57)$$

其中,常数 C 和应力状态无关,其可通过单向拉伸试验来确定。

单向拉伸屈服时,由 $\sigma_1 = \sigma_s, \sigma_2 = \sigma_3 = 0$,可得 $C = \frac{1}{2}\sigma_s$,则:

$$\frac{\sigma_1 - \sigma_3}{2} = C = \frac{\sigma_s}{2} \qquad (3-58)$$

进一步化简,可得:

$$\sigma_1 - \sigma_3 = \sigma_s \qquad (3-59)$$

若不知主应力大小顺序,则屈雷斯加屈服准则可写成:

$$\begin{cases} |\sigma_1 - \sigma_2| = \sigma_s \\ |\sigma_2 - \sigma_3| = \sigma_s \\ |\sigma_3 - \sigma_1| = \sigma_s \end{cases} \qquad (3-60)$$

上式左边为主应力之差,故又称主应力差不变条件。从数学角度出发,上式 3 个式子只要满足 1 个,该点即发生屈服。

3.4.3　米塞斯屈服准则

1913 年,德国力学家米塞斯(Von. Mises)提出另外一个屈服准则,即当等效应力 $\bar{\sigma}$ 达到某一定值时,材料质点即发生屈服。或者说,材料处于塑性状态时,其等效应力 $\bar{\sigma}$ 是不变的定值,该定值只取决于材料变形时的性质,而与应力状态无关。其表达式如下:

$$\bar{\sigma} = \frac{\sqrt{2}}{2}\sqrt{(\sigma_1 - \sigma_2)^2 + (\sigma_2 - \sigma_3)^2 + (\sigma_3 - \sigma_1)^2} = C \qquad (3-61)$$

式中,常数 C 根据单向拉伸试验确定为 σ_s。因此,米塞斯屈服准则可写成:

$$(\sigma_1 - \sigma_2)^2 + (\sigma_2 - \sigma_3)^2 + (\sigma_3 - \sigma_1)^2 = 2\sigma_s^2 \qquad (3-62)$$

任意坐标系下,米塞斯屈服准则的表达式为:

$$(\sigma_x - \sigma_y)^2 + (\sigma_y - \sigma_z)^2 + (\sigma_z - \sigma_x)^2 + 6(\tau_{xy}^2 + \tau_{yx}^2 + \tau_{zx}^2) = 2\sigma_s^2 \quad (3-63)$$

对于平面应力状态,若假设 $\sigma_z = \tau_{yz} = \tau_{xz} = 0$ 或 $\sigma_3 = 0$,则米塞斯屈服准则可表示为:

在任意坐标系下:

$$\sigma_x^2 + \sigma_y^2 - \sigma_x\sigma_y + 3\tau_{xy}^2 = \sigma_s^2 \qquad (3-64)$$

在主轴坐标系下:

$$\sigma_1^2 - \sigma_1\sigma_2 + \sigma_2^2 = \sigma_s^2 \qquad (3-65)$$

平面变形时,由于 $\tau_{yz} = \tau_{xz} = 0$,米塞斯屈服准则可以表示为:

在任意坐标系下:

$$(\sigma_x - \sigma_y)^2 + 4\tau_{xy}^2 = \frac{4}{3}\sigma_s^2 \qquad (3-66)$$

在主轴坐标系下:

$$\sigma_1 - \sigma_2 = \frac{2}{\sqrt{3}}\sigma_s \qquad (3-67)$$

米塞斯屈服准则也可以表述为:在一定的变形条件下,当受力物体内一点的应力偏张量的第二不变量 J_2' 达到某一定值时,该点就开始进入塑性状态。

亨基(H. Hencky)于1924年指出米塞斯屈服准则的物理意义是:在一定的变形条件下,当材料单位体积的弹性形变能达到某一常数时,质点就发生屈服。故米塞斯屈服准则又称为能量准则。

3.4.4 屈服准则的几何表达

屈服准则的数学表达式在主应力空间中的几何图形是一个封闭的空间曲面,称为屈服表面。如把屈服准则表示在各种平面坐标系中,则它们都是封闭曲线,叫作屈服轨迹。

3.4.4.1 主应力空间中的屈服表面

以主应力为坐标构成一个主应力空间,一种应力状态($\sigma_1, \sigma_2, \sigma_3$)可由主应力空间中的一点 P 表示,则可用矢量 OP 来表示,如图 3.25 所示。

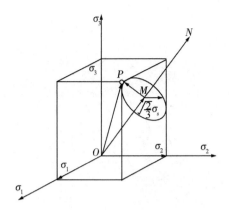

图 3.25　主应力空间

过坐标原点 O 引等倾线 ON，其方向余弦 $l = m = n = 1/\sqrt{3}$，线上任一点的 3 个坐标分量均相等，即 $\sigma_1 = \sigma_2 = \sigma_3$，表示球应力状态。

由 P 点引一直线 $PM \perp ON$，则矢量 OP 可分解为 OM 和 MP，这时，OM 表示应力球张量部分，MP 表示应力偏张量部分。

$$|OM| = \sigma_1 l + \sigma_2 m + \sigma_3 n = \frac{1}{\sqrt{3}}(\sigma_1 + \sigma_2 + \sigma_3)$$

因此，

$$
\begin{aligned}
|MP| &= \sqrt{|OP|^2 - |OM|^2} \\
&= \sqrt{\sigma_1^2 + \sigma_2^2 + \sigma_3^2 - \frac{1}{3}(\sigma_1 + \sigma_2 + \sigma_3)} \\
&= \sqrt{\frac{1}{3}\left[(\sigma_1 - \sigma_2)^2 + (\sigma_2 - \sigma_3)^2 + (\sigma_3 - \sigma_1)^2\right]} \\
&= \sqrt{\frac{2}{3}}\,\bar{\sigma}
\end{aligned}
$$

根据米塞斯屈服准则，当 $\bar{\sigma} = \sigma_s$ 时，材料就屈服，故 P 点屈服时有：

$$|MP| = \sqrt{\frac{2}{3}}\,\sigma_s$$

以 M 为圆心，以 $\sqrt{\frac{2}{3}}\,\sigma_s$ 为半径作圆，则圆上各点的应力偏张量均相等，均等于 $\sqrt{\frac{2}{3}}\,\sigma_s$。因此，圆上各点都进入塑性状态。

由于球应力 OM 不影响屈服，所以，以 ON 为轴线，以 $\sqrt{\frac{2}{3}}\,\sigma_s$ 为半径作一圆柱面，该圆柱面上的点都满足米塞斯屈服准则。该圆柱面即为主应力空间中的米塞斯屈服表面。

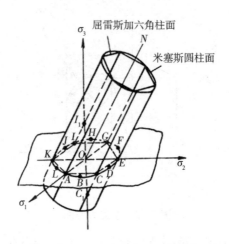

图 3.26　主应力空间中的屈服表面

同理,屈雷斯加屈服准则在主应力空间中的几何图形是一个内接于米塞斯圆柱面的正六棱柱面,称为主应力空间的屈雷斯加屈服表面,如图 3.26 所示。

由图 3.26 可知,屈服表面的几何意义表现为:若描述应力状态的点在屈服表面上,则此点开始屈服;若点在屈服表面内,则处于弹性状态。对各向同性的理想塑性材料,屈服表面是连续的,不随塑性流动而变化,点不可能在屈服表面外。

3.4.4.2　平面应力状态的屈服轨迹

对于平面应力状态,$\sigma_3 = 0$。代入米塞斯屈服准则表达式,可得:

$$\sigma_1^2 - \sigma_1\sigma_2 + \sigma_2^2 = \sigma_s^2 \tag{3-68}$$

为了清楚起见,把坐标轴旋转 45°,则新老坐标的关系为:

$$\begin{cases} \sigma_1 = \sigma_1'\cos45° - \sigma_2'\sin45° \\ \sigma_2 = \sigma_1'\sin45° + \sigma_2'\cos45° \end{cases} \tag{3-69}$$

即:

$$\sigma_1 = \frac{1}{\sqrt{2}}(\sigma_1' - \sigma_2') \;;\; \sigma_2 = \frac{1}{\sqrt{2}}(\sigma_1' + \sigma_2') \tag{3-70}$$

将式(3-70)代入式(3-68)中,进一步整理得到一个椭圆形式的方程,即:

$$\frac{\sigma_1'^2}{(\sqrt{2}\sigma_s)^2} + \frac{\sigma_2'^2}{\left(\sqrt{\dfrac{2}{3}}\sigma_s\right)^2} = 1 \tag{3-71}$$

该方程的图形表示如图 3.27 所示的椭圆。其中,椭圆中心在原点,椭圆对称轴与原坐标轴(σ_1、σ_2)轴夹角为 45°,长半轴为 $\sqrt{2}\sigma_s$,短半轴为 $\sqrt{\dfrac{2}{3}}\sigma_s$,与原坐标轴的截距为 $\pm\sigma_s$。这个椭圆就是平面应力状态的米塞斯屈服轨迹,称为米塞斯椭圆。

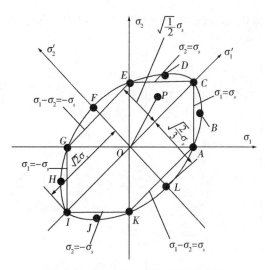

图3.27 平面应力状态的屈服轨迹

同样,将 $\sigma_3 = 0$ 代入屈雷斯加屈服准则的表达式(3-60),可得平面应力状态的屈雷斯加屈服准则:

$$|\sigma_1| = \sigma_s,\ |\sigma_2| = \sigma_s,\ |\sigma_1 - \sigma_2| = \sigma_s$$

上式中每一个式子表示两条互相平行且对称的直线,这些直线在 $\sigma_1 - \sigma_2$ 主应力坐标平面上构成内接于米塞斯椭圆的六边形,这就是平面应力状态的屈雷斯加屈服轨迹,称为屈雷斯加六边形。

任一平面应力状态都可用平面上一点 P 表示,并可用矢量 OP 来表示。如 P 点在屈服轨迹的里面,则材料的质点处于弹性状态;如 P 点在轨迹上,则该质点处于塑性状态。对于理想塑性材料,P 点不可能在轨迹外面。

由图3.27可知,两个屈服轨迹有6个交点(A、C、E、G、I、K),在6个交点处两个屈服准则是一致的,它们都表示两向主应力相等的应力状态。其中,与坐标轴相交的4个点(A、E、G、K)表示单向应力状态;与椭圆长轴相交的2个点(C、I)表示轴对称应力状态;两屈服轨迹不相交的地方,米塞斯椭圆上的点均在屈雷斯加六边形之外,表示按米塞斯屈服需要较大的应力。两个屈服准则差别最大的有6个点(B、D、F、H、J、L),它们的坐标可由式(3-68)对 σ_1 和 σ_2 求极值得到。其中,两个点(F、L)表示纯切应力状态,另外4个点(B、D、H、J)表示平面应力状态。

3.4.4.3 π平面上的屈服轨迹

在主应力空间中,通过坐标原点并垂直于等倾线 ON 的平面称为 π 平面。π 平面与两个屈服表面都垂直,故屈服表面在 π 平面上的投影是半径为 $\sqrt{\frac{2}{3}}\sigma_s$ 的圆及其内接正六边形,这就是 π 平面上的屈服轨迹。

在 π 平面上 $\sigma_m = 0$，说明 π 平面上任一点无应力球张量的影响，任一点的应力矢量均表示偏张量。

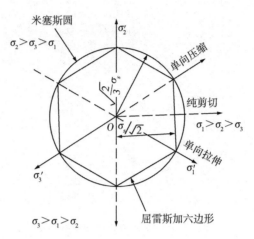

图 3.28　π 平面上两个屈服准则的表达

3.4.5　两个屈服准则的比较

通过比较屈雷斯加屈服准则和米塞斯屈服准则的数学表达式，发现屈雷斯加屈服准则未考虑中间主应力 σ_2 的影响，米塞斯屈服准则考虑了 σ_2 对质点屈服的影响。

为了评价 σ_2 对屈服的影响，引入罗德（Lode）应力参数：

$$\mu_\sigma = \frac{(\sigma_2 - \sigma_3) - (\sigma_1 - \sigma_2)}{\sigma_1 - \sigma_3} = \frac{\sigma_2 - \dfrac{\sigma_1 + \sigma_3}{2}}{\dfrac{\sigma_1 - \sigma_3}{2}} \tag{3-72}$$

当 σ_2 在 σ_1 与 σ_3 之间变化时，μ_σ 在 $-1 \sim 1$ 之间变化。可以解出：

$$\sigma_2 = \frac{\sigma_1 + \sigma_3}{2} + \mu_\sigma \frac{\sigma_1 - \sigma_3}{2} \tag{3-73}$$

μ_σ 实际上表示了 σ_2 在三向莫尔圆中的相对位置变化。

将 σ_2 代入米塞斯屈服准则式（3-62），整理后得：

$$\sigma_1 - \sigma_3 = \frac{2}{\sqrt{3 + \mu_\sigma^2}} \sigma_s \tag{3-74}$$

令 $\beta = \dfrac{2}{\sqrt{3 + \mu_\sigma^2}}$，称为中间主应力影响系数，或称应力修正系数，$\beta$ 在 $(1 \sim 1.155)$ 内。

则有

$$\sigma_1 - \sigma_3 = \beta \sigma_s \tag{3-75}$$

所以米塞斯屈服准则与屈雷斯加屈服准则在形式上仅差一个应力修正系数。

在单向受拉或单向受压及轴对称应力状态（$\sigma_2 = \sigma_3$）时，$\beta = 1$，两个屈服准则重合；在纯剪切状态和平面应变状态时，$\beta = 1.155$，两者差别最大。

现设 K 为屈服时的最大切应力，则：

$$K = \frac{\sigma_1 - \sigma_3}{2} = \frac{\beta}{2}\sigma_s \qquad (3-76)$$

于是，两个屈服准则的统一表达式为：

$$\sigma_1 - \sigma_3 = 2K \qquad (3-77)$$

当 $K = 0.5\sigma_s$，为屈雷斯加屈服准则；当 $K = (0.5 \sim 0.577)\sigma_s$，为米塞斯屈服准则。对两个屈服准则进行分析研究，发现如下特点：

（1）大量试验表明，屈雷斯加屈服准则和米塞斯屈服准则都与试验值比较吻合，除了退火低碳钢外，一般金属材料的试验数据点更接近于米塞斯屈服准则。

（2）当主应力大小顺序已知时，屈雷斯加屈服函数为线性，使用起来很方便，在工程计算中常常采用。

（3）两个屈服准则的表达式与坐标的选择无关，是应力不变量的函数。

（4）3 个主应力可以任意置换，且拉应力与压应力作用相同。

（5）屈服准则表达式与应力球张量无关。

3.4.6　应变硬化材料的屈服与加载表面

以上讨论的屈服准则只适用于各向同性的理想塑性材料。对于应变硬化材料，可以认为初始屈服仍然服从前述的准则，产生硬化后，屈服准则将发生变化，在变形过程的每一瞬时，都有一后续的瞬时屈服表面和屈服轨迹。

目前，关于后续屈服表面（加载表面）的讨论，常见的是"各向同性硬化"假设，即"等向强化"模型，其要点如下：

（1）材料应变硬化后仍然保持各向同性。

（2）应变硬化后屈服轨迹的中心位置和形状保持不变。

因此，对应于米塞斯屈服准则和屈雷斯加屈服准则，等向强化模型的后续屈服轨迹在 π 平面上是一系列扩大且同心的圆和正六边形，如图 3.29 所示。

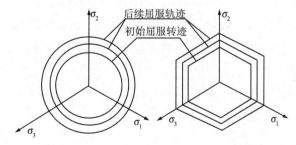

图 3.29　各向同性应变硬化材料的后续屈服轨迹

屈服轨迹的形状由应力状态函数决定,而轨迹的大小取决于材料的性质。因此,应变硬化材料的屈服准则可表示为:

$$f(\sigma_{ij}) = Y \tag{3-78}$$

对于理想塑性材料,流动应力 $Y = \sigma_s$;而对于硬化材料,Y 是变化的。关于 Y 的变化,有两种假设:一种是单一曲线假设,认为 Y 只是等效应变的函数,而与应力状态无关。可用单向拉伸的流动应力与真实应变的函数关系来替代 Y 与等效应变的关系。该假设形式简单,使用方便,被广泛应用。另一种是"能量假设",认为硬化取决于塑性变形功,与应力状态和加载路线无关。

3.5 本构关系

塑性变形时应力与应变之间的关系叫作本构关系,其数学表达式称为本构方程,也叫物理方程。塑性应力应变关系和屈服准则一样,都是求解塑性变形问题的基本方程。

3.5.1 弹性应力应变关系

单向应力状态下,线弹性阶段的应力应变关系符合胡克定律:

$$\sigma = E\varepsilon$$
$$\tau = 2G\gamma \tag{3-79}$$

将其推广到一般的应力状态下的各向同性材料,就是广义胡克定律,即

$$\begin{cases} \varepsilon_x = \dfrac{1}{E}\left[\sigma_x - \nu(\sigma_y + \sigma_z)\right];\gamma_{yz} = \dfrac{\tau_{yz}}{2G} \\[2ex] \varepsilon_y = \dfrac{1}{E}\left[\sigma_y - \nu(\sigma_x + \sigma_z)\right];\gamma_{zx} = \dfrac{\tau_{zx}}{2G} \\[2ex] \varepsilon_z = \dfrac{1}{E}\left[\sigma_z - \nu(\sigma_x + \sigma_y)\right];\gamma_{xy} = \dfrac{\tau_{xy}}{2G} \end{cases} \tag{3-80}$$

式中,E 为弹性模量(MPa);ν 为泊松比;G 为剪切模量(MPa)。

在材料的比例极限内,由均匀分布的纵向应力所引起的横向应变与相应的纵向应变之比的绝对值称为泊松比 ν。例如,一杆受拉伸时,其轴向伸长必然伴随着横向收缩(反之亦然),而横向应变 ε' 与轴向应变 ε 之比为一定值。

将式(3-80)中的 ε_x、ε_y、ε_z 相加,整理得:

$$\varepsilon_x + \varepsilon_y + \varepsilon_z = \frac{1-2\nu}{E}(\sigma_x + \sigma_y + \sigma_z)$$

即:

$$\varepsilon_{\mathrm{m}} = \frac{1 - 2\nu}{E}\sigma_{\mathrm{m}} \qquad (3-81)$$

上式表明,弹性变形时其单位体积变化率($\theta = \varepsilon_x + \varepsilon_y + \varepsilon_z = 3\varepsilon_{\mathrm{m}}$)与平均应力$\sigma_{\mathrm{m}}$成正比,说明应力球张量使物体产生了弹性体积改变。式中,ε_{m}、σ_{m}为平均应变和平均应力。

将式(3-80)中的ε_x、ε_y、ε_z分别减去ε_{m},如

$$\varepsilon_x' = \varepsilon_x - \varepsilon_{\mathrm{m}} = \frac{1 + \nu}{E}(\sigma_x - \sigma_{\mathrm{m}}) = \frac{1}{2G}(\sigma_x - \sigma_{\mathrm{m}}) = \frac{1}{2G}\sigma_x'$$

同理得ε_y'、ε_z'。

因此,应变偏量与应力偏量之间的关系可写成如下形式

$$\begin{cases} \varepsilon_x' = \dfrac{1}{2G}\sigma_x' ; \gamma_{yz} = \dfrac{1}{2G}\tau_{yz} \\[2mm] \varepsilon_y' = \dfrac{1}{2G}\sigma_y' ; \gamma_{zx} = \dfrac{1}{2G}\tau_{zx} \\[2mm] \varepsilon_z' = \dfrac{1}{2G}\sigma_z' ; \gamma_{xy} = \dfrac{1}{2G}\tau_{xy} \end{cases} \qquad (3-82)$$

简记为:

$$\varepsilon_{ij}' = \frac{1}{2G}\sigma_{ij}' \qquad (3-83)$$

上式表示应变偏张量与应力偏张量成正比,表明物体形状的改变只是由应力偏张量引起的。

由式(3-81)和式(3-82),广义胡克定律可写成张量形式:

$$\varepsilon_{ij} = \varepsilon_{ij}' + \delta_{ij}\varepsilon_{\mathrm{m}} = \frac{1}{2G}\sigma_{ij}' + \frac{1 - 2\nu}{E}\delta_{ij}\sigma_{\mathrm{m}} \qquad (3-84)$$

广义胡克定律还可以写成比例及差比的形式:

$$\frac{\varepsilon_x'}{\sigma_x'} = \frac{\varepsilon_y'}{\sigma_y'} = \frac{\varepsilon_z'}{\sigma_z'} = \frac{\gamma_{yz}}{\tau_{yz}} = \frac{\gamma_{zx}}{\tau_{zx}} = \frac{\gamma_{xy}}{\tau_{xy}} = \frac{1}{2G}$$

及:

$$\frac{\varepsilon_x - \varepsilon_y}{\sigma_x - \sigma_y} = \frac{\varepsilon_y - \varepsilon_z}{\sigma_y - \sigma_z} = \frac{\varepsilon_z - \varepsilon_x}{\sigma_z - \sigma_x} = \frac{\gamma_{yz}}{\tau_{yz}} = \frac{\gamma_{zx}}{\tau_{zx}} = \frac{\gamma_{xy}}{\tau_{xy}} = \frac{1}{2G}$$

上式表明,应变莫尔圆和应力莫尔圆几何相似,且成正比。

由以上分析可知,弹性应力应变关系有如下特点:

(1)应力与应变成线性关系,即应力主轴与全量应变主轴重合。

(2)弹性变形是可逆的,与应变历史(加载过程)无关。因此,应力与应变关系是单值对应的。

(3)弹性变形时,应力球张量使物体产生体积变化,泊松比$\nu < 0.5$。

3.5.2 塑性应力应变关系

当质点应力超过屈服强度进入塑性状态时,应力应变关系一般不能一一对应,而是与加载路线有关。

如图 3.30 所示,对于理想塑性材料,则同一屈服应力 σ_s 可以对应任何应变,如图中的虚线所示。对于应变硬化材料,加载过程中若由 σ_s 加载到 σ_e,其对应的应变为 ε_e;但若由 σ_f 卸载到 σ_e,则应变为 ε_f'。显然,两者不等。说明同一应力状态可以有不同的应变状态与之对应。两者不是单值的一一对应关系。

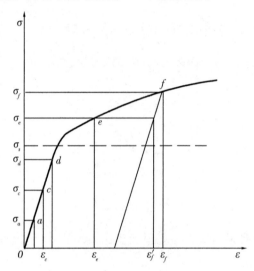

图 3.30 单向拉伸时的应力 – 应变曲线

再如,图 3.31(a)为刚塑性硬化材料的单向拉伸和纯剪切时的应力 – 应变关系曲线。图 3.31(b)表示此材料承受拉、切复合应力时,在 $\sigma - \tau$ 坐标平面上的屈服轨迹,AB 曲线为初始屈服轨迹,CD 为后继屈服轨迹。

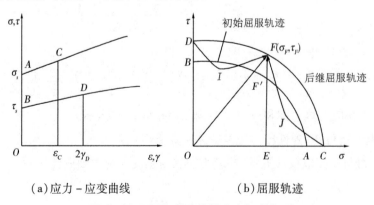

(a)应力 – 应变曲线　　　　　(b)屈服轨迹

图 3.31 不同加载路线的应力与应变

现将材料先单向拉伸至初始屈服点 A[图 3.31(a)],再继续拉伸到后继屈服点

C,此时质点的应力为 σ_e,应变为 $\varepsilon_1 = \varepsilon_e$、$\varepsilon_2 = \varepsilon_3 = -0.5\varepsilon_e$。因塑性变形不可逆,若卸载到 E 点,应变保留在变形体中,再施加切应力到后继屈服轨迹 CD 上的 F 点,这时的应力为(σ_F, τ_F),由于 F 点与 C 点在同一后继屈服轨迹上,等效应力相同,并未增加,不能进一步变形,所以应变状态并无变化,仍为 C 点的应变状态。说明应力应变不一一对应,主轴亦不重合。同理,先加载切应力到 B,继而到 D,应力为 τ_D,应变为 $2\gamma_D$,从 D 点再经另一条路线 DIF 到达 F 点,此时应力为(σ_F, τ_F),应变不变,仍为 $2\gamma_D$。从上例可以看出,同样的一种应力状态,由于加载路线不同,有几种应变状态与之对应;同样,一种应变状态,也可有几种应力状态对应,而且应力与应变主轴不一定重合。

由以上分析可知,塑性应力 – 应变关系具有如下特点:

(1)应力与应变之间的关系是非线性的,因此全量应变主轴与应力主轴不一定重合。

(2)塑性变形时可认为体积不变,即应变球张量为0,泊松比 $\nu = 0.5$。

(3)对于应变硬化材料,卸载后再重新加载时的屈服应力就是卸载时的屈服应力,比初始屈服应力要高。

(4)塑性变形是不可逆的,与应变历史有关,即应力 – 应变关系不再保持单值关系。

3.5.3 增量理论

增量理论又称流动理论,描述加载过程中的每一瞬间的应力分量与该瞬间的应变增量分量之间的关系,这样就可不考虑加载路径的影响。

3.5.3.1 列维 – 米塞斯(Levy – Mises)理论

列维与米塞斯分别于 1871 年和 1913 年建立了理想塑性材料的流动理论,该理论建立在下述 4 个基本假设的基础上:

(1)材料是刚塑性材料,即弹性应变增量为 0,塑性应变增量即为总应变增量。

(2)材料符合米塞斯屈服准则,即 $\bar{\sigma} = \sigma_s$。

(3)每一加载瞬时,应力主轴与应变增量主轴重合。

(4)塑性变形时体积不变,即 $d\varepsilon_x + d\varepsilon_y + d\varepsilon_z = d\varepsilon_1 + d\varepsilon_2 + d\varepsilon_3 = 0$,所以塑性应变增量偏张量就是应变增量张量,即 $d\varepsilon_{ij} = d\varepsilon'_{ij}$。

在上述假设基础上,得到应变增量与应力偏量成正比的结论,即列维 – 米塞斯方程:

$$d\varepsilon_{ij} = \sigma'_{ij}d\lambda \qquad (3-85)$$

上式可写成比例形式和差比形式:

$$\frac{\mathrm{d}\varepsilon_x}{\sigma_x'} = \frac{\mathrm{d}\varepsilon_y}{\sigma_y'} = \frac{\mathrm{d}\varepsilon_z}{\sigma_z'} = \frac{\mathrm{d}\gamma_{yz}}{\tau_{yz}} = \frac{\mathrm{d}\gamma_{zx}}{\tau_{zx}} = \frac{\mathrm{d}\gamma_{xy}}{\tau_{xy}} = \mathrm{d}\lambda \qquad (3-86)$$

及：

$$\frac{\mathrm{d}\varepsilon_x - \mathrm{d}\varepsilon_y}{\sigma_x - \sigma_y} = \frac{\mathrm{d}\varepsilon_y - \mathrm{d}\varepsilon_z}{\sigma_y - \sigma_z} = \frac{\mathrm{d}\varepsilon_z - \mathrm{d}\varepsilon_x}{\sigma_z - \sigma_x} = \frac{\gamma_{yz}}{\tau_{yz}} = \frac{\gamma_{zx}}{\tau_{zx}} = \frac{\gamma_{xy}}{\tau_{xy}} = \mathrm{d}\lambda \qquad (3-87)$$

或：

$$\frac{\mathrm{d}\varepsilon_1 - \mathrm{d}\varepsilon_2}{\sigma_1 - \sigma_2} = \frac{\mathrm{d}\varepsilon_2 - \mathrm{d}\varepsilon_3}{\sigma_2 - \sigma_3} = \frac{\mathrm{d}\varepsilon_3 - \mathrm{d}\varepsilon_1}{\sigma_3 - \sigma_1} = \mathrm{d}\lambda \qquad (3-88)$$

还可以写成广义表达式：

$$\mathrm{d}\varepsilon_{ij} = \sigma_{ij}'\mathrm{d}\lambda = (\sigma_x - \sigma_m)\mathrm{d}\lambda = \frac{2}{3}\mathrm{d}\lambda\left[\sigma_x - \frac{1}{2}(\sigma_y + \sigma_z)\right]$$

于是有：

$$\begin{cases} \mathrm{d}\varepsilon_x = \dfrac{2}{3}\mathrm{d}\lambda\left[\sigma_x - \dfrac{1}{2}(\sigma_y + \sigma_z)\right] ; \ \mathrm{d}\gamma_{yz} = \tau_{yz}\mathrm{d}\lambda \\[2mm] \mathrm{d}\varepsilon_y = \dfrac{2}{3}\mathrm{d}\lambda\left[\sigma_y - \dfrac{1}{2}(\sigma_z + \sigma_x)\right] ; \ \mathrm{d}\gamma_{zx} = \tau_{zx}\mathrm{d}\lambda \\[2mm] \mathrm{d}\varepsilon_z = \dfrac{2}{3}\mathrm{d}\lambda\left[\sigma_z - \dfrac{1}{2}(\sigma_x + \sigma_y)\right] ; \ \mathrm{d}\gamma_{xy} = \tau_{xy}\mathrm{d}\lambda \end{cases} \qquad (3-89)$$

比例系数 $\mathrm{d}\lambda$ 可按如下方法确定,将式(3-88)分成 3 个式子,平方后相加得：

$$\frac{9}{2}\mathrm{d}\bar{\varepsilon}^2 = 2\bar{\sigma}(\mathrm{d}\lambda)^2$$

$$\mathrm{d}\lambda = \frac{3}{2}\frac{\mathrm{d}\bar{\varepsilon}}{\bar{\sigma}} \qquad (3-90)$$

列维 – 米塞斯方程仅适用于理想刚塑性材料,只给出了应变增量与应力偏量之间的关系。由于 $\mathrm{d}\varepsilon_m = 0$,因而不能确定应力球张量。因此,如果已知应变增量,只能求得应力偏量分量,一般不能求出应力。另一方面,如果已知应力分量,因为 $\bar{\sigma} = \sigma_s$ 为常数,$\mathrm{d}\bar{\varepsilon}$ 是不定值也只能求得应变增量各分量之间的比值,而不能直接求出它们的数值。

3.5.3.2 应力 – 应变速率方程

将列维 – 米塞斯方程(式 3-85)两边除以时间 $\mathrm{d}t$,可得：

$$\dot{\varepsilon}_{ij} = \frac{\mathrm{d}\varepsilon_{ij}}{\mathrm{d}t} = \frac{\mathrm{d}\lambda}{\mathrm{d}t}\sigma_{ij}'$$

式中,$\dfrac{\mathrm{d}\lambda}{\mathrm{d}t} = \dot{\lambda} = \dfrac{3}{2}$,$\dot{\bar{\varepsilon}}$ 为等效应变速率：

$$\dot{\varepsilon}_{ij} = \dot{\lambda}\sigma_{ij}' \qquad (3-91)$$

上式称为应力 – 应变速率方程,由圣维南(B. Saint – Venant)于 1870 年提出,又称为圣维南塑性流体方程。同样可写成广义表达式：

$$\begin{cases} \dot{\varepsilon}_x = \left[\sigma_x - \dfrac{1}{2}(\sigma_y + \sigma_z) \right]; \quad \dot{\gamma}_{yz} = \dfrac{3}{2}\tau_{yz} \\[3mm] \dot{\varepsilon}_y = \left[\sigma_y - \dfrac{1}{2}(\sigma_z + \sigma_x) \right]; \quad \dot{\gamma}_{zx} = \dfrac{3}{2}\tau_{zx} \\[3mm] \dot{\varepsilon}_z = \left[\sigma_z - \dfrac{1}{2}(\sigma_x + \sigma_y) \right]; \quad \dot{\gamma}_{xy} = \dfrac{3}{2}\tau_{xy} \end{cases} \tag{3-92}$$

如果不考虑应变速率对材料性能的影响，该式与列维 – 米塞斯方程是一致的。

3.5.3.3　普朗特 – 路埃斯(Prandtl – Reuss)方程

普朗特 – 路埃斯理论是在列维 – 米塞斯理论基础上进一步考虑弹性变形部分而发展起来的，它认为总应变增量的分量由弹、塑性两部分组成，即：

$$d\varepsilon_{ij} = d\varepsilon_{ij}^p + d\varepsilon_{ij}^e$$

式中，塑性应变增量 $d\varepsilon_{ij}^p$ 由米塞斯理论确定，弹性应变增量 $d\varepsilon_{ij}^e$ 由式(3 – 84) $\varepsilon_{ij} = \varepsilon_{ij}' + \delta_{ij}\varepsilon_m = \dfrac{1}{2G}\sigma_{ij}' + \dfrac{1 - 2\nu}{E}\delta_{ij}\sigma_m$ 微分可得：

$$d\varepsilon_{ij}^e = \frac{1}{2G}d\sigma_{ij}' + \frac{1 - 2\nu}{E}\delta_{ij}d\sigma_m \tag{3-93}$$

所以普朗特 – 路埃斯方程为：

$$d\varepsilon_{ij} = \frac{1}{2G}d\sigma_{ij}' + \frac{1 - 2\nu}{E}\delta_{ij}d\sigma_m + \sigma_{ij}'\, d\lambda \tag{3-94}$$

上式也可写成：

$$\begin{cases} d\varepsilon_{ij}' = \sigma_{ij}'\, d\lambda + \dfrac{1}{2G}d\sigma_{ij}' \\[3mm] d\varepsilon_m = \dfrac{1 - 2\nu}{E}\delta_{ij}d\sigma_m \end{cases} \tag{3-95}$$

普朗特 – 路埃斯理论与列维 – 米塞斯理论的基本假设是类似的，差别就在于前者考虑了弹性变形而后者不考虑，实质上后者是前者的特殊情况。增量理论着重指出了塑性应变增量与应力偏量之间的关系，可解释为它建立起各瞬时应力与应变的关系，而整个变形过程可由各瞬时段的变形积累而得，因此增量理论能表达加载过程的历史对变形的影响，能反映出复杂加载情况。

上述理论并没有给出卸载规律，仅适用于加载情况，在卸载情况下仍按胡克定律进行计算。

3.5.4　全量理论

在小变形的简单加载(比例加载)条件下，应力主轴保持不变，由于各瞬时应变增量主轴和应力主轴重合,所以应变主轴也将保持不变。在这种情况下,对应变增量积分便可得到全量应变。因此,在塑性变形时,满足比例加载的条件,才可建立塑性变形的全量应变与应力之间的关系,即为全量理论,亦称为形变理论。

所谓比例加载,是指在加载过程中所有的外力从一开始就按同一比例增加。必须满足如下条件:

(1)塑性变形是微小的,和弹性变形属同一数量级。

(2)外载荷各分量按比例增加,中途不能卸载。

(3)在加载过程中,应力主轴方向和应变主轴方向固定不变,且重合。

(4)变形体不可压缩,即泊松比 $\nu = 0.5$。

在上述条件下,无论变形体所处的应力状态如何,假定是刚塑性材料,不考虑弹性变形,应变偏张量各分量与应力偏张量各分量成正比,即亨基(Hencky)方程:

$$\varepsilon_{ij}' = \lambda \sigma_{ij}' \qquad (3-96)$$

式中,比例系数 $\lambda = \dfrac{3}{2} \dfrac{\mathrm{d}\bar{\varepsilon}^p}{\bar{\sigma}}$,上式写成广义表达式:

$$\begin{cases} \varepsilon_x = \dfrac{2}{3}\lambda\left[\sigma_x - \dfrac{1}{2}(\sigma_y + \sigma_z)\right] ; \quad \gamma_{yz} = \lambda\tau_{yz} \\[2mm] \varepsilon_y = \dfrac{2}{3}\lambda\left[\sigma_y - \dfrac{1}{2}(\sigma_z + \sigma_x)\right] ; \quad \gamma_{zx} = \lambda\tau_{zx} \\[2mm] \varepsilon_z = \dfrac{2}{3}\lambda\left[\sigma_z - \dfrac{1}{2}(\sigma_x + \sigma_y)\right] ; \quad \gamma_{xy} = \lambda\tau_{xy} \end{cases}$$

如果是弹塑性材料的小变形,则同时要考虑弹性变形。此时亨基方程为:

$$\begin{cases} \varepsilon_{ij}' = \left(\lambda + \dfrac{1}{2G}\right)\sigma_{ij}' \\[2mm] \varepsilon_m = \dfrac{1-2\nu}{E}\sigma_m \end{cases} \qquad (3-97)$$

其中,第一式表示形状变形,前一项是塑性应变,后一项是弹性应变;第二式表示弹性体积变形。应变偏量表示形状变形,应变球量表示弹性体积变形。

引入符号 G'(塑性剪切模数),使 $\dfrac{1}{2G'} = \lambda + \dfrac{1}{2G}$,则:

$$\varepsilon_{ij}' = \dfrac{1}{2G'}\sigma_{ij}' \qquad (3-98)$$

这样便与广义胡克定律式(3-83)在形式上是一样的,区别仅在于 G 是材料常数,而 G' 是随变形过程而变的,且:

$$\begin{cases} \dfrac{1}{2G'} = \dfrac{3}{2} \\[2mm] \dfrac{1}{2G} = \dfrac{3}{2}\dfrac{\bar{\varepsilon}^e}{\bar{\sigma}} \end{cases} \qquad (3-99)$$

因此,小变形全量理论可以看成是广义胡克定律在小变形中的推广。

在塑性成形中,由于难以普遍保证比例加载,所以一般采用增量理论。其中主要是列维－米塞斯方程或圣维南塑性流动方程。但某些塑性加工过程,虽与比例加载有一定偏离,但运用全量理论也能得出较好的计算结果。

3.6 真实应力－应变曲线

流动应力(又称真实应力)在数值上等于试样瞬间横断面上的实际应力,它是金属塑性加工变形抗力的指标。流动应力的变化规律通常表现为真实应力与应变的关系,材料的真实应力－应变曲线是建立塑性理论的重要依据,通常由单向拉伸或单向压缩试验来确定。

3.6.1 拉伸图和条件应力－应变曲线

单向静力拉伸试验是室温准静态(以小于 $2 \times 10^{-3} \mathrm{s}^{-1}$ 的变形速率)条件下在万能材料试验机上进行的。记录下来的拉伸力 F 与试样标距的绝对伸长 Δl 之间的关系曲线称为拉伸图。图 3.32 为室温条件下通过静力拉伸试验获得的低碳钢试样拉伸图。其中,纵坐标表示载荷 F,横坐标表示试样标距伸长量 Δl。

若试样的初始横截面面积为 A_0,标距长为 l_0,则条件应力 σ_0(或名义应力)和相对伸长 ε(条件应变)分别为:

$$\sigma_0 = \frac{F}{A_0}, \ \varepsilon = \frac{\Delta l}{l_0} \qquad (3-100)$$

如果用 σ_0 和 ε 分别替代 F 和 Δl,曲线形状不发生变化,只是改变刻度大小。因此,可以方便地将拉伸图转换为条件应力－应变曲线。

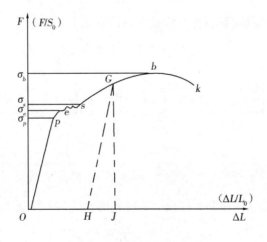

图 3.32 低碳钢试样拉伸图

从图 3.32 中可以看出,拉伸应力 – 应变曲线上有 3 个特征点,它将整个拉伸变形过程分成了弹性变形、均匀塑性变形和局部塑性变形 3 个阶段。

(1)第一个特征点:屈服点 s。

点 s 是弹性变形和塑性变形的分界点。点 s 处的应力被称为屈服应力,用 σ_s 表示。

(2)第二个特征点:最高点 b。

在 b 点,拉伸载荷达到最大 $F_{\max}$,在 b 点以前,试样是均匀伸长的,到达 b 点后,试样开始出现缩颈,此时变形集中在试样的某一局部,这种现象称为单向拉伸时的失稳。所以,点 b 是均匀塑性变形和局部塑性变形两个阶段的分界点,点 b 处的应力被称为抗拉强度,用 σ_b 表示。

(3)第三个特征点:破坏点 k。

在 k 点试样发生断裂,点 k 是单向拉伸塑性变形的终止点。

需要注意的是,条件应力 – 应变曲线在 b 点之前,随着拉伸变形过程的进行,继续变形的应力增加,反映了材料的强化现象。而在 b 点之后,曲线反而下降,则不符合材料的硬化规律。此外,条件应力 σ_0 并不是单向拉伸时试样横截面上的实际应力。在拉伸过程中,试样的横截面面积在不断减少,截面上的实际应力值要大于拉伸应力 σ_0。

3.6.2 真实应力 – 应变曲线

3.6.2.1 真实应力

试样瞬时横截面 A 上所作用的应力 Y 称为真实应力,亦称为流动应力。

$$Y = \frac{F}{A} \tag{3-101}$$

由于试样的瞬时截面面积与原始截面面积有如下关系:

$$A(l_0 + \Delta l) = A_0 l_0$$

因此,

$$Y = \frac{F}{A} = \frac{F}{A_0 l_0}(l_0 + \Delta l) = \frac{F}{A_0}\left(1 + \frac{\Delta l}{l_0}\right) = \frac{F}{A_0}(1 + \varepsilon) = \sigma_0(1 + \varepsilon)$$

$$\tag{3-102}$$

3.6.2.2 真实应变

设初始长度 l_0 的试样在变形过程中某时刻的长度为 l,定义真实应变为:

$$\epsilon = \ln\frac{l}{l_0} = \ln(1 + \varepsilon) \tag{3-103}$$

3.6.2.3 真实应力－应变曲线

在均匀变形阶段,根据式(3-102)和式(3-103)将条件应力－应变曲线($\sigma_0 - \varepsilon$)直接转换成真实应力－应变曲线,即 $Y-\varepsilon$ 曲线。在 b 点以后,由于出现缩颈,不再是均匀变形,上述公式不再成立。因此,b 点以后的曲线只能近似作出。

一般记录下断裂点 k 的试样横截面面积,按式(3-104)计算 k 点的真实应力－应变曲线。这样便可作出曲线的段 $b'k'$。

$$Y_k = \frac{F_k}{A_k}, \varepsilon = \ln \frac{A_0}{A_k} \qquad (3-104)$$

从图 3.33 可以看出,$Y-\varepsilon$ 曲线在失稳点 b 后仍然是上升的,表明材料抵抗塑性变形的能力随应变的增加而增加,即不断发生硬化,故真实应力－应变曲线也称为硬化曲线。

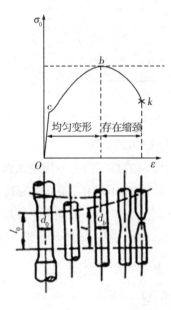

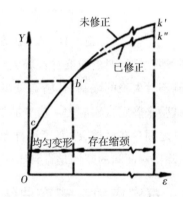

（a）条件应力－应变曲线　　　　　（b）真实应力－应变曲线

图 3.33　拉伸试验曲线

3.6.3　真实应力－应变曲线的塑性失稳点特性

在真实应力－应变曲线上,由于:

$$\varepsilon = \ln \frac{l}{l_0} = \ln \frac{A_0}{A}$$

因此:

$$A = A_0 e^{-\varepsilon}$$

在塑性失稳点 b 点,当载荷 F 有极大值,即 $\mathrm{d}F=0$,且由于 $F=YA$,则:

$$\mathrm{d}F = A\mathrm{d}Y + Y\mathrm{d}A = A_0 e^{-\epsilon}\mathrm{d}Y - Y(A_0 e^{-\epsilon}\mathrm{d}\epsilon) = 0$$

$$\mathrm{d}Y - Y\mathrm{d}\epsilon = 0$$

$$Y_b = \frac{\mathrm{d}Y}{\mathrm{d}\epsilon}$$

上式的物理意义如图 3.34 所示,表示在真实应力 – 应变曲线上,失稳点所作的切线的斜率为 Y_b,该斜线与横坐标轴的交点到失稳点横坐标的距离为 $\epsilon=1$,如图 3.34 所示。

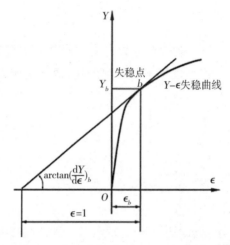

图 3.34　真实应力 – 应变曲线塑性失稳点特性

实际塑性成形时的应变往往较大,但拉伸试验确定的真实应力 – 应变曲线最大应变量受到塑性失稳的限制,其精确段在范围 $\varepsilon=0.3$ 内,便不够用,因此实际应用时可用压缩试验来确定真实应力 – 应变曲线,其变形量可达 2 以上。但又由于压缩试验工具与试样之间存在摩擦,改变了试样单向压缩状态,因而求得的应力并非真实应力。因此,消除接触面间的摩擦是得到压缩真实应力 – 应变曲线的关键。

3.6.4　真实应力 – 应变曲线的简化模型

试验所得的真实应力 – 应变曲线一般都不是简单的函数关系。在解决实际塑性成形问题时,为便于计算,可根据不同材料真实应力 – 应变曲线的特点,采用一些简化的材料模型,如图 3.35 所示。

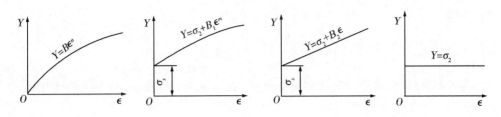

（a）指数硬化曲线　　（b）刚塑性硬化曲线　　（c）刚塑性硬化直线　　（d）理想刚塑性水平直线

图3.35　真实应力－应变曲线的简化模型

3.6.4.1　指数硬化曲线

大多数工程金属在室温下都有加工硬化,其真实应力－应变曲线近似于抛物线形状,如图3.35（a）所示,可用指数方程表达:

$$Y = B\epsilon^n$$

式中,B 为强度系数,n 为硬化指数,可由失稳点的特性确定。

对上式求导,得:

$$\frac{\mathrm{d}Y}{\mathrm{d}\epsilon} = nB\epsilon^{n-1}$$

根据失稳点的特性:

$$\frac{\mathrm{d}Y}{\mathrm{d}\epsilon} = Y_b = nB\epsilon_b^{n-1}$$

又有:

$$Y_b = B\epsilon_b^n$$

因此,得:

$$n = \epsilon_b$$

$$B = \frac{Y_b}{\epsilon_b^{\epsilon_b}}$$

硬化指数 n 是表明材料加工硬化特性的一个重要参数。n 值越大,说明材料的应变强化能力越强。对金属材料,n 的范围是 $0 < n < 1$。B 与 n 不仅与材料的化学成分有关,还与其热处理状态有关,常用金属材料的 B 和 n 值可通过查找相关手册获得。

3.6.4.2　有初始屈服应力的刚塑性硬化曲线

当有初始屈服应力时,其真实应力－应变曲线可表达为:

$$Y = \sigma_s + B_1\epsilon^m$$

式中,B_1、m 为与材料性能有关的参数。

与塑性变形相比,由于弹性变形很小可忽略［图3.35（b）］,因此该形式为刚塑性硬化曲线。

3.6.4.3 有初始屈服应力的刚塑性硬化直线

为了简化计算,可用直线代替硬化曲线,如图 3.35(c)所示,则为线性硬化形式,其真实应力 – 应变曲线表达式为:

$$Y = \sigma_s + B_2 \epsilon$$

式中,B_2 为强度系数。

3.6.4.4 无加工硬化的刚塑性水平直线

对于几乎不产生加工硬化的材料,此时 $n = 0$,其真实应力 – 应变曲线是一水平直线,如图 3.35(d)所示,表达式为:

$$Y = \sigma_s$$

这是理想刚塑性材料模型。大多数金属在高温低速下的大变形及一些低熔点金属在室温下的大变形可采用无加工硬化模型假设。

如果要考虑弹性变形,则为理想的弹塑性材料模型。高温低速下的小塑性变形,可近似认为是这种情况。需要说明的是,上述讨论的真实应力 – 应变曲线是在室温准静态条件下得到的。在不同的变形温度和应变速率条件下,真实应力 – 应变曲线有很大差别。

第4章　金属塑性成形技术基础

金属塑性成形常用的方法主要包括轧制、挤压、拉拔、锻造和冲压等。其中,轧制、挤压和拉拔主要用于生产型材、棒材、板材、管材和线材,而锻造和冲压统称为锻压,主要用于生产毛坯或零件。

锻造是指通过对坯料锤打或加压,使其产生塑性变形而得到所需制件的一种塑性加工方法。常用的锻造方法包括自由锻、模锻和胎模锻等。

4.1　自由锻

4.1.1　自由锻工艺简介

自由锻是利用通用设备和简单工具,使加热后的金属坯料在冲击力或压力作用下产生塑性变形的成形工艺。它分为手工锻造和机器锻造两种,其中机器锻造是自由锻的主要生产方法。

自由锻具有工艺灵活、设备和工具通用性强、成本低等优点,应用较为广泛。自由锻造过程中,金属坯料在设备的上下砧铁之间变形时,只有部分表面金属受限制,其余金属可以自由流动,锻件的形状和尺寸主要靠锻工的技术水平来保证。因此,自由锻件尺寸精度较差,加工余量和金属损耗较大,生产效率低且工人劳动强度大,一般仅适用于形状简单的单件、小批量锻件生产。但对于大型锻件(质量可达 200~300 吨),自由锻仍是目前唯一可行的成形方法,在重型机械制造生产中占有十分重要的地位。

4.1.2　自由锻设备

自由锻设备主要包括锻锤(空气锤、蒸汽-空气锤)和水压机。

4.1.2.1　空气锤

空气锤是一种以压缩空气为动力,并自身携带动力装置的锻造设备,其结构如图

4.1 所示。

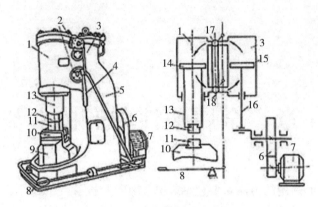

图4.1 空气锤结构示意图

1—工作缸;2—旋阀;3—压缩缸;4—手柄;5—锤身;6—减速机构;7—电动机;

8—脚踏板;9—砧座;10—砧垫;11—下砧铁;12—上砧铁;13—锤杆;

14—工作活塞;15—压缩活塞;16—连杆;17—上旋阀;18—下旋阀

空气锤由电动机直接驱动,通过传动机构带动压缩缸内的压缩活塞做上下往复运动,将空气压缩,并经上旋阀或下旋阀进入工作缸的上部或下部,进而推动工作活塞向上或向下运动,也可经旋阀直接排入大气。通过手柄或脚踏板操纵上、下旋阀旋转到一定位置,可实现锻锤空转、锤头上悬、锤头下压、单次打击、连续打击等操作,具有打击速度快、吨位较小、锤击能量小等特点,通常适用于锻造 100 kg 以下的锻件。

4.1.2.2 蒸汽–空气锤

蒸汽–空气锤主要以蒸汽或压缩空气为动力来进行工作。图4.2 为双柱拱式蒸汽–空气锤结构示意图。它通过滑阀的控制,引导蒸汽或压缩空气进入汽缸,推动活塞运动,可使锤头进行悬锤、压紧、轻击或重击等动作,适用于中小型锻件的生产。

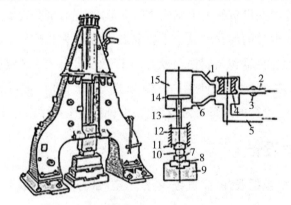

图4.2 双柱拱式蒸汽–空气锤结构示意图

1—上气道;2—进气道;3—节气阀;4—滑阀;5—排气管;6—下气道;7—下砧;8—砧垫;

9—砧座;10—坯料;11—上砧;12—锤头;13—锤杆;14—活塞;15—工作缸

4.1.2.3　水压机

水压机主要以高压水为动力进行工作,其工作过程一般包括空程、工作行程、回程、悬空等。由于采用静压力代替了锤锻时的冲击力,因此无振动,对周围环境影响较小,改善了工人的劳动条件。水压机工作时,锻造变形速度较慢,有利于改善金属的可锻性和变形均匀性,适用于锻造各种大型锻件。图4.3为大型万吨水压机工作现场。

图4.3　大型万吨水压机工作现场

4.1.3　自由锻工艺规程制订

制订自由锻工艺规程是组织锻造生产过程、规定操作规范和检查产品质量的依据,它包括绘制锻件图、计算锻件坯料质量及尺寸、确定锻造工序、选定锻造设备、确定锻造温度范围及加热和冷却规范、提出锻件技术要求及验收要求和编写工艺卡片等工作。

4.1.3.1　绘制锻件图

锻件图是在零件图的基础上,考虑加工余量、锻造公差和余块等工艺因素绘制而成的。它是计算锻件坯料质量和尺寸、确定锻造工艺、设计工具和检验锻件的依据,也是锻造生产必不可少的工艺文件。绘制锻件图应考虑以下几个因素:

(1)锻件敷料:又称余块。它指为了简化锻件形状,便于进行自由锻造而增加的一部分金属,如图4.4所示。由于自由锻只能锻造出形状较为简单的锻件,当零件上带有较小的键槽、齿槽、退刀槽以及小孔、盲孔、台阶、凸肩和法兰等,一般不予锻出,留待后续机加工处理。

(2)锻件余量:指在锻件需要机械加工的表面上增加供切削加工用的余量。由于自由锻工件的精度和表面质量均较差,因此,工艺设计时需要留有锻件余量,其数值大小与锻件形状、尺寸等因素有关,并结合生产实际查表确定。

(3)锻件公差:指锻件名义尺寸的允许变动量,其数值大小需要根据锻件的形状、尺寸来确定,同时要考虑生产实际情况。通常自由锻件余量和锻件公差可查有关手册。

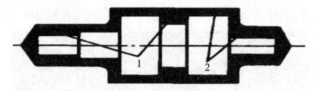

图4.4　锻件的余量及敷料

1—敷料;2—锻件余量

典型锻件图如图4.5所示。在锻件图上,锻件的外形轮廓用粗实线表示。生产中为了使操作者了解零件的形状和尺寸,在锻件图上用双点划线画出零件的主要轮廓形状,并在锻件尺寸线的上方标注锻件尺寸与公差,在锻件尺寸线的下方或右边用圆括弧标注出零件尺寸。

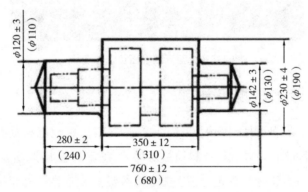

图4.5　典型锻件图

4.1.3.2　计算锻件坯料质量及尺寸

坯料质量包括锻件质量与锻造时各种金属损耗的质量两部分,可通过下式进行计算:

$$m_{坯} = m_{锻} + m_{烧} + m_{芯} + m_{切} \tag{4-1}$$

式中,$m_{坯}$为坯料质量(kg);$m_{锻}$为锻件质量(kg);$m_{烧}$为坯料加热时因氧化而烧损的质量(kg),常取锻件毛坯质量的2.5%;$m_{芯}$为冲孔时的芯料质量(kg);$m_{切}$为锻造过程中被切掉部分金属的质量(kg)。

确定锻件坯料尺寸时,首先根据坯料质量计算出坯料体积,然后根据锻件变形工序、形状、锻造比的要求等因素确定坯料截面尺寸,最后计算出长度尺寸或钢锭尺寸。

4.1.3.3 确定锻造工序

自由锻锻造工序应根据锻件的形状、尺寸和技术要求来确定,并综合考虑生产批量、生产条件以及各基本工序的变形特点。根据作用与变形要求的不同,锻造工序可分为基本工序、辅助工序和精整工序三大类。

(1)基本工序

基本工序是指改变坯料的形状和尺寸以使锻件基本成形的工序,如图4.6所示。包括镦粗、拔长、冲孔、弯曲、切割、扭转、错移等。实际生产中,最常用的是镦粗、拔长和冲孔等工序。

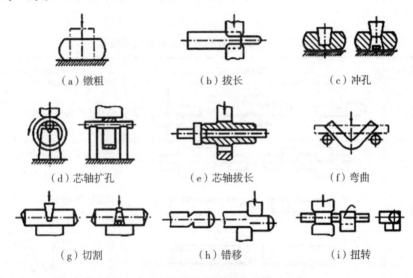

(a)镦粗 (b)拔长 (c)冲孔

(d)芯轴扩孔 (e)芯轴拔长 (f)弯曲

(g)切割 (h)错移 (i)扭转

图4.6 自由锻基本工序

(2)辅助工序

辅助工序是指在基本工序操作之前,为了方便基本工序的操作,而使坯料预先产生某些局部塑性变形的工序,如压钳口、倒棱和切肩等,如图4.7所示。

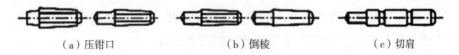

(a)压钳口 (b)倒棱 (c)切肩

图4.7 自由锻辅助工序

(3)精整工序

精整工序是指修整锻件表面的尺寸和形状,去除锻件毛刺,消除表面不平和歪扭,使锻件达到图纸要求的工序,如修整鼓形、平整端面、校直弯曲等,如图4.8所示。

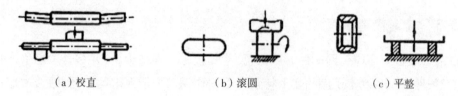

|（a）校直|（b）滚圆|（c）平整|

图4.8　自由锻精整工序

　　常见锻件的分类及其锻造工序如表4.1所示。一般情况下,盘类锻件常选用镦粗（或拔长－镦粗）、冲孔等工序;轴类锻件常选用拔长（或镦粗－拔长）、压肩和锻台阶等工序;筒类锻件常选用镦粗（或拔长－镦粗）、冲孔、芯轴拔长等工序;环类锻件常选用镦粗（或拔长－镦粗）、冲孔、芯轴扩孔等工序;弯曲类锻件常选用拔长、弯曲等工序。

表4.1　常见锻件的分类及其锻造工序

锻件类别	图例	锻造工序
盘类锻件	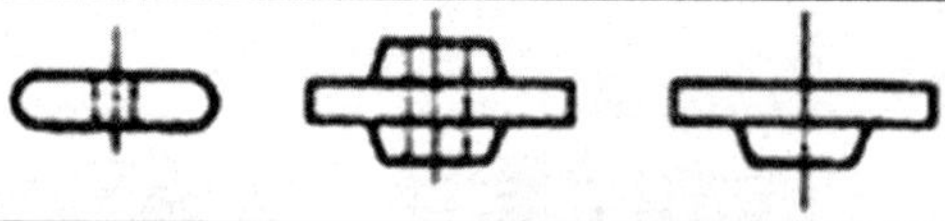	镦粗（或拔长－镦粗）、冲孔等
轴类锻件	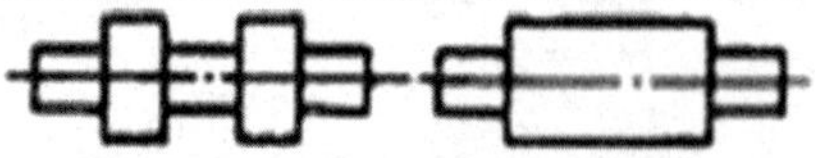	拔长（或镦粗－拔长）、压肩、锻台阶等
筒类锻件	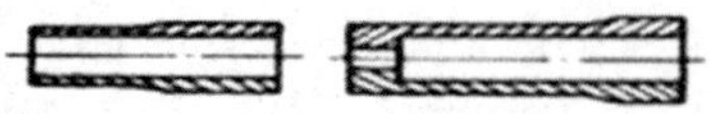	镦粗（或拔长－镦粗）、冲孔、芯轴拔长等
环类锻件	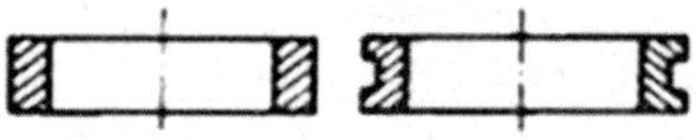	镦粗（或拔长－镦粗）、冲孔、芯轴扩孔等
弯曲类锻件	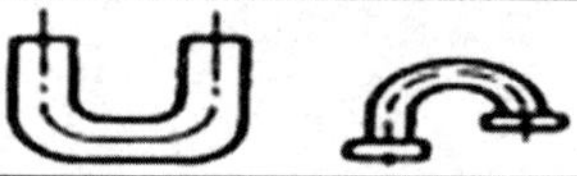	拔长、弯曲等

4.1.3.4　选定锻造设备

　　自由锻的主要设备有锻锤和水压机。实际生产中,应根据锻件的类型、材料、尺寸和质量来选定设备,并且适量考虑车间现有的设备条件。

4.1.3.5　确定锻造温度范围及加热、冷却规范

　　确定合理的锻造温度范围,对于改善金属的可锻性、提高锻件产品质量以及坯料和金属的消耗都有直接影响。表4.2给出了常用金属材料的锻造温度范围。

表 4.2 常用金属材料的锻造温度范围

合金种类		始锻温度/℃	终锻温度/℃
碳素钢	15,25,30	1200~1250	750~800
	35,40,45	1200	800
	60,65,T8,T10	1100	800
合金钢	合金结构钢	1150~1200	800~850
	低合金工具钢	1100~1150	850
	高速钢	1100~1150	900
有色金属	H68	850	700
	硬铝	470	380

锻造过程结束后,锻件仍具有较高的温度。锻件冷却时表面冷却快,内部冷却慢,使得锻件表里收缩不一,极易使一些塑性较低的或大型复杂的锻件产生变形或开裂等缺陷。因此,锻件的冷却也是保证锻件质量的重要环节。

通常情况下,锻件的冷却方式有以下三种:

(1)空冷:直接在空气中冷却。多用于碳含量小于 0.5% 的碳钢和碳含量小于 0.3% 的低合金钢的小型锻件。

(2)缓冷:指在炉灰或干砂等绝热材料中,以较慢的速度冷却。多用于中碳钢、高碳钢和大多数低合金钢的中型锻件。

(3)炉冷:指锻造完成后随即将锻件放入 500~700 ℃ 的加热炉中,随炉缓慢冷却。多用于中碳钢和低合金钢的大型锻件以及高合金钢的重要锻件。

图 4.9 为典型齿轮坯和齿轮轴坯的自由锻工艺简图。

序号	锻件名称	坯料材质	锻造设备	锻件图	锻造温度/℃	自由锻基本工序
1	齿轮坯	45 钢	150 kg 空气锤	φ28±1.5 (φ34) 44±2 40 29±1 26 φ57±2 φ54 φ92±2 φ88	800~1200	①镦粗 ②冲孔 ③修整

续表

序号	锻件名称	坯料材质	锻造设备	锻件图	锻造温度/℃	自由锻基本工序
2	齿轮轴坯	40Cr	150 kg 空气锤	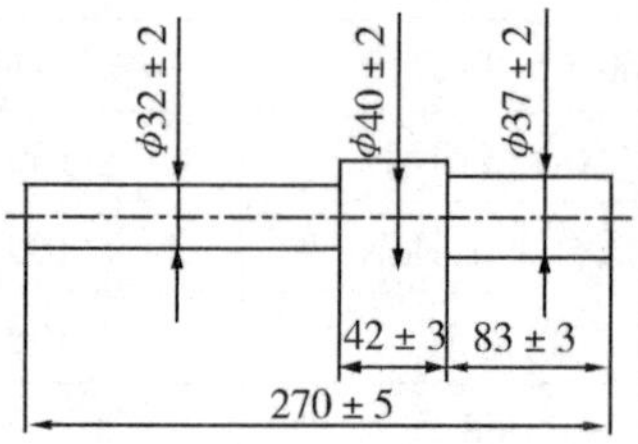 $\phi32\pm2$ $\phi40\pm2$ $\phi37\pm2$ 42 ± 3 83 ± 3 270 ± 5	850～1180	①拔长 ②压肩 ③拔长 ④摔圆 ⑤压肩 ⑥拔长

图 4.9　齿轮坯和齿轮轴坯的自由锻工艺简图

4.2　模锻

4.2.1　模锻工艺简介

模型锻造简称模锻,是指将加热后的金属坯料放在具有一定形状的模膛内受压变形,从而获得锻件的一种方法,如图 4.10 所示。变形过程中,由于金属坯料在模膛内的流动受到了限制,因此锻造结束时可获得与模膛形状相符的锻件。

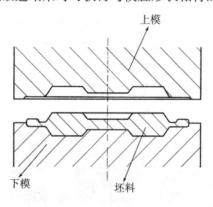

图 4.10　模锻示意图

模锻可从不同的角度进行分类。如按照所用设备不同,模锻可分为锤上模锻、压力机上模锻和胎模锻三大类;按照所用模具类型不同,模锻可分为开式模锻(有飞边模锻)、闭式模锻(无飞边模锻)和多向模锻等。

与自由锻相比,模锻具有生产率高、操作简单、锻件形状和尺寸精度高、表面质量好、节约材料和切削工时、易于实现机械化和自动化等优点。然而,受模锻设备吨位的限制,模锻件通常不能太大。此外,模锻需要专门的设备,且对设备精度要求较高、吨位要求较大,锻模制造工艺和结构比较复杂,生产准备周期较长,成本较高。因此,模锻生产主要适用于中、小型锻件的成批及大量生产,近年来广泛应用于国防工业和机械制造业中,如汽车、拖拉机和飞机制造等行业。

4.2.2　锤上模锻

锤上模锻是指利用模锻锤进行模锻生产锻件的方法,具有工艺适应性广等特点,目前在锻压生产中应用广泛。锤上模锻常用的设备有蒸汽－空气模锻锤、无砧座模锻锤和高速模锻锤等。由于模锻锤在工作中存在振动和噪声大、劳动条件差、蒸汽效率低、能源消耗多等难以克服的缺点,近年来大吨位模锻锤有逐步被压力机取代的趋势。

4.2.2.1　锻模结构

锤上模锻的锻模由带有燕尾的上模和下模两部分组成,如图4.11所示。锻模的下模通过紧固楔铁固定在下模座上,上模靠楔铁固定在锤头上,并随锤头做上下往复锤击运动,进而使坯料在模膛中成形。上、下模合在一起构成完整的模膛,上下模之间接触面称为分模面。分模面附近一般设有飞边槽。

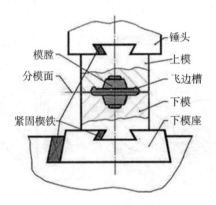

图 4.11　锻模结构示意图

4.2.2.2　锻模模膛

锻模模膛根据其功用的不同,可分为制坯模膛和模锻模膛两大类。此外,还有成形模膛、镦粗台、压扁台等制坯模膛。

(1)制坯模膛:对于形状较为复杂的模锻件,为了使坯料形状基本接近锻件形状,以便金属能够合理分配并更好地充满锻模模膛,必须预先在制坯模膛内进行制坯。制坯模膛包括拔长模膛、滚压模膛、弯曲模膛和切断模膛等。

①拔长模膛:用来减少坯料某部分的横截面积以增加其长度,多用于长轴类锻件制坯,兼有去除氧化皮的作用。拔长模膛分为开式和闭式两种,一般设置在锻模的边

缘,需要多次锤击,操作时坯料边送进边翻转,如图4.12所示。

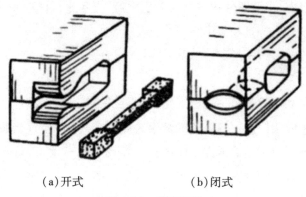

(a)开式   (b)闭式

图4.12　拔长模膛

②滚压模膛:用来减小坯料某部分的横截面积以增大另一部分的横截面积,坯料总长度略增。多用于沿轴向的横截面积不同的模锻件的聚料和排料,或用于修整拔长后的毛坯,使之表面光滑。滚压模膛分为开式和闭式两种,如图4.13所示。当模锻件沿轴向横截面积相差不大或修整拔长后的毛坯时,采用开式滚压模膛;当模锻件的最大和最小横截面积相差较大时,采用闭式滚压模膛。操作时,坯料边受压边翻转,不做轴向送进。

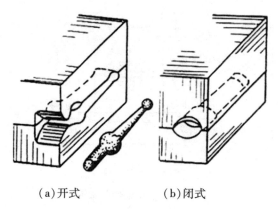

(a)开式   (b)闭式

图4.13　滚压模膛

③弯曲模膛:使坯料沿轴线产生较大弯曲,适用于制造具有弯曲轴线的锻件,如图4.14所示。坯料可直接或先经其他制坯工序,再放入弯曲模膛内进行弯曲变形。弯曲后的坯料需翻转90°再放入模锻模膛。

图4.14 弯曲模膛

④切断模膛:位于锻模的边角上,通过上模与下模边角上组成的一对刃口来切断金属,如图4.15所示。单件锻造时,用它来从坯料上切下锻件或从锻件上切下钳口部金属;多件锻造时,用它来分离成单件。

图4.15 切断模膛

(2)模锻模膛:模锻模膛分为预锻模膛和终锻模膛两大类,其作用是将模锻件成形为最终锻件。

①预锻模膛:使坯料变形到接近锻件的形状和尺寸,以减小终锻时金属的变形量,使终锻时金属易充满模膛,以减少终锻模膛的磨损,延长锻模使用寿命。预锻模膛的形状与终锻模膛相似,但模膛高度、圆角和模锻斜度稍大,宽度略小,容积大,且不带飞边槽。对于形状简单或批量不大的模锻件,可不设置预锻模膛。

②终锻模膛:使坯料变形达到最终锻件要求的形状和尺寸。终锻模膛的形状应与锻件形状相同,但由于锻件冷却时要收缩,因此模膛尺寸应比锻件尺寸放大一个收缩量。终锻模膛周围设有飞边槽,其形状如图4.16所示。

飞边槽的基本结构包括桥部和仓部两部分。桥部形状较窄,可造成足够大的横向阻力,迫使金属充满整个模膛。仓部尺寸较大,可容纳毛坯上的多余金属,起到补偿与调节作用。此外,由于飞边槽位于分模面附近,对于锤上模锻,还可以起到缓冲模具撞击的作用,以避免分模面压陷和崩裂,提高锻模使用寿命。

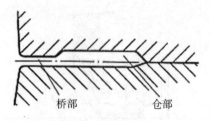

图 4.16　飞边槽的基本结构

根据模锻件复杂程度不同,模锻还可分为单腔锻模和多腔锻模。单腔锻模是指在一副锻模上只有终锻模腔的锻模,如将圆柱形坯料直接放入单腔锻模中,即可成形出齿轮坯锻件。多腔锻模则是指在一副锻模上具有两个以上模腔的锻模。

图 4.17 为典型弯曲连杆的多模锻模腔及模锻示意图。锻模上共有五个模腔,坯料依次经拔长、滚压和弯曲三个制坯工序,形状接近于锻件,然后经预锻、终锻两个模腔,制成带有飞边的锻件,最后去除飞边即可获得合格锻件。由于终锻所需要的变形力大,为减轻模锻设备的偏载,终锻模腔一般设置于锻模中心,制坯模腔分布在其两侧。

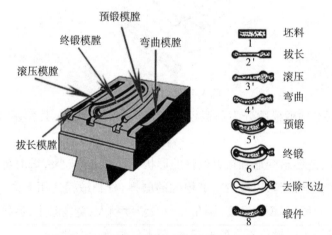

图 4.17　弯曲连杆的多模锻模腔及模锻示意图

4.2.2.3　模锻成形过程

下面以开式模锻为例,介绍金属模锻成形过程。

开式模锻又称有飞边模锻,模具带有一个容纳多余金属的飞边槽。锻造过程中,金属在不完全受限制的模腔内变形流动,上下模间隙的方向与模具运动的方向相垂直。开式模锻中,金属在模腔内的变形可分为三个阶段:

(1)充型阶段:在最初几次锻击时,金属在外力作用下发生塑性变形,坯料高度减小,水平尺寸增大,并有部分金属被压入模腔深处。这一阶段直到金属与模腔侧壁接触,达到飞边槽桥部为止。该阶段模具行程为 ΔH_1,如图 4.18(a)所示。

(2)形成飞边和充满阶段：继续锻造时，由于模膛圆角和深处的阻力较大，金属首先向阻力较小的飞边槽内流动，形成飞边。随后，由于飞边急剧变冷，金属流入飞边槽的阻力增大，变形力迅速增加。该阶段模具行程为ΔH_2，如图4.18(b)所示。

(3)锻足阶段：随着上下模不断靠近，飞边越来越小。由于坯料体积往往偏大，且飞边内的金属温度较低，阻力增大，因此，虽然模膛已经充满，但上下模还未合拢，需要进一步锻足。此时，变形仅发生在分模面附近区域，多余金属被挤入飞边槽，变形力急剧增大，直至达到最大值为止。该阶段模具行程为ΔH_3，如图4.18(c)所示。

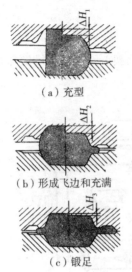

(a)充型

(b)形成飞边和充满

(c)锻足

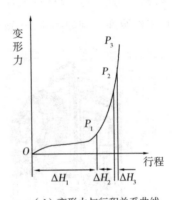

(d)变形力与行程关系曲线

图4.18 金属在模膛内的变形过程

开式模锻过程中，影响金属充填模膛的因素主要包括：

(1)金属的塑性：金属塑性越好，变形抗力越小，越容易充满模膛。

(2)飞边槽的形状和位置：飞边槽桥部宽度与高度之比(b/h)以及槽部高度(h)是主要因素。b/h越大，h越小，则金属流动的阻力越大，飞边槽强迫充填作用效果越好，但变形抗力也增大。

(3)模锻时的温度：金属温度越高，塑性越好，变形抗力越小，越易于充满模膛。

(4)锻件的形状和尺寸：锻件尺寸越大，形状越复杂，锻造越困难。因此，具有空心、薄壁或凸起部分的锻件一般难以锻造。

(5)设备的工作速度：设备工作速度越快，金属变形流动的速度越快，摩擦因数越小。同时，金属流动的惯性和变形热效应等也有助于金属充填模膛。但高速变形时，应保证金属流动的惯性与需要充填的方向相一致，才有利于金属充填模膛，否则会起到反作用。

(6)金属充填方式：模锻时，金属充满模膛的方式主要有镦粗和压入两种。其中，镦粗较易于充型。

（7）其他因素：如锻模有无润滑、有无预热等。锻模模壁表面光滑且润滑良好时，摩擦阻力减小，有利于金属充满模膛。此外，对锻模适当预热，可减小金属变形抗力，使金属充填变得更加容易。

4.2.3　压力机上模锻

在压力机上对热态金属进行模锻的方法称为压力机上模锻，主要包括热模锻压力机上模锻、摩擦压力机上模锻和平锻机上模锻等。

4.2.3.1　热模锻压力机上模锻

热模锻压力机有热模锻曲柄压力机（简称曲柄压力机）和楔式热模锻压力机两种形式，其工作原理分别如图4.19和图4.20所示。

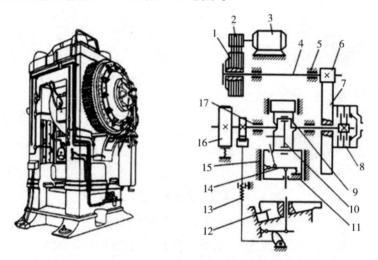

图4.19　曲柄压力机外形及传动示意图

1—大带轮;2—小带轮;3—电动机;4—传动轴;5—轴承;6—小齿轮;7—大齿轮;8—离合器;

9—偏心轴;10—连杆;11—滑块;12—楔形工作台;13—下顶件装置;14—上顶件装置;

15—导轨;16—制动器;17—轴承

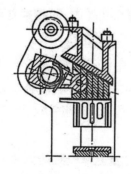

图4.20　楔式热模锻压力机结构示意图

曲柄压力机上模锻滑块行程固定,作用力为静压力,具有锻件精度高、生产效率高、劳动条件好、节约金属等优点,适用于大批量生产,但设备复杂,造价相对较高。楔式热模锻压力机传动原理与一般曲柄压力机相同,但在曲柄连杆和滑块之间附加有楔块传动,因此能够承受较大偏心载荷,更有利于实现多模腔模锻。

4.2.3.2　摩擦压力机上模锻

摩擦压力机也称螺旋压力机,具有锻锤和压力机的双重工作特性,它主要依靠飞轮、螺杆及滑块向下运动时所积蓄的能量来实现模锻过程,其工作原理如图 4.21 所示。摩擦压力机的工艺适应性好,压力机工作台下装有顶出装置,取件容易,适合于模锻带有头部和杆部的回转体小锻件。摩擦压力机工作过程中,滑块行程可控,但滑块打击速度不高,每分钟行程次数少,传动效率低,因此仅适合于中小型锻件如铆钉、螺钉、螺帽、配气阀、齿轮、三通阀体等的小批量和中批量生产。

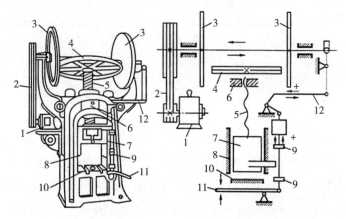

图 4.21　摩擦压力机外形及工作原理示意图

1—电动机;2—三角带;3—摩擦盘;4—飞轮;5—螺杆;6—螺母;7—滑块;8—导轨;
9—限位挡铁;10—工作台;11—手柄;12—操纵机构

4.2.3.3　平锻机上模锻

平锻机又称卧式锻造机,工作时两个滑块(主滑块和夹紧滑块)沿相互垂直的方向运动,其锻模由固定凹模、活动凹模和凸模等三部分组成。平锻机上的模锻过程可分为送料、夹紧、镦锻和退料四个阶段,如图 4.22 所示。平锻机上模锻以局部镦粗为主,也可以进行压肩、冲孔、弯曲和切断等工序,尤其适合锻造带有头部的半轴类和有孔(通孔或不通孔)的锻件,如图 4.23 所示。

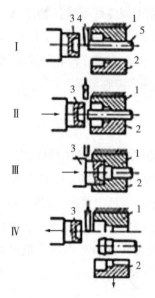

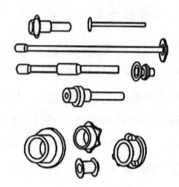

图 4.22　平锻机上模锻过程

图 4.23　平锻机上锻造锻件示例

1—固定凹模;2—活动凹模;3—冲头;

4—挡板;5—坯料

4.2.4　胎模锻

胎模锻是指在自由锻设备上使用可移动模具生产模锻件的锻造方法,如图4.24所示。与自由锻相比,胎模锻具有锻件表面光洁、尺寸较精确、纤维分布合理、生产率高和节约金属等优点。与模锻相比,胎模锻具有操作较为灵活、模具结构简单、易于制造加工、成本低、生产准备周期短等优点。然而,与模锻件相比,胎模锻件表面质量较差、精度较低,需要留有较大的机加工余量,且操作者劳动强度大,胎模寿命较短。因此,胎模锻仅适用于小型多品种的锻件中、小批量生产。

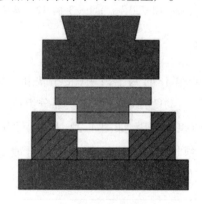

图 4.24　胎模锻示意图

4.2.5 模锻工艺规程制订

模锻生产工艺规程的制订主要包括绘制模锻件图、确定模锻工序、计算坯料尺寸（设计模膛）、选定锻造设备及模锻锤吨位、确定锻造温度范围以及修整工序等。

4.2.5.1 绘制模锻件图

模锻件图是设计和制造锻模、计算坯料尺寸以及生产、检验锻件的依据。绘制模锻件图时应考虑以下几个方面。

（1）确定分模面

分模面即上下锻模在模锻件上的分界面，其位置选择合理与否，直接影响锻件成形、锻件出模、模具加工、工序安排、金属消耗和锻件质量等一系列问题，应遵循以下原则：

①保证模锻件能够从模膛中取出。通常，分模面选在模锻件尺寸最大的截面上。

②选定的分模面应能够保证模膛深度最浅，以有利于金属充满模膛，并便于锻件的取出和锻模的制造。

③选定的分模面应使上下锻模沿分模面的模膛轮廓一致，以便在安装锻模和生产中发现错模现象时，便于及时调整锻模位置。

④分模面最好为平面，且上下锻模的模膛深度应尽可能一致，便于锻模制造。如图 4.25 所示的连杆锻件，分模面选用（a）方案更加合理。

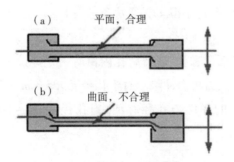

图 4.25 连杆锻件分模面的选择

⑤选定的分模面尽可能使锻件上敷料最少，以提高材料利用率，减少切削加工的工作量。

图 4.26 给出了齿轮坯锻件四种不同的分模面选择方案。

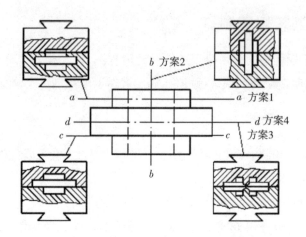

图 4.26　齿轮坯锻件分模面选择方案比较图

方案1:沿 $a-a$ 面分模。该方案锻件无法从模腔中取出,不适合。

方案2:沿 $b-b$ 面分模。该方案模腔较深,金属不易充满,内孔敷料最多,不适合。

方案3:沿 $c-c$ 面分模。该方案上下模腔不对称,不容易发现错模,不适合。

方案4:沿 $d-d$ 面分模。该方案为最合理的分模面。

(2)确定锻造工艺参数

主要包括加工余量、公差、敷料、模锻斜度、圆角半径、冲孔连皮等。

①加工余量、公差、敷料:由于模锻时金属在锻模中成形,因此模锻件的尺寸精度较高,余量和公差比自由锻件小得多。通常余量为 1~4 mm,公差取在 $\pm(0.3~3)$ mm 之间。

锤上模锻不能直接锻出通孔,锻造后孔内留有一定厚度的金属薄层,称为冲孔连皮(图4.27),锻后需在压力机上冲除。对于孔径 $d>25$ mm 的模锻件,孔应锻出,但需留冲孔连皮。冲孔连皮的厚度与孔径有关,当孔径为 30~80 mm 时,连皮厚度为 4~8 mm。

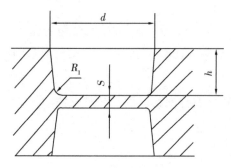

图 4.27　模锻件冲孔连皮

②模锻斜度:为便于取出模锻件,在垂直于分模面的锻件表面需设有斜度,称为模

锻斜度。模锻斜度的数值取决于模膛的深度(h)和宽度(b)(图4.28),h/b 的值越大,所取斜度值也越大。锻模内壁斜度 β 通常应比外壁斜度 α 大 $2° \sim 5°$。

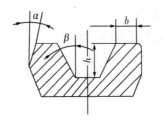

图4.28 模锻斜度示意图

③圆角半径:如图4.29所示,模锻件上所有两平面的交角处均需做成圆角,以增加锻件强度,使锻造时金属易于充填模膛,避免锻模内尖角处产生裂纹,减少锻模磨损,提高其使用寿命。通常,钢模锻件的外圆角半径(r)取 $1.5 \sim 12$ mm,内圆角半径(R)比外圆角半径大 $2 \sim 3$ 倍。模膛深度越深,模锻圆角半径取值越大。

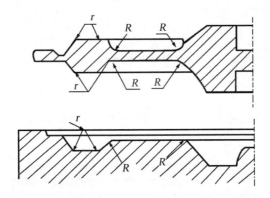

图4.29 模锻圆角半径

图4.30给出了齿轮坯的模锻件图。如图所示,分模面选在锻件高度方向的中部,零件轮辐不加工,故不留加工余量。图上双点划线为零件轮廓外形,内孔中部的两条直线为冲孔连皮切掉后的痕迹线。模锻件图上无法表达的内容,如允许表面缺陷、错移量、未注圆角半径以及热处理规范等内容应在技术要求中给出。

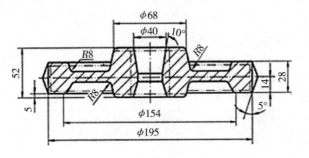

技术要求
1.高度公差: +1.5
                -0.75
2.未注圆角半径:$R=2.5$
3.尺寸按交点注
4.热处理硬度: 228 HBS

图4.30 齿轮坯模锻件图

4.2.5.2 确定模锻工序

模锻工序主要根据模锻件的形状和尺寸来确定。按照形状不同,模锻件可分为长轴类锻件和盘类锻件两大类,如图4.31所示。

(1)长轴类锻件:指长度明显大于其宽度和高度的锻件,如弯曲摇臂、曲轴、台阶轴、连杆等。长轴类锻件锻造过程中,锤击方向垂直于锻件的轴线。终锻时,金属沿高度与宽度方向流动,而长度方向流动不显著,常选用拔长、滚压、弯曲、预锻、终锻等工序。

(2)盘类锻件:指轴向尺寸较短,在分模面上投影为圆形或长宽尺寸相近的锻件,如齿轮、法兰盘等。盘类锻件锻造过程中,锤击方向与坯料轴线相一致。终锻时,金属沿高度、宽度及长度方向均发生流动,常采用镦粗、终锻等工序。

形状简单的盘类锻件,可以只用终锻工序成形,但对于形状复杂的、有深孔或有高筋的锻件,还应增加镦粗工序。

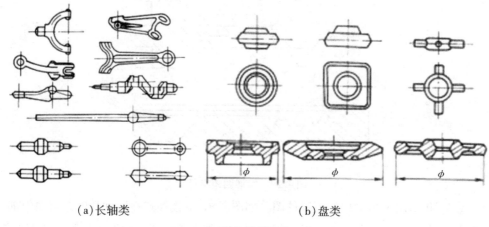

(a)长轴类   (b)盘类

图4.31 常见的模锻件示意图

4.2.5.3 计算坯料尺寸

模锻件坯料尺寸根据锻件质量和加热、锻造过程中的损耗计算,计算步骤与自由锻件相似。坯料的体积可由下式进行计算:

$$V_0 = (V_{锻} + V_{连} + V_{飞}) \times (1 + K_1) \qquad (4-2)$$

式中,$V_{锻}$为模锻件的体积;$V_{连}$为冲孔连皮的体积;$V_{飞}$为飞边的体积;K_1为烧损系数,一般取$2\% \sim 4\%$。

(1)盘类锻件可按下式计算坯料直径D_0:

$$D_0 = 1.08 \sqrt[3]{V_0/m} \qquad (4-3)$$

式中,m为坯料高径比,一般取$1.8 \sim 2.2$。

（2）长轴类锻件可根据锻件的最大截面积 A_{max} 值计算坯料直径 D_0：

$$D_0 = 1.13\sqrt{k \times A_{max}} \tag{4-4}$$

式中，k 为模膛系数。当不制坯或有拔长工序时，$k = 1$；当有滚压工序时，$k = 0.7 \sim 0.85$。

4.2.5.4 选定锻造设备及模锻锤吨位

模锻锤的吨位应根据锻件的类型、材料、尺寸和质量等因素，经查表后确定，如表 4.3 所示，并且适当考虑车间现有的设备条件。一般模锻锤吨位可采用下式进行估算：

$$G = (3.5 - 6.3)K \times A \tag{4-5}$$

式中，G 为模锻锤吨位（t）；A 为锻件总变形面积（cm^2），包括锻件投影面积、冲孔连皮面积及飞边面积；K 为钢种因数，可查阅相关资料。

表 4.3 模锻锤的锻造能力范围

模锻锤吨位/t	1	2	3	5	10	16
锻件质量/kg	2.5	6	17	40	80	120
锻件在分模面处投影/cm²	13	380	1080	1260	1960	2830
能锻齿轮的最大直径/mm	130	220	370	400	500	600

4.2.5.5 确定锻造温度范围

选择合理的锻造温度范围，是保证金属锻造成形过程顺利进行以及获得高质量模锻件的重要环节之一。

始锻温度是指开始锻造时坯料的温度。通常始锻温度低于金属熔点 150 ~ 200 ℃，在金属坯料不发生过热、过烧的前提下，应尽可能提高始锻温度，以有利于金属的热塑性成形。终锻温度是停止锻造时锻件的温度，在保证锻件能够获得再结晶组织的前提下，应适当降低终锻温度，以有利于完成各种变形工序。然而，终锻温度过低，金属塑性下降，进口轴承容易产生裂纹；终锻温度过高，则会引起晶粒长大，降低锻件的力学性能。

4.2.5.6 修整工序

坯料在锻模内成形为模锻件后，还需经一系列修整工序，以保证和提高锻件精度与表面质量。常见的修整工序主要包括：

（1）切边和冲孔：锻件经模锻成形后，一般带有飞边和冲孔连皮，锻后需要在压力机上用专用的切边模和冲孔模将其切除。切边或冲孔在热态和冷态下均可进行。常见的切边模和冲孔模示意图如图 4.32 所示。

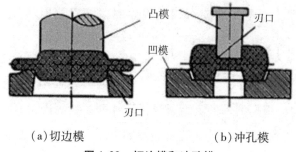

（a）切边模　　　　　　　（b）冲孔模

图 4.32　切边模和冲孔模

（2）校正：切边及其他工序都可能引起锻件变形。因此，对许多锻件，尤其是形状复杂的锻件，在切边冲孔后还需要校正，以消除锻件锻后产生的弯曲、扭转等变形。校正可在锻模模膛内或专门的校正模内进行。

（3）热处理：为了消除锻件内部残余应力、过热组织和加工硬化，使锻件具有所需的力学性能，模锻件一般采用正火或退火工艺进行热处理。

（4）清理：模锻件清理的主要目的是去除表面氧化皮、油污及其他表面缺陷（如残余毛刺），以提高锻件表面质量，改善模锻件切削加工性能。常用的模锻件清理方法有酸洗、喷砂、喷丸和滚筒清理等。

（5）精压：对于尺寸精度和表面质量要求高的锻件，除进行上述修整工序外，还需要进行精压。精压分为平面精压和体积精压，如图 4.33 所示。平面精压用以获得模锻件某些平行平面间的精确尺寸，而体积精压用以提高模锻件所有尺寸精度和表面质量。精压后模锻件的尺寸精度，其公差可达 $\pm(0.10 \sim 0.25)$ mm，表面粗糙度可达 $1.25 \sim 0.63$ μm。精压后的表面一般不再进行切削加工。

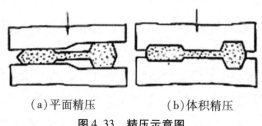

（a）平面精压　　　　　　　（b）体积精压

图 4.33　精压示意图

4.3　板料冲压

4.3.1　冲压工艺简介

利用冲模使板料发生分离或变形的加工方法称为板料冲压。由于通常在冷态下进行,因此又称为冷冲压。一般只有当板料厚度超过8 mm或材料塑性较差时才采用热冲压。目前,板料冲压已广泛应用于制造金属成品的工业部门,在汽车、航空、电器、仪表、国防以及日用品生产中占有极其重要的地位。

与其他加工方法相比,板料冲压具有以下特点:

(1)可生产其他加工方法难以加工或无法加工的形状复杂的零件,且零件尺寸精度高、表面光洁、强度高、刚度好、互换性好。

(2)工艺废料少,材料利用率高,一般可达70% ~ 80%。

(3)适应性强,金属及非金属材料均可用冲压方法加工,零件可大可小。

(4)操作简单,生产率高,零件成本低,工艺过程易于实现机械化和自动化。

(5)不能加工低塑性金属,且冲压模具结构较复杂,加工精度要求高,制造周期长且费用高。因此,板料冲压适用于大批量生产。

板料冲压的基本工序一般可分为分离工序和变形工序两大类。

4.3.2　分离工序

分离工序是指板料一部分与另一部分相互分离的工序,包括冲裁(落料和冲孔)、切断、修整等。

4.3.2.1　冲裁(落料和冲孔)

冲裁是使板料沿封闭轮廓线实现分离的工序,包括落料和冲孔。这两种工序的坯料变形过程和模具结构基本一样,只是用途不同。落料时,被分离的部分为工件,而周边是废料;冲孔时,被分离的部分为废料,而周边是成品。图4.34为垫圈的生产工艺,零件需要经过外形轮廓的冲裁(落料)和内孔冲裁(冲孔)两道工序才能完成。

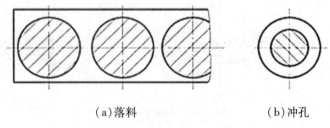

(a)落料　　　　　　　　(b)冲孔

图4.34　垫圈的落料与冲孔

(1)冲裁变形时板材变形区的受力特点

图4.35为无压紧装置冲裁时板料的受力情况。其中,F_1、F_2为凸、凹模对板料的垂直作用力;F_3、F_4为凸、凹模对板料的侧压力;μF_1、μF_2为凸、凹模端面与板料间的摩擦力,其方向与间隙大小有关,一般指向模具刃口;μF_3、μF_4为凸、凹模侧面与板料间的摩擦力。

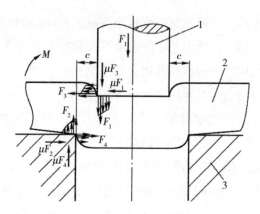

图4.35 冲裁时作用于板料上的力

1—凸模；2—板料；3—凹模；c—间隙

在外力作用下，当凸模下降至与板料接触后，板料受到凸、凹模端面的作用力。由于凸、凹模之间存在间隙，凸、凹模施加于板料的力产生一个力矩，在无压料板压紧装置时，力矩使板料发生弯曲，模具与板料仅在刃口附近的狭小区域内保持接触。因此，凸、凹模作用于板料的垂直压力呈不均匀分布，越靠近模具刃口部分，垂直压力越大。

（2）冲裁变形过程

冲裁变形过程包括弹性变形、塑性变形和断裂分离三个基本阶段，如图4.36所示。

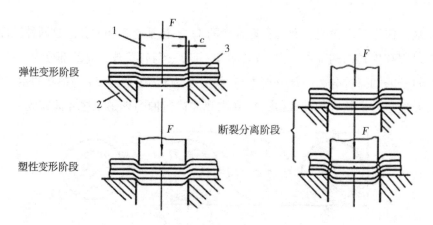

图4.36 冲裁变形过程

1—凸模；2—凹模；3—板料；c—间隙

①弹性变形阶段：在凸模接触板料向下运动的初始阶段，板料发生弹性压缩、拉伸与弯曲等变形，板料内部应力迅速增大。此时，由于凸、凹模之间存在间隙，凸模下的板料略有弯曲，凹模上的材料则上翘。间隙值（c）越大，板料弯曲和上翘现象越明显。

②塑性变形阶段：随着凸模继续压入，板料内的应力值达到材料屈服强度，产生塑性变形。当变形达到一定程度时，位于凸、凹模刃口处的材料硬化加剧，产生微裂纹，

塑性变形阶段结束。

③断裂分离阶段:随着凸模不断压入,已形成的上下微裂纹逐渐向内扩展并相遇重合,最终板料被剪断而发生分离。即普通冲裁机理为"两向裂纹扩展相遇"而分离。

冲裁件被剪断分离后,其断裂面特征如图4.37所示。可以看出,冲裁断面由圆角带、光亮带、断裂带和毛刺区等四个部分组成。

①圆角带:刃口附近的材料发生弯曲和伸长变形的区域。

②光亮带:由凸模挤压剪切变形所形成的表面很光滑,整个断面上表面质量最好的区域,通常占全断面的 $1/3 \sim 1/2$。

③断裂带:裂纹形成及扩展的区域。由于材料在剪切分离时所形成的断裂表面较粗糙,故称为断裂带。

④毛刺区:由于间隙存在,裂纹不在刃尖产生,毛刺不可避免。若间隙不合理,凸、凹模刃口不锋利,则会加大毛刺。

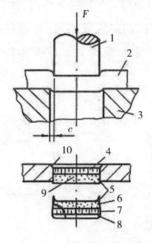

图 4.37 冲裁件的断面特征

1—凸模;2—板料;3—凹模;4,7—光亮带;5—毛刺;6,9—断裂带;8,10—圆角带

（3）冲裁间隙

冲裁间隙是指凸模与凹模刃口轮廓相应尺寸之差（双面间隙）,它是保证合理冲裁过程的最主要的工艺参数,对冲裁件的断面质量、尺寸精度、冲裁力和模具寿命等均具有重要的影响。

通常用 Z 表示直径上的间隙值（图4.38）,即 $Z = D_凹 - d_凸$,也可用 c 来表示单面间隙,即 $c = Z/2$。

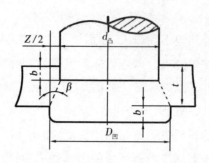

图4.38　合理冲裁间隙示意图

　　当间隙过小时，材料中拉应力减小，压应力增大，裂纹产生受到抑制，上下剪裂纹向外错开一段距离，两条裂纹之间的金属将被二次剪切。当上裂纹压入凹模时，受凹模壁的挤压，产生第二光亮带，同时部分材料被挤出，在冲裁件断面上会形成较大的毛刺和叠层，如图4.39(a)所示。当间隙过大时，材料中拉应力增大，使得塑性变形阶段过早结束，剪裂纹向内错开一段距离，产生两个斜度，如图4.39(c)所示，因此光亮带较小，断裂带和毛刺均较大，拱弯、翘曲现象明显，冲裁件质量下降。当间隙控制在合理范围内时，上下裂纹能够基本重合，获得的工件断面较光洁，毛刺最小，冲裁件断面质量最好，如图4.39(b)所示。

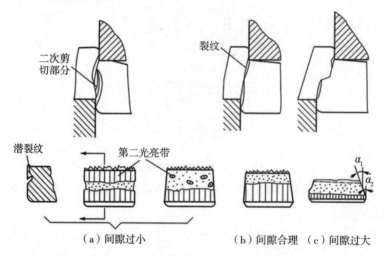

（a）间隙过小　　　　　（b）间隙合理　（c）间隙过大

图4.39　冲裁间隙对冲裁件质量的影响

　　此外，间隙也是影响模具寿命和冲裁力的主要因素。冲裁过程中，凸模与被冲的孔之间、凹模与落料件之间均有摩擦，间隙越小，摩擦越严重。小的间隙将使凸、凹模刃口磨损增加，甚至使模具与材料之间产生黏结现象，并引起崩刃、凹模胀裂、凸模折断等异常损坏，从而减小模具寿命。因此，实际生产中为延长模具寿命，在保证冲裁件质量的前提下，适当采用较大的间隙值是十分必要的。随着间隙的增大，冲裁力有一定程度的降低，但影响不大。间隙对卸料力、推件力的影响较为显著。间隙越大，卸料力和推件力越小。

上述分析表明,选择合理的间隙对冲裁生产至关重要。合理的冲裁间隙通常在一定的范围内,选用时主要考虑冲裁件断面质量和模具寿命两个因素。当冲裁件断面质量要求较高时,尽量选用较小的间隙值,反之应选用较大的间隙值,以提高模具使用寿命。

合理的冲裁间隙可由下式进行理论估算:

$$Z = 2(t - b)\tan\beta = 2t(1 - \frac{b}{t})\tan\beta \tag{4-6}$$

式中,Z 为双面冲裁间隙;t 为板料厚度;β 为剪裂纹与垂线之间的夹角;b 为光亮带宽度;b/t 为冲裁时模具挤入材料的相对深度,也称光亮带的相对宽度,可通过查表确定。

从上式可以看出,板料愈厚,塑性愈差,合理的间隙值愈大;板料愈薄,塑性愈好,合理的间隙值愈小。确定冲裁间隙的总原则是在保证满足冲裁件断面质量和尺寸精度的前提下,使模具寿命最高。实际生产中,初始合理间隙的数值一般参照查表得出。通常,依据不同的材料和板料厚度,得出一个许可的取值范围($Z_{min} \sim Z_{max}$)。

(4)凸、凹模刃口尺寸的确定

冲裁时,凸、凹模刃口尺寸直接影响冲裁件的尺寸,合理间隙也要靠它来保证。因此,必须正确计算凸、凹模刃口尺寸。

设计冲孔模时,考虑到冲孔件的尺寸接近于凸模刃口尺寸,故应以凸模为基准设计,即凸模刃口尺寸等于孔的尺寸,而凹模刃口尺寸等于凸模刃口尺寸加上合理间隙值 $2c$。

设计落料模时,考虑到落料件的尺寸接近于凹模刃口尺寸,故应以凹模为基准设计,即凹模刃口尺寸等于落料件尺寸,而凸模刃口尺寸等于凹模刃口尺寸减去合理间隙值 $2c$。

此外,由于冲裁过程中模具必然会发生磨损,将导致凸模尺寸减小,而凹模尺寸增大。因此,为保证零件的尺寸要求,并提高模具使用寿命,冲孔凸模的基本尺寸应接近孔的公差范围内的最大极限尺寸,而落料凹模的基本尺寸应接近落料件公差范围内的最小极限尺寸。

(5)冲裁力计算

冲裁力是选择冲压设备和设计、检验模具强度的主要依据。平刃冲模的冲裁力可按下式进行估算:

$$F = KLt\tau \approx Lt\sigma_b \tag{4-7}$$

式中,F 为冲裁力(N);L 为冲裁件周边长度(mm);τ 为板料剪切强度(MPa);t 为板料厚度(mm);K 为常数,与模具间隙、刃口、材料力学性能、厚度等有关,一般可取 $K = 1.3$。

（6）冲裁件的排样

排样是指冲裁件在条料、带料或板料上合理布置的方法。排样时，冲裁件与冲裁件之间、冲裁件与条料侧边之间留下的工艺余料称为搭边。搭边可以补偿条料的剪裁误差，减小送料步距误差和歪斜误差，提高模具寿命和工件断面质量，并使条料保持一定刚度，以保证条料连续送进。

根据材料的利用情况，排样可分为无搭边排样和有搭边排样。无搭边排样是指用落料件形状的一边作为另一个落料件的边缘。这种排样材料利用率最高，但毛刺不在同一个平面上，冲裁件尺寸精度和质量最差，模具寿命最低，因此只有对冲裁件质量要求不高时才采用。有搭边排样是指在各个落料件之间均留有一定尺寸的搭边。其优点是毛刺小，而且在同一个平面上，冲裁件尺寸精准，质量较高，但材料消耗较多。

图4.40为四种不同的排样方法下同一冲裁件材料消耗对比。可以看出，选择合理的排样方式可使废料产生最少，从而大大提高材料利用率。

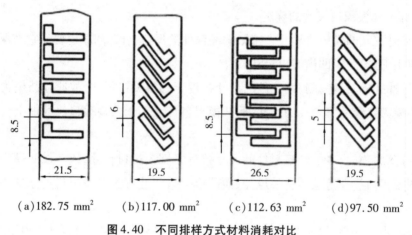

（a）182.75 mm²　　（b）117.00 mm²　　（c）112.63 mm²　　（d）97.50 mm²

图4.40　不同排样方式材料消耗对比

4.3.2.2　切断

切断是指用剪刀或冲模将板料或其他型材沿不封闭轮廓进行分离的工序。切断常用于制取形状简单、精度要求不高的平板类零件或下料。

4.3.2.3　修整

修整是指利用修整模沿冲裁件外缘或内孔刮削一薄层金属，以切掉存留的剪裂带和毛刺，从而提高冲裁件的尺寸精度，降低其表面粗糙度。

修整的机理与冲裁不同，但与切削加工相似。修整冲裁件的外形称为外缘修整，修整冲裁件的内孔称为内孔修整，如图4.41所示。修整时应合理确定修正余量及修整次数。修整后冲裁件公差等级可达IT6～IT7，表面粗糙度为0.8～1.6 μm。

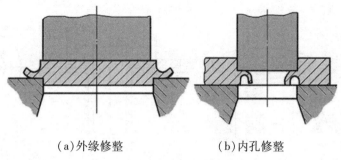

（a）外缘修整　　　　　　（b）内孔修整

图 4.41　修整工序简图

4.3.3　变形工序

变形工序是指坯料的一部分相对于另一部分产生位移,发生塑性变形而不破裂的工序,如拉深、弯曲、胀形和翻边等。

4.3.3.1　拉深

拉深也称拉延,是指利用拉深模具使冲裁后得到的平板毛坯变成开口空心零件,或将已制成的开口空心零件制成其他形状空心零件的一种冲压工艺,如图 4.42 所示。

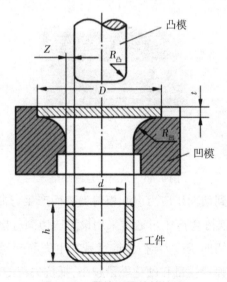

图 4.42　圆筒形零件的拉深

（1）拉深变形过程

拉深时平板坯料在外力的作用下,被拉入凸、凹模间隙中,形成开口空心零件。如图 4.43 所示,拉深件底部为不变形区,只起到传递拉力的作用,变形过程中板料厚度基本保持不变;凸缘部分为主要变形区,在径向拉应力和切向压应力的作用下,该部分材料不断收缩逐渐转化为筒壁;筒壁部分为已变形区,由凸缘部分材料经塑性变形后转化而成,受轴向拉应力作用,板料厚度有所减小,其中直壁与底部之间的过渡圆角部位减薄最为严重。

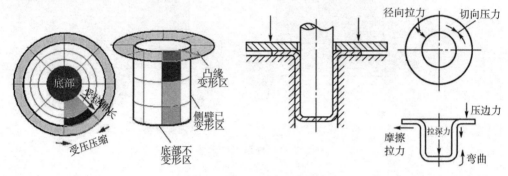

图4.43　拉深过程及变形分析

拉深变形过程中,坯料内部的应力应变分布不均匀。坯料直径(D)与工件直径(d)相差越大(即 d/D 越小),则变形区越宽,坯料变形程度就越大,从底向上材料的加工硬化作用就越强,拉深变形阻力就越大,甚至有可能把工件直壁底部拉穿。

(2)拉深件的主要质量问题

起皱和拉裂是拉深过程中零件最容易出现的质量问题,如图4.44所示。

图4.44　常见的拉深缺陷

起皱是由于材料受到切向压应力引起板料失稳而产生弯曲的现象,常出现在凸缘的边缘区域(图4.45),实际生产中可通过采用设置压边圈等措施加以预防。一方面,凸缘变形区材料受到的切向压应力越大,越容易发生失稳起皱。另一方面,板料宽度越大,厚度越薄,材料的弹性模量和硬化模量越小,抵抗失稳的能力也越差。

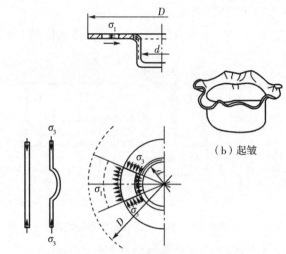

（b）起皱

（a）厚材料拉深（左）薄材料拉深（右）

图 4.45　起皱产生过程示意图

拉裂多发生在筒形件直壁与底部间的过渡圆角附近,如图 4.46 所示。该区域变形程度大,材料减薄最为严重。当筒壁所受到的轴向拉应力超过材料抗拉强度时,拉深件就会在底部圆角与筒壁相切处的"危险断面"处产生破裂而被拉穿,又称掉底。

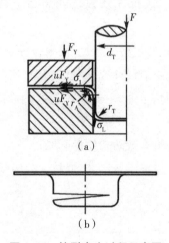

图 4.46　拉裂产生过程示意图

为防止变形过程中产生上述拉深缺陷,通常采用限制拉深系数等工艺措施。

板料拉深变形的程度可以用拉深系数来表示。拉深件直径(d)与坯料直径(D)的比值称为拉深系数,用 m 表示,即:

$$m = \frac{d}{D} \tag{4-8}$$

m 越小,表明拉深件直径越小,变形程度越大,拉深应力越大,即坯料被拉入凹模越困难。一般情况下,拉深系数 m 根据材料塑性的不同取值 0.5~0.8,坯料塑性差取上限值,塑性好取下限值。为提高生产效率,总希望采取尽可能小的拉深系数。但 m 值过小时,往往会产生底部拉裂的现象。

若拉深系数过小,不能一次拉深成形,则可采用多次拉深工艺,如图4.47所示。

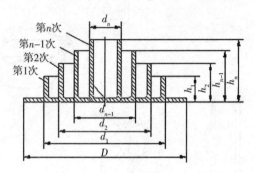

图4.47　多次拉深时圆筒直径的变化

由拉深系数定义可知,各次拉深系数分别为:

第一次拉深系数 $m_1 = d_1/D$;

第二次拉深系数 $m_2 = d_2/d_1$;

第 n 次拉深系数 $m_n = d_n/d_{n-1}$。

零件的直径(d_n)与拉深前毛坯直径(D)之比称为总拉深系数,即 $m_总 = d_n/D$。

因此,总拉深系数与每一次拉深系数之间满足下列关系:$m_总 = m_1 \times m_2 \times \cdots \times m_n$。

生产中为保证拉深过程正常进行,需设置极限拉深系数即最小拉深系数。

①拉深凸、凹模工作部分不能设计成锋利的刃口,必须设有一定的圆角。如对于普通低碳钢板拉深件,凹模圆角半径 $R_d = (5 \sim 20)t$,凸模圆角半径 $R_p \leqslant R_d$;

②合理设置凸、凹模间隙 $c = (1.1 \sim 1.5)t$;

③采用压边圈进行拉深,可有效防止拉深起皱;

④采取合理的润滑措施,以减小摩擦,降低拉深件筒壁部分拉应力,从而减少模具磨损,提高模具寿命。

4.3.3.2　弯曲

弯曲是冲压成形的基本工序之一,它是使板料、棒料、型材或管材等发生塑性变形,弯成具有一定形状和角度的零件的一种成形方法。生产中弯曲件的形状很多,如V形件、U形件、帽形件、圆弧形件等。这些零件可以在压力机上用模具弯曲,也可以用专用的弯曲机进行折弯、拉弯或滚弯等,如图4.48所示。

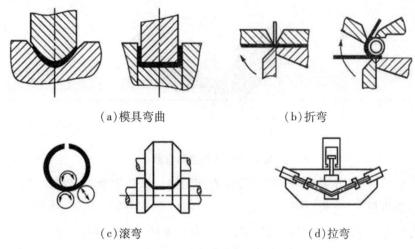

(a)模具弯曲　　　　　　　　　　(b)折弯

(c)滚弯　　　　　　　　　　(d)拉弯

图 4.48　常见弯曲方法示意图

（1）弯曲变形过程

图 4.49 给出了板料在 V 形模具内的弯曲变形过程。可以看出，弯曲过程由自由弯曲和校正弯曲组成，而自由弯曲包括弹性变形和塑性变形两个阶段。凸模、板料与凹模三者完全压紧后，若对弯曲件继续施加压力，则称为校正弯曲。在这之前的弯曲称为自由弯曲。自由弯曲时凸模、板料与凹模间为线接触，校正弯曲则为面接触。

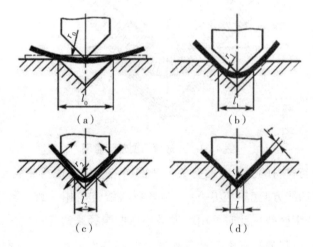

（a）　　　　　　　　　　（b）

（c）　　　　　　　　　　（d）

图 4.49　弯曲变形过程

（2）弯曲变形特点

弯曲变形主要发生在弯曲中心角范围，中心角以外基本不变形。坯料在长、宽、厚三个方向上均发生了变形，内层材料受压缩短，外层材料受拉伸长。其中，在变形区厚度方向，切向伸长与压缩变形区间有一层金属不变形，纤维既不伸长也不缩短，称为中性层，如图 4.50 所示。中性层可用于计算毛坯展开长度。

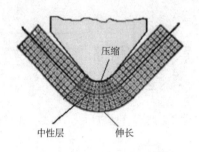

图 4.50　中性层示意图

弯曲变形时,最外层金属受切向拉应力和切向伸长变形最大,当最大拉应力超过材料抗拉强度极限时,则会产生弯裂。内侧金属也会因承受压应力过大而使弯曲内角内侧材料失稳起皱。常用相对弯曲半径即内弯曲半径与坯料厚度的比值(r/t)来表示弯曲变形程度(图 4.51)。坯料越厚,弯曲半径越小,变形程度越大,板料弯曲的性能也越好。若材料塑性好,则相对弯曲半径可以小些。为防止材料弯裂,应使最小相对弯曲半径 $r_{min}/t \geqslant (0.25 \sim 1.0)$。

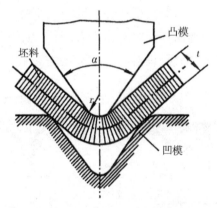

图 4.51　V 形弯曲变形示意图

弯曲破裂还与材料的流线方向有关。弯曲时应尽可能使弯曲线与板料纤维垂直,即使弯曲圆弧的切线方向(拉应力方向)与坯料流线方向相一致。若弯曲线与纤维方向一致,则容易产生破裂。此时可用增大最小弯曲半径来避免。

弯曲结束后,材料弹性变形的恢复将使坯料产生与弯曲变形方向相反的变形,这种现象称为弯曲回弹。回弹会影响弯曲件的尺寸精度,一般回弹角为 0° ~ 10°。因此在设计弯曲模时,必须使模具角度比工件角度小一个回弹角,以便在弯曲后能够获得较为准确的弯曲角度。

4.3.3.3　胀形

胀形是利用坯料局部厚度变薄,使半成品部分内径胀大形成零件的冲压成形工艺。胀形过程中,变形区内金属呈双向拉应力状态,厚度减薄,表面积增加,并在凹模内形成一个凸包。通常胀形成品零件表面光滑,质量好,当胀形力卸除后回弹小,工件几何形状固定,尺寸精度容易保证。

胀形主要用于加强筋、花纹图案、标记等平板毛坯的局部成形,波纹管、高压气瓶、球形容器等空心毛坯的胀形,管接头的管材胀形,飞机和汽车蒙皮等薄板的拉胀成形等。常用的胀形方法有钢模胀形和以液体、气体、橡胶等作为施力介质的软模胀形。图4.52为采用橡胶凸模对管坯进行软膜胀形。

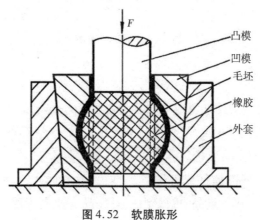

图4.52　软膜胀形

4.3.3.4　翻边

翻边是指利用模具把板料上的孔缘或外缘翻成竖立凸缘的冲压工艺,它分为内孔翻边和外缘翻边两种,如图4.53所示。翻边成形在冲压生产中应用广泛,尤其在汽车、拖拉机等工业生产中应用更为普遍。

圆孔翻边时,若翻边孔处的拉伸量超过了材料的允许范围,孔的边缘就会破裂。因此,必须控制翻边的变形程度。圆孔翻边的变形程度用翻边系数 K_0 来表示,即:

$$K_0 = \frac{d_0}{d_1} \qquad (4-9)$$

式中,d_0 为翻边前的孔径尺寸;d_1 为翻边后的内孔尺寸。

当零件所需的凸缘高度较大,采用一次翻边成形计算出翻边系数 K_0 值很小,直接成形可能会使孔的边缘造成破裂。此时,可以采用先拉深,后冲孔(按 K_0 计算得到的容许孔径),再翻边的工艺来实现。

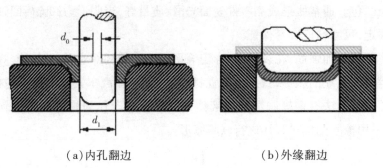

（a）内孔翻边　　　　　　　　　（b）外缘翻边

图4.53　翻边示意图

4.3.3.5　成形和缩口

成形是利用局部变形使坯料或半成品改变形状的过程,如图4.54(a)所示。主要用于成形刚性筋条、文字、花纹等,或增大半成品的局部半径,可使冲压件具有更好的刚度,并获得所需要的空间形状。

缩口是利用模具使圆筒件或管件口部直径缩小,而高度增加的成形工艺,如图4.54(b)所示。缩口在军工产品、机械制造、日用品工业中应用广泛,如圆壳体的口径部,用缩口代替拉深,可以减少工序。

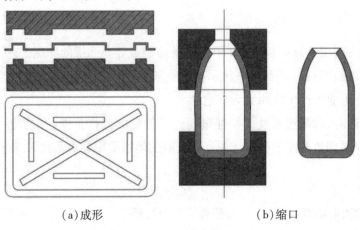

（a）成形　　　　　　　　　　　（b）缩口

图4.54　成形和缩口

4.3.4　冲压模具

冲压模具简称冲模,是冲压生产中必不可少的模具,其结构是否合理对冲压生产的效率和模具寿命都有很大影响。冲模按基本构造不同,可分为简单模、复合模和连续模。

4.3.4.1　简单模

在冲床的一次行程中只完成一道工序的模具称为简单模。

图4.55为落料用的简单模结构示意图。如图所示,其主要工作零件为凸模和凹模。凹模通过凹模固定板固定在下模座上,下模座用螺栓固定在冲床的工作台上,凸模通过凸模固定板固定在上模座上,上模座通过模柄与冲床的滑块相连。因此,凸模可随滑块做上下运动。为了使凸模向下运动时能够对准凹模孔,并在凸、凹模之间保持均匀间隙,通常采用导柱和导套结构。工作时,条料在凹模上沿导料板之间送进,直到碰到挡料销为止。凸模向下冲压时,冲下的零件(或废料)进入凹模孔,而条料则夹住凸模并随凸模一起回程向上运动。当条料碰到卸料板时被推下,完成第一个零件冲压过程。随后,条料继续在导料板间送进。重复上述动作,冲下第二个零件。简单模结构简单,制造方便,一般适用于小批生产。

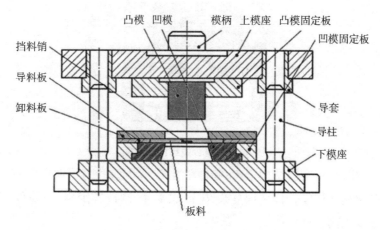

图4.55　简单模结构示意图

4.3.4.2　复合模

冲床的一次行程中,在模具的同一位置完成一道以上工序的模具,称为复合模。复合模最大的特点是模具中有一个凸凹模,如图4.56所示。图示凸凹模的外圆是落料凸模刃口,内孔则为拉深凹模。当滑块带着凸凹模向下运动时,条料首先在凸凹模和落料凹模中落料,随后落料件被下模中的拉深凸模顶住。当滑块继续向下运动时,拉深凹模随之向下运动进行拉深成形。顶出圈和卸料板用于在滑块的回程中将拉深件推出模具。

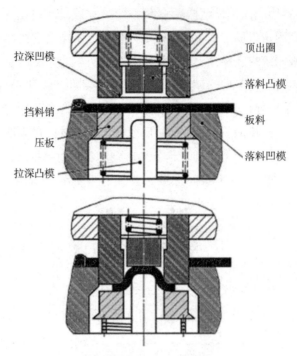

拉深凹模　　　　　　　　　　　　　　　顶出圈

　　　　　　　　　　　　　　　　　　　落料凸模

挡料销　　　　　　　　　　　　　　　　板料

压板　　　　　　　　　　　　　　　　　落料凹模

拉深凸模

图4.56　复合模结构示意图

　　与简单模相比,复合模结构紧凑,零件精度高,尤其是孔与零件外形的同心度容易保证,生产效率高。但复合模结构复杂,生产成本高,制造较困难,一般仅适用于生产批量大、精度要求高的冲压件。

4.3.4.3　连续模

　　连续模又称级进模,是指冲床的一次行程中,在模具不同部位上同时完成数道冲压工序的模具,如图4.57所示。工作时,导正销先对准预先冲出的定位孔,凸模向下运动,落料凸模进行落料,冲孔凸模进行冲孔。当凸模回程时,卸料板从凸模上推下废料。随后,坯料继续向前送进,开始第二次冲裁。如此循环进行,每次送进的距离由挡料销控制。连续模具有生产效率高、易于实现机械化和自动化等优点,但模具定位精度要求高,制造成本高且周期长,一般适于大批量生产。此外,由于多次工序成形会产生定位积累误差,对于内外形同心度要求高的零件,不宜采用连续模生产。

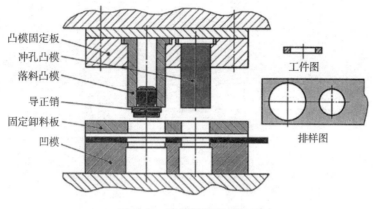

凸模固定板
冲孔凸模
落料凸模
导正销
固定卸料板
凹模

工件图

排样图

图 4.57　连续模结构示意图

4.4　其他塑性成形方法

4.4.1　轧制

金属坯料通过一对旋转轧辊之间的间隙,从而使坯料受挤压产生横截面减少、长度增加的塑性变形过程称为轧制。轧制是生产型材、板材和管材的主要方法,具有生产效率高、产品质量好、成本低、节约金属等优点。

根据轧辊的形状、轴线配置不同,轧制分为辊锻、横轧、斜轧等。

4.4.1.1　辊锻

辊锻是将轧制工艺应用到锻造生产中的一种新工艺,它是使坯料通过装有扇形模块的一对相对旋转的轧辊时受压而变形的工艺方法,如图 4.58 所示。与传统轧制不同的是,这对模块可装拆更换,以便生产不同形状的毛坯或零件。辊锻不仅可作为模锻前的制坯工序,还可以直接辊锻锻件。

目前,辊锻成形主要适合于生产以下三种类型的锻件:

(1)扁截面的长杆件,如各类扳手、链环等。

(2)带有不变形头部而沿长度方向横截面面积递减的锻件,如涡轮机叶片等。采用辊锻工艺生产叶片,与铣削成形相比,生产率提高 2.5 倍,材料利用率可提高 4 倍,且叶片质量大大提高。

(3)连杆。国内已有不少工厂采用辊锻方法生产连杆,提高了生产效率,简化了工艺过程,但锻件还需要其他锻压设备进行精整。

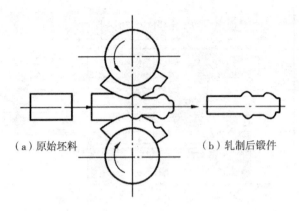

（a）原始坯料　　　　　　　　（b）轧制后锻件

图 4.58　辊锻示意图

4.4.1.2　横轧

横轧是指轧辊轴线与坯料轴线互相平行的轧制方法。图 4.59 为热轧齿轮示意图。齿轮轧制是一种无切削或少切削加工齿轮的新工艺。轧制前,首先将毛坯表面加热,然后将带齿形的轧轮作径向进给,迫使轧轮与坯料对辗。在对辗过程中,坯料上一部分金属受压流动形成齿谷,相邻部分的金属被轧轮齿部"反挤"上升而形成齿顶。

直齿和斜齿均可采用热轧成形。采用横轧工艺生产齿轮,由于锻件内部流线与齿轮外轮廓一致,因此可显著提高齿轮的力学性能和使用寿命。

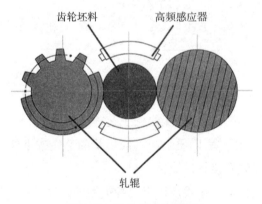

图 4.59　热轧齿轮示意图

4.4.1.3　斜轧

斜轧又称螺旋斜轧。螺旋斜轧成形过程中,带螺旋槽的轧辊轴线与坯料轴线相互交叉,同向旋转,坯料绕自身轴反转,并轴向向前做螺旋运动,同时受压产生塑性变形,获得形状呈周期性变化的毛坯或各种零件。图 4.60 为钢球的螺旋斜轧轧制过程。棒料在轧辊螺旋形槽里受到轧制后被分离成单球。轧辊每旋转一周即可轧制出一个钢球,故可实现高效、连续生产。

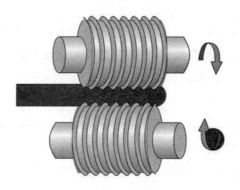

图 4.60　螺旋斜轧示意图

4.4.1.4　楔横轧

利用两个外表面镶有楔形凸块,并作同向旋转的平行轧辊对沿轧辊轴向送进的坯料进行轧制成形的方法称为楔横轧。楔横轧主要是依靠轧辊上的楔形凸块压延坯料,使其径向尺寸减小,长度增加,如图 4.61 所示。它具有产品精度和质量好、生产效率高、节约材料、易于实现机械化和自动化等特点,主要用于制造加工阶梯类等回转体的毛坯或零件。

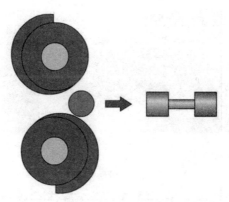

图 4.61　楔横轧示意图

4.4.2　挤压

挤压是在外力作用下,使模具内的金属坯料产生定向塑性流动并通过模具上的模孔,从而获得具有一定形状和尺寸的毛坯或零件的加工方法。挤压时金属坯料处于三向压应力状态,因此可提高材料的塑性,适用于生产各种形状复杂、深孔、薄壁和异型断面的零件。挤压可提高成形零件的尺寸精度,具有节约材料、生产效率高、零件力学性能好等优点。

4.4.2.1 挤压的分类

（1）根据金属流动方向与凸模运动方向的关系，挤压分为正挤压、反挤压、复合挤压和径向挤压等，如图4.62所示。

①正挤压：挤压模出口处金属的流动方向与凸模运动方向相同。

②反挤压：挤压模出口处金属的流动方向与凸模运动方向相反。

③复合挤压：挤压过程中，在挤压模的不同出口处，一部分金属的流动方向与凸模运动方向相同，而另一部分金属流动方向与凸模运动方向相反。

④径向挤压：挤压模出口处金属的流动方向与凸模运动方向垂直。

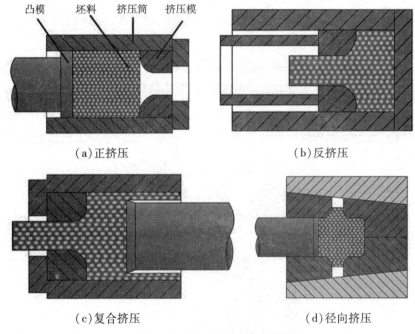

（a）正挤压　　　　　　　　　　　（b）反挤压

（c）复合挤压　　　　　　　　　　（d）径向挤压

图4.62　常见挤压方法示意图

（2）根据金属坯料变形温度的不同，挤压分为冷挤压、温挤压和热挤压等。

①冷挤压：即室温下的挤压。挤压过程中，三向压应力状态可充分提高金属塑性，使材料晶粒更加细小，组织更加致密，可显著提高挤压件的强度、硬度及耐疲劳性能。冷挤压零件表面光洁，精度较高，可实现少无切削加工，尺寸精度可达 IT7～IT6，表面粗糙度为1.6～0.2 μm，具有材料利用率高、生产率高、生产方便灵活、易实现生产自动化等优点。然而，由于冷挤压金属变形抗力大，限制了冷挤压件的尺寸和质量，且对模具材质要求高。因此，坯料在挤压前通常需要进行软化、去氧化皮和特殊润滑处理。

②温挤压：温挤压介于热挤压与冷挤压之间，是指坯料温度高于室温而低于再结晶温度的挤压。由于在一定的温度下挤压，坯料可不进行预先软化处理、润滑处理和中间退火等。与冷挤压相比，温挤压降低了变形抗力，增加了每个工序的变形程度，提

高了模具的使用寿命。但温挤压零件尺寸精度、表面质量和力学性能低于冷挤压零件。对于一些冷挤压难以塑性成形的材料,均可以采用温挤压成形。

图4.63所示的微型电机外壳材料为不锈钢,坯料尺寸为 $\phi25.8$ mm × 14 mm。采用冷挤压需要多次挤压才能成形,生产率较低。但若将坯料加热到 260 ℃,采用温挤压成形,则只需要两次挤压即可成形。

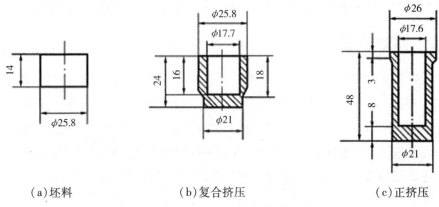

（a）坯料　　　　　　（b）复合挤压　　　　　　（c）正挤压

图4.63　微型电机外壳温挤压过程

③热挤压:热挤压时坯料一般在热锻范围内进行,变形抗力小,塑性较好。由于加热温度高,坯料容易产生氧化、脱碳及热胀冷缩等问题,大大降低了产品的尺寸精度和表面质量。因此,热挤压一般用于高强(硬)度金属材料的毛坯成形,如高碳钢、高强度结构钢、高速钢、耐热钢等。

4.4.2.2　拉拔

拉拔是将金属坯料通过一定形状拉拔模的模孔,使其横截面减小而长度增加的塑性加工方法。拉拔成形具有产品形状尺寸精确、表面质量好、力学性能好等优点,可用于拔制金属丝、细管材和异型材等,如图4.64所示。

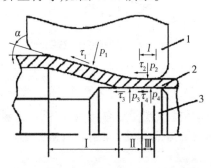

图4.64　钢管拉拔成形过程示意图

Ⅰ—减径区;Ⅱ—减壁区;Ⅲ—定径区;1—外模;2—钢管;3—芯棒

4.4.3　径向锻造

径向锻造是对轴向旋转送进的棒料或管料施加径向脉冲打击力,将其锻成沿轴向具有不同横截面制件的工艺方法。径向锻造具有锻造效率高、变形温降小、表层变形较为充分等优点,可实现高温合金、钛合金、高速工具钢及不锈钢等难变形材料的一次锻造成形。尤其是要求获得细晶组织的高合金材料,特别适合采用径向锻造。

4.4.4　摆动碾压

摆动碾压又称摆碾,是一种局部加载、整体受力、局部变形的锻压工艺,其工作原理如图 4.65 所示。带有一定图形母线的上模,上模轴向与摆辗机主轴中心线相交成 α 角,此角称为摆角。当主轴旋转时,上模绕主轴做轨迹运动,滑块在油缸作用下上升进而对坯料施压。上模母线在坯料表面连续不断地滚压,使坯料表面由连续的局部塑性变形过渡到整体变形,从而得到所需形状和尺寸的零件或制品。

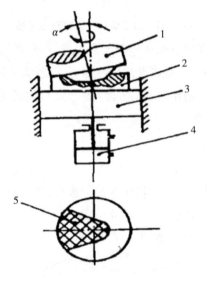

图 4.65　摆动碾压示意图

1—上模(模头);2—坯料;3—滑块;4—进给箱;5—摆头与坯料接触面积

若上模母线为直线,则辗压的工件表面为平面;若上模母线为曲线,则能辗压出上表面为一形状较复杂的曲面零件。摆碾具有省力、产品尺寸精度高、节约材料、噪音及振动小等优点,易于实现机械化和自动化,适用于盘类、饼类和带法兰的轴类零件的成形,特别适用于较薄工件的成形。

4.4.5　旋压

旋压是指将平板或空心坯料固定在旋压机的模具上,在坯料随机床主轴转动的同时,利用旋轮或赶棒加压于坯料,使之产生局部塑性变形,从而获得空心回转体零件的加工方法。旋压工艺设备和模具简单,可加工各种曲线构成的旋转体以及具有复杂形状的旋转体零件,但生产率较低,劳动强度较大,仅适用于试制和小批量生产。

根据板厚变化情况不同,旋压分为普通旋压和变薄旋压两大类。

4.4.5.1 普通旋压

(1)变形特点

普通旋压过程中板厚基本保持不变,成形主要依靠坯料圆周方向和半径方向上的变形来实现,如图4.66所示。此时,坯料的变形有两种方式:一是赶棒直接接触材料,产生局部凹陷的塑性变形;二是坯料沿着赶棒加压的方向大片倒伏。旋压过程中,应控制转速,采取合理的过渡形状并合理加力。

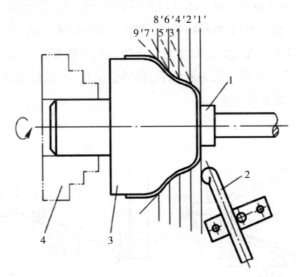

图4.66 旋压过程中坯料变形示意图

1—顶块;2—赶棒;3—模具;4—卡盘(1′~9′系坯料的连续位置)

(2)旋压成形极限

旋压变形程度通常用旋压系数 m 表示,即:

$$m = \frac{d}{D} \tag{4-10}$$

式中,d 为工件直径;D 为坯料直径。

圆筒形件的极限旋压系数一般取值 $0.6 \sim 0.8$,圆锥形件的极限旋压系数一般取值 $0.2 \sim 0.3$。当工件需要的变形程度较大(即 m 较小)时,需采用多次旋压(图 4.67),但多次旋压时必须进行中间退火。

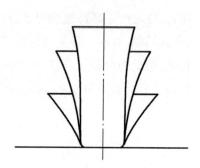

图 4.67　几道连续工序的旋压

4.4.5.2　变薄旋压

（1）变形特点

变薄旋压过程中坯料直径基本不变,壁厚减薄明显,无凸缘起皱,也不受坯料相对厚度的限制,可一次旋压出相对深度较大的零件,如图 4.68 所示。一般要求使用功率大、刚度大并有精确靠模机构的专用强力旋压机。由于变薄旋压为局部变形,因此变形力比冷挤压小得多。坯料经强力旋压后,材料组织致密,晶粒细化,强度提高,表面质量较好,表面粗糙度可达 0.4 μm。

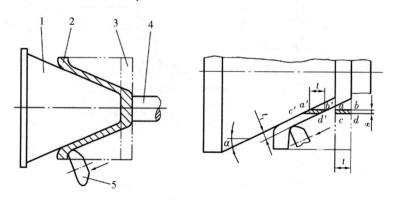

图 4.68　锥形件变薄旋压

1—模具;2—工件;3—坯料;4—顶块;5—旋轮

（2）旋压成形极限

变薄旋压的变形程度可用下式来表示:

$$\varepsilon = \frac{t - t_1}{t} = 1 - \frac{t_1}{t} = 1 - \sin\alpha \qquad (4-11)$$

式中,t 为坯料原始板厚;t_1 为坯料经旋压后的最终厚度;α 为模具半锥角。

也可用模具半锥角 α 表示变薄旋压的变形程度。此时,极限变薄率 ε_{max} 和极限半锥角 α_{min} 之间的关系为:

$$\varepsilon_{max} = \frac{t - t_{min}}{t} = 1 - \sin\alpha_{min} \qquad (4-12)$$

由于旋压为局部连续塑性变形,变形区很小,是既省力效果又明显的压力加工方法。经旋压成形的零件,抗疲劳强度好,强度和硬度得到大幅提高,且尺寸精度高,零件表面质量好。目前,旋压工艺已成为回转壳体,尤其是薄壁回转体零件加工的首选工艺,应用也越来越广泛。

4.5 锻压件结构工艺性

4.5.1 锻件结构工艺性

4.5.1.1 自由锻件结构工艺性

设计自由锻件时,除满足使用性能要求外,还必须考虑自由锻设备和工具的特点,即零件结构要符合自由锻件的工艺性要求。锻件结构合理,不仅可以简化锻造生产工艺,提高生产效率,而且易于保证锻件质量,节约金属,降低生产成本。

(1)锻件应尽量避免锥体和斜面结构。自由锻仅限于使用简单、通用工具成形。为简化工艺过程,方便操作,提高设备使用效率,应尽量避免锥体和斜面结构并对其进行改进设计,如图 4.69 所示。

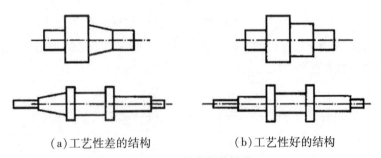

(a)工艺性差的结构　　　　　　(b)工艺性好的结构

图 4.69　轴类锻件结构

(2)锻件几何体的交接处不应形成空间曲线。若锻件由数个简单几何体构成,应避免圆柱面与圆柱面相交。为易于锻造成形,应改成平面与圆柱、平面与平面相接,以消除空间曲线结构,如图 4.70 所示。

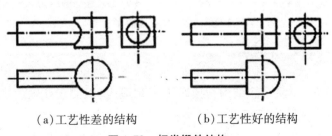

(a)工艺性差的结构　　　　　　(b)工艺性好的结构

图 4.70　杆类锻件结构

（3）自由锻件上不应设计出加强肋、凸台、工字形截面及非规则外形等结构。这类结构难以用自由锻方法获得,如采用特殊工具或特殊工艺来生产,将会降低生产率,增加产品成本。若将盘类锻件改成如图4.71(b)所示结构,则工艺性好,经济效益高。

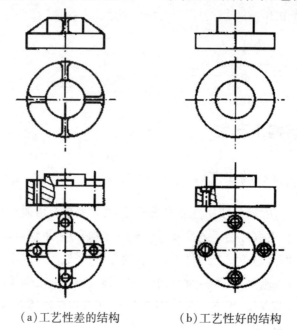

（a）工艺性差的结构　　　　　（b）工艺性好的结构

图4.71　盘类锻件结构

（4）截面变化大或形状较复杂的锻件应采用组合连接,将其设计成简单件构成的组合体。如图4.72所示,将组成复杂结构件的每个简单件锻造成形后,再用焊接或机械连接的方法构成整体零件。

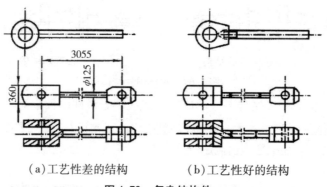

（a）工艺性差的结构　　　　　（b）工艺性好的结构

图4.72　复杂结构件

4.5.1.2　模锻件结构工艺性

设计模锻件时,应使零件结构与模锻工艺相适应,以便于模锻生产和降低成本。模锻件结构通常应符合以下原则:

（1）模锻件应具有合理的分模面,以保证锻件易于从模膛取出,且敷料最少,锻模制造容易。

（2）锻件上与分模面垂直的非加工面应设有模锻斜度,非加工表面所形成的交角应按模锻圆角设计。

（3）零件外形应力求简单、平直、对称,零件截面间尺寸相差不宜过于悬殊,避免薄壁、高筋、凸起等不利于成形的结构,以利于金属充满模腔和减少工序。

图4.73(a)所示零件凸缘薄而高,中间凹下很深,难以用模锻方法生产,若锻制的最大与最小截面尺寸之比小于0.5就不宜采用模锻。图4.73(b)所示零件扁而薄,模锻时薄的部分金属容易冷却,不易充满模膛。图4.73(c)所示零件有一个高而薄的凸缘,锻模制造和锻件取出都很困难。在满足零件使用要求的前提下,若改为图4.73(d)所示的形状,更易于模锻成形。

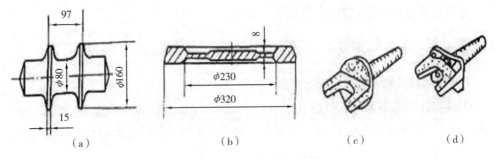

图4.73　模锻零件形状

（4）在零件结构允许的条件下,模锻件应尽量避免窄沟、深槽、深孔及多孔结构,以利于金属充填和模具制造,延长锻模使用寿命。如图4.74所示的多孔齿轮零件上,四个 ϕ20 mm 的孔就不能锻出,只能经机械加工成形。

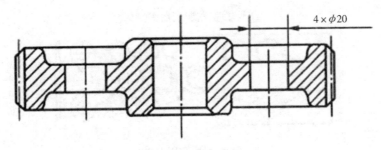

图4.74　多孔齿轮

（5）形状复杂的锻件应采用锻焊或锻造机械连接组合工艺,如图4.75所示,以减少敷料,简化模锻工艺。

（a）模锻件　　　　　　　（b）焊接件

图4.75　锻焊结构模锻零件

4.5.2　冲压件结构工艺性

冲压件的结构设计不仅应保证它具有良好的使用性能,还应具有良好的工艺性能。通常设计冲压件结构时,应考虑以下因素。

4.5.2.1　冲压件的形状与尺寸

（1）对落料件和冲孔件的要求

①落料件的外形和冲孔件的孔形应力求简单、对称、均匀,尽可能采用圆形、矩形等规则形状,以保证冲压时坯料受力和变形均匀。此外,冲压件的形状还应便于排样,力求做到减少废料,以提高材料利用率,如图4.76所示。

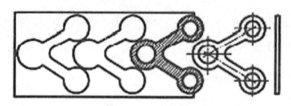

（a）不合理（材料利用率38%）

（b）合理（材料利用率79%）

图4.76　零件形状与节约材料的关系

②为便于冲压模具制造,延长模具寿命,冲压件应避免长槽、窄条及细长悬臂结构。图4.77为不合理的落料件结构,一般圆形沟槽比矩形沟槽在制造上更为经济。

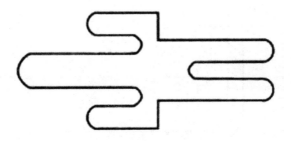

图 4.77　不合理的落料件外形

③孔与有关尺寸应满足图 4.78 所示要求。冲压件上直线与直线、曲线与直线的交接处,均应采用圆弧过渡连接,以避免尖角处因应力集中而被冲裂。

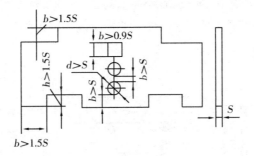

图 4.78　冲孔件尺寸与厚度的关系

(2)对弯曲件的要求

①弯曲件形状应尽量对称,弯曲半径应大于材料允许的最小弯曲半径,并应考虑材料纤维方向,以免弯曲成形过程中弯裂。

②弯曲边过短不易弯成形,故应使弯曲边的直边高度 $H > 2S$,如图 4.79 所示。若 $H < 2S$,则必须切工艺槽,或先留出适当的余量以增加弯曲边高度,弯曲好后再加工去掉。

③弯曲带孔件时,孔的边缘距弯曲中心应有一定的距离,以免孔发生变形。如图 4.80 所示,L 应大于 $(1.5 \sim 2)S$。当 L 过小时,可在弯曲线上冲工艺孔,如对零件孔的精度要求较高,则应弯曲后再冲孔。

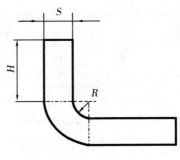

图 4.79　弯曲边高

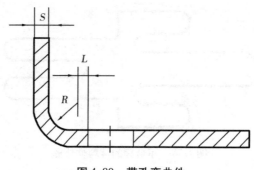

图 4.80　带孔弯曲件

（3）对拉深件的要求

①拉深件的外形应简单、对称，且不宜太高，以便减少拉深次数，更易于成形。

②拉深件的圆角半径不能过小，如图 4.81 所示，否则将会增加拉深次数和校正工序。

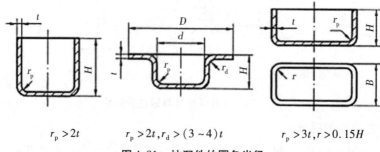

$$r_\mathrm{p} > 2t \qquad r_\mathrm{p} > 2t, r_\mathrm{d} > (3 \sim 4)t \qquad r_\mathrm{p} > 3t, r > 0.15H$$

图 4.81　拉深件的圆角半径

③拉深件的壁厚减薄量一般不应超出拉深工艺壁厚变化的规律（最大变薄率为10% ~ 18%）。

4.5.2.2　冲压件的结构

（1）采用冲焊结构，以简化冲压工艺，降低生产成本。对于形状复杂的冲压件，可先分别冲制若干个简单件，然后再焊成整件，如图 4.82 所示。

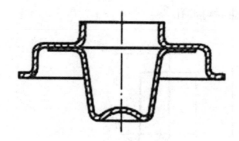

图 4.82　冲压 - 焊接结构零件

（2）采用冲口工艺，以减少组合件数量。如图 4.83 所示零件，原采用三个件铆接或焊接组合，现采用冲口工艺（冲口、弯曲）制成整体零件，可节约材料，简化工艺过程。

图 4.83 冲口工艺应用

(3)在不改变零件使用性能的前提下,拉深件应尽量简化结构,以减少工序,节约材料,降低成本。如图 4.84 所示的消音器后盖零件,原结构设计需要八道冲压工序才能完成,改进后只需要两道冲压工序,且材料消耗降低 50% 。

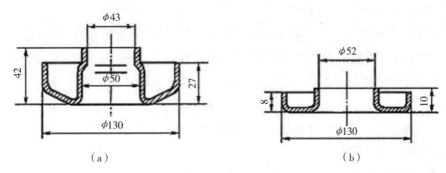

（a） （b）

图 4.84 消音器后盖零件结构

4.5.2.3 冲压件的厚度

在材料强度、刚度允许的条件下,应尽量采用较薄的材料来制造零件,以减少金属材料的消耗。对于局部刚度不足的地方,可采用增设加强筋等措施,以实现薄板材料替代厚板材料,如图 4.85 所示。

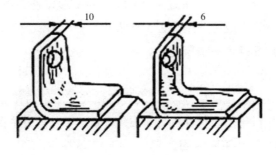

（a）无加强筋 （b）有加强筋

图 4.85 带加强筋的冲压件

4.6 塑性成形技术新进展

4.6.1 少无切削成形

4.6.1.1 精密模锻

精密模锻简称精锻,它是在普通锻造基础上发展起来的一种先进制造工艺,多用于生产形状复杂的高精度锻件。因其锻造温度较低,又称为温模锻。

精密模锻的工艺过程是:先将原始坯料用普通模锻工艺制成中间坯料,然后对中间坯料进行严格清理,去除表面氧化皮等缺陷,最后采用无氧化或少氧化加热法,在高精度锻模中进行精锻。

精密模锻具有以下工艺特点:

(1)要求高质量的毛坯。为减小锻件尺寸偏差,提高锻件精度,应选择合理的成形工艺,精确计算原始坯料尺寸,严格按照坯料下料。

(2)需仔细清理坯料表面,去除坯料表面氧化皮等缺陷。

(3)采用无氧化或少氧化加热法,以提高锻件尺寸精度和表面质量。

(4)为保证锻件获得清晰的轮廓,精锻模腔精度必须很高,一般要比锻件精度高两级,且模腔中应开设排气孔。

(5)模锻时应保证具有良好的润滑和冷却锻模的条件。

(6)精密模锻一般在刚度大、精度高的压力机或高速锤上进行,且应有顶件装置。

4.6.1.2 超塑性成形

超塑性是指金属或合金在特定条件下,即低的变形速率($\varepsilon = 10^{-2} \sim 10^{-4} \mathrm{~s^{-1}}$)、一定的变形温度(约为熔点绝对温度的一半)和均匀的细晶粒度(晶粒平均直径为 $0.2 \sim 5 ~\mu\mathrm{m}$)条件下,其相对伸长率($\delta$)超过100%以上的变形特性。由于该工艺下材料变形抗力小,金属极易成形,故可采用多种工艺方法生产出形状复杂的零件,从而为制造少无切削加工的零件开辟了一条新途径。

(1)板料冲压成形

采用锌铝合金等超塑性材料,可以一次拉深较大变形量的杯形件,而且质量很好,无制耳产生。通常板料超塑性拉深的深冲比(H/d_0)可为普通拉深的 15 倍左右。图 4.86 为超塑性板料拉深成形示意图。

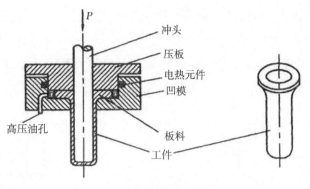

图4.86　超塑性板料拉深

（2）板料气压成形

板料气压成形是指将具有超塑性特性的金属板料放于模具之中,加热到指定温度,向模具内吹入压缩空气或抽出模具内空气形成负压状态,使板料沿凸模或凹模变形,从而获得所需形状工件的方法,如图4.87所示。该方法能够加工的板料厚度为0.4～4 mm。

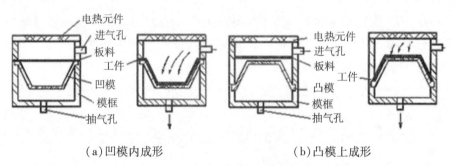

（a）凹模内成形　　　　　　　　（b）凸模上成形

图4.87　板料气压成形

（3）超塑性模锻或挤压

常温下高温合金及钛合金塑性差,变形抗力大,因不均匀变形引起各向异性的敏感性强。若在超塑性状态下进行模锻或挤压,可克服难成形的缺点,大幅提高金属的塑性,从而节约材料,降低成本。如超塑性模锻成形的叶片,叶面可不需要其他加工直接作为零件使用;利用金属的超塑性能使形状复杂、薄壁、高肋的锻件在一次模锻中锻成,且锻件尺寸精度高、机械加工余量小,晶粒组织均匀、细小,力学性能良好。

4.6.2　液态模锻

液态模锻又称挤压铸造、连铸连锻,是将液态金属直接浇入金属型内,以一定压力作用于液态（或半液态）金属并保压,金属在压力下结晶并产生局部塑性变形,从而获得毛坯或零件的加工方法。液态模锻实际上是铸造加锻造的组合工艺,它是在研究压力铸造的基础上逐步发展起来的,兼有铸造工艺简单、成本低、锻造产品性能好、质量可靠等优点。对于生产形状较复杂的工件,同时在性能上又有一定要求时,液态模锻更能发挥其优越性。

液态模锻工艺流程如图4.88所示,主要包括金属液和模具的准备、浇注、合模加压以及脱模取件等工序。

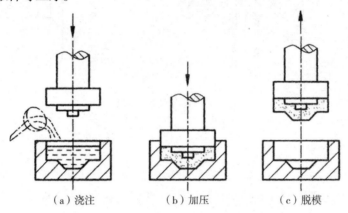

（a）浇注　　　　　（b）加压　　　　　（c）脱模

图4.88　液态模锻工艺流程示意图

液态模锻工艺具有以下特点:

(1)成形过程中,液态金属一直承受等静压作用,金属在压力下完成结晶凝固。

(2)已凝固金属在压力作用下产生塑性变形,使零件外表面紧贴模腔,可确保获得的产品尺寸精确。

(3)在压力作用下,液态金属凝固过程中能得到强制补缩,可获得比传统压铸件更加致密的组织。

(4)金属成形能力高于固态金属热模锻,适用于生产形状复杂的锻件。

4.6.3　半固态成形

半固态成形技术(Semi-solid forming, SSF)是20世纪70年代由美国麻省理工学院Flemings教授等人根据球状非枝晶的奇异特性而研究开发出来的。近年来,因其具有突出的强化效果而备受关注,成为各国学者研究的热点之一,被誉为21世纪最具发展前景的现代加工新技术。

半固态成形是指利用在固-液态区间获得一种液态金属母液中均匀悬浮着一定固相组分(50%~60%)合金的混合浆料进行加工成形的方法。半固态成形技术主要包括两种工艺:一种是将经搅拌获得的半固态金属浆料在保持其半固态温度的条件下直接进行半固态成形,称为流变铸造;另一种是将半固态浆料冷却凝固成坯料后,根据产品尺寸下料,再重新加热到半固态温度进行成形加工,称为触变成形,分别如图4.89所示。实际生产中,主要采用后一种工艺。

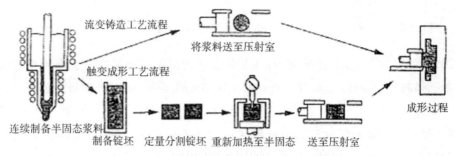

图 4.89　半固态成形技术工艺路线示意图

与普通加工方法相比,半固态成形具有以下优点:

(1)应用范围广:凡具有固 - 液两相区的合金均可实现半固态成形,可适用于多种成形工艺,如铸造、挤压、锻压和焊接等,并可进行材料的复合成形。

(2)流动应力比固态金属低:半固态浆料具有流变性和触变性,变形抗力较小,可以更高的速度进行形状复杂件的高速成形,因此可缩短加工周期,提高材料利用率,有利于节能节材,易于实现机械化和自动化。

(3)零件精度高、性能好:半固态成形件表面平整光滑,尺寸精度高,几乎是近净成形。同时,铸件内部组织致密,晶粒细小,内部气孔、偏析等缺陷少,力学性能好,可接近或达到变形材料的性能。

半固态成形技术对于铝、镁、锌、铜、镍等具有较宽液 - 固共存区的合金体系均适用,尤其是低熔点的铝、镁最为合适。目前,铝合金及镁合金利用半固态加工技术大批量生产的零部件已广泛应用于汽车工业、家用电器等行业,在航空、航天以及国防工业领域的应用也具有广阔的前景。

4.6.4　大塑性变形

大塑性变形(Severe plastic deformation, SPD)是近年来国内外新兴的一种新型先进塑性加工技术,具有工艺设备简单、细晶强化效果好、适用范围广以及材料致密纯净等优点,目前已在纯金属、合金、金属间化合物等块体超细晶乃至纳米晶结构材料的制备过程中得到了广泛应用,被公认为是获得高性能块体超细晶材料的最有效的方法之一。

随着人们对金属材料在高压和剧烈变形状态下行为认识和研究的不断深入,近年来 SPD 基础理论与相关技术得到了快速的发展。与传统金属塑性加工方法(如挤压、轧制、锻造等)不同的是,大塑性变形法可在不改变变形材料形状和尺寸的前提下,利用外力作用下的剧烈纯剪切塑性变形,使得常规粗晶材料在较低的变形温度和较高的静水压力下获得更大的塑性应变量,进而实现理想的晶粒细化效果。

常见的大塑性变形法主要包括等通道转角挤压、高压扭转、挤扭、反复折皱 - 压直、多向锻造以及累积叠轧技术等。

4.6.4.1 等通道转角挤压(Equal channel angular pressing, ECAP)

20 世纪 70 年代初期,科学家 Segal 及其合作者最早提出并研究了获得纯剪切变形的等通道转角挤压技术,其工艺原理如图 4.90(a)所示。ECAP 模具包含两个以一定角度相互交截的等截面通道,图中 ϕ 和 ψ 分别称为模具的内角和外角。ECAP 变形时,将与模具内壁紧密配合且润滑良好的试样放入模具入口通道,在外力 P 的作用下,试样经过两通道的交截处,发生近似理想的纯剪切变形,最终由模具出口通道被挤出。由于 ECAP 变形过程中,试样横截面的形状和尺寸均不发生变化,故可通过反复多道次挤压,使试样获得极大的累积应变量,进而将材料晶粒尺寸细化至亚微米甚至纳米级水平。

4.6.4.2 高压扭转(High pressing torsion, HPT)

20 世纪 40 年代,Bridgman 教授首次提出了高压扭转法,即在试样轴向施加压力的同时使之受到一个周向的扭矩作用,其原理如图 4.90(b)所示。20 世纪 80 年代末,Valiev 等人对该技术进一步改进,并将其应用于大塑性变形后组织结构演化的研究中。HPT 变形过程中,在对置于模具内的原始试样(块体或粉末)施加数个 GPa 压力的同时使下模发生转动,利用主动摩擦作用在其横截面上产生扭矩,使试样在类似三向静水压力条件下发生轴向压缩和切向剪切变形,可将材料晶粒尺寸均匀细化至纳米级水平。目前,该技术已在多种超细晶金属材料的制备过程中得到了成功应用。

4.6.4.3 挤扭(Twist extrusion, TE)

挤扭工艺最早由乌克兰 BeygelzimerYan 教授等人在 1999 年提出,并在 2004 年首次将其应用于细化材料组织,其原理如图 4.90(c)所示。TE 变形时,具有非圆形截面的试样通过一带有螺旋通道的模具后最终被挤出,而变形前后材料的横截面尺寸和形状均不发生变化。因此,可利用多道次重复变形,以累积更大的塑性应变来改善材料微观组织,进而提高其力学性能。

挤扭变形存在四个主要变形区:位于模具螺旋通道首尾两端的变形区 1 和变形区 2,占据试样横截面大部分区域的变形区 3 以及位于变形试样横截面边缘部位的变形区 4。变形过程中,材料受到挤压的同时发生扭转剪切变形,内部产生很大的应变梯度,试样横截面和纵截面上将同时发生剧烈剪切变形。

4.6.4.4 反复折皱-压直(Receptitive corrugation and straightening, RCS)

反复折皱-压直是指在不改变试样横截面形状的条件下,使试样经过多次反复折皱、压直后获得较大累积应变的大塑性变形方法,其工艺原理如图 4.90(d)所示。

4.6.4.5　多向锻造(Multi – directional forging, MF)

多向锻造是由俄罗斯科学家 Salishchev 等人在 20 世纪 90 年代首次提出的一种块状试样加工成形方法,其实质为一种改进的自由锻工艺。在多向锻造过程中,试样沿三个不同的方向不断旋转,可实现块体材料的反复压缩和拉伸,使其在各个方向上变形程度差异性减小且累积变形量增大,其工艺原理如图 4.90(e) 所示。试样经反复多次变形后,可实现细化材料晶粒和改善组织性能的目的。多向锻造具有工艺简单、成本低廉、操作灵活、设备通用性强、变形均匀等优点,发展潜力巨大,有望直接应用于工业生产。

4.6.4.6　累积叠轧技术(Accumulative roll bonding, ARB)

日本学者 Satio 等人在 20 世纪 90 年代提出了累积叠轧的方法,用于制备纳米结构材料,其工艺原理如图 4.90(f) 所示。累积叠轧的工艺过程如下:首先,将表面处理过的原始板材双层叠合后进行轧制,压下量为 50% ,轧制后试样厚度与母材相当。随后,将轧制后的试样从中间对称切开,重新叠合并轧制,以此类推,重复上述工艺过程。目前,国内外学者利用该工艺已成功实现了铜、铝、镁、钛及其合金等同种金属材料的复合以及铝 – 镍、铝 – 镁、铜 – 锆等异种金属材料的复合。

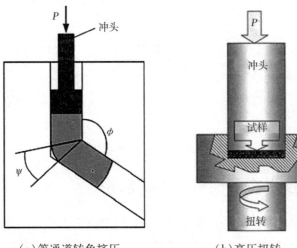

(a)等通道转角挤压　　　　　　(b)高压扭转

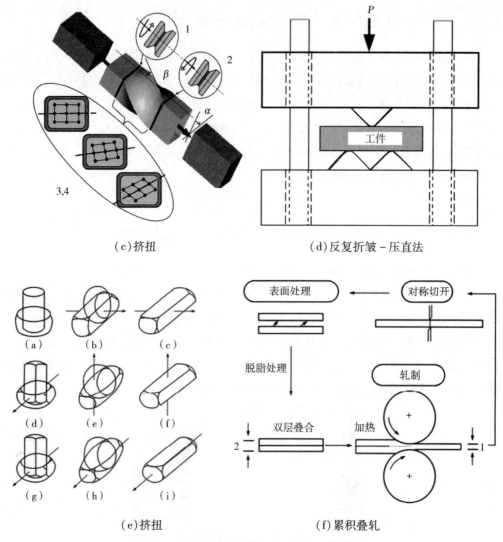

（c）挤扭 　　　　　　　　　　　　（d）反复折皱－压直法

（e）挤扭 　　　　　　　　　　　　（f）累积叠轧

图 4.90　常见的大塑性变形工艺原理示意图

4.6.5　计算机技术在塑性成形中的应用

近年来,随着计算机技术的迅速发展,CAD/CAE/CAM 技术在塑性成形领域得到了广泛应用,在推动塑性加工的自动化、智能化以及现代化进程等方面发挥了重要作用。

4.6.5.1　模具 CAD/CAM 技术

采用 CAD/CAM 技术在加工中心完成产品与模具的制造,可有效缩短产品开发周期,提高产品设计质量,降低设计和制造成本。例如,在锻造生产中,可利用 CAD/CAM 技术进行锻件及锻模结构设计、材料选择、坯料计算、制坯工序、模锻工序及辅助工序设计、锻造设备选择以及锻模加工等一系列工作;在板料冲压成形中,采用CAD/CAM技术不仅可以实现冲模设计和冲裁件加工自动化,大幅度提高生产效率,对于大型复杂冲裁件,还省去了复杂的模具制造过程,从而大大降低了产品成本。

4.6.5.2　工程优化设计专家系统

借助于专家系统进行的基于知识的工程设计和逆向设计技术,是数字化产品设计的主要支撑技术。逆向设计技术是以实物模型为依据,利用数字化测量技术获取物体表面的空间数据,再利用CAD技术反向生成数字化的几何模型的设计方法。利用逆向工程技术获得产品设计数据,通过智能化、集成化的产品设计实现制造过程中的信息交换,可以进行快速成形制造或利用CAD/CAM系统完成产品的制造。

4.6.5.3　塑性成形过程数值模拟

塑性成形过程机理复杂,影响因素众多。利用计算机模拟技术对金属塑性成形过程进行实时跟踪描述,可以直观、深入地揭示金属流动规律和变形特点,分析各因素对材料变形行为的影响,获取成形过程中变形体和模具内部各种场(如应变场、应力场、温度场等)的分布变化特征,计算变形所需载荷和能量,并对变形过程中出现的缺陷进行分析和预测,进而有效控制产品质量。例如,在汽车覆盖件生产中利用CAE技术(其核心内容是有限元分析模拟)对CAD系统设计的覆盖件及其成形模具进行覆盖件冲压成形过程模拟预测,随后将模拟计算得到的数据反馈给CAD系统进行模具参数优化,最后送交CAM系统完成模具制造,可省去传统工艺中反复多次、繁杂的试模、修模过程,大大节约了生产加工成本,缩短了汽车覆盖件生产乃至整个汽车改型换代的时间,有效提高了产品的市场竞争力。

第5章 金属塑性成形有限元基础

5.1 有限元法概述

5.1.1 有限元法的一般概念

有限元法是求解数理方程的一种离散化的数值计算方法。针对结构分析问题,其理论基础是能量原理。能量原理表明,在外力作用下,弹性体的变形、应力和外力之间的关系受能量原理的支配,能量原理与微分方程和定解条件是等价的。

5.1.1.1 有限元法的基本思想

有限元法的基本思想是"数值近似"与"离散化",首先将连续的求解域离散到通过节点相互联系的有限个单元,再将常用的理想化假定和力学控制方程施加于结构内部的每一个单元,通过单元分析组装获得包含未知参数的结构总刚度方程,求出各个节点的未知参数,再利用插值函数求出"数值近似"的解。

5.1.1.2 有限元法的常用术语

(1)有限:指所划分的单元不同于微积分学中的无穷小微元。

(2)单元:指区域离散化后结构的一个小片。每一个独立的单元内部仅有单个简单场量的空间变化,因此,FEM 提供的仅是数值近似解。

(3)节点:即单元的连接点,为单元几何体的端点、顶点或特定点。单元在节点处相连,并在节点上共享场量值。

(4)网格:有限个离散单元通过节点连接组装成整体求解域。

(5)结构:指单元的集合,即离散化的区域。

(6)区域:指受物理定律支配的连续范围。函数的边界条件是变量取边界值时的函数值。

(7)节点的自由度:指节点上变量的个数。

5.1.1.3 有限元法问题归类

有限元法根据研究对象的材料特性分为线性问题与非线性问题两大类。

基于小变形假设,采用理想线性模型,材料应力与应变呈线性关系,满足胡克定律,属于线性有限元问题,通常包括线性静力学与线性动力学两类。

而工程实际问题通常属于非线性问题,相比线性问题存在以下不同:

(1)通常需要迭代法计算非线性方程;

(2)叠加原理通常不适用于非线性问题的求解;

(3)非线性问题不确定有解。

三种主要非线性问题:①材料非线性问题,基于小应力与小应变前提,且材料应力与应变非线性,而应变与位移呈线性关系。②几何非线性问题,位移之间呈非线性关系,主要有大位移大应变与大位移小应变两种。③边界非线性问题,在加工、密封或撞击等问题中存在的接触与摩擦作用。工程实际非线性问题通常是上述非线性问题的叠加。

5.1.2 有限元法的理论基础

变分原理与加权余量法是有限元法的理论基础,离散化后的有限个单元通过节点组装,以求解函数插值形式构建线性表达式,借助变分原理或加权余量法进行求解。

5.1.2.1 加权余量法

基于微分方程与边界条件,通过强迫余量加权积分为零,直接求解边值问题的近似解,称为加权余量法。

假设问题的控制微分方程为:

$$L(u) - f = 0 (在 V 域内) \tag{5-1}$$

$$B(u) - g = 0 (在 S 边界上) \tag{5-2}$$

式中,L、B 分别为微分方程和边界条件中的微分算子;f、g 分别为与未知函数 u 无关的已知函数域值;u 为待求的未知函数。

假设试函数 $u\%$:

$$u\% = \sum_{i=1}^{n} C_i N_i = NC \tag{5-3}$$

式中,C_i 为广义坐标;N_i 为取自完备函数集的线性无关的基函数。

由于 $u\%$ 通常只作为待求函数 u 的近似解,因此,将式(5-3)代入式(5-1)及式(5-2)后,将得不到满足。若记:

$$\begin{cases} R_I = L(u\%) - f(\text{在 } V \text{ 域内}) \\ R_B = B(u\%) - g(\text{在 } S \text{ 边界上}) \end{cases} \quad (5-4)$$

式中,R_I 与 R_B 分别为内部余量与边界余量,是近似解与真实解的偏差。

假设将内部权函数 W_I、边界权函数 W_B 分别引入 V 域内、S 边界上,建立 n 个消除余量的关系式:

$$\int_V W_{Ii} R_I dV + \int_S W_{Bi} R_B dS = 0 \ (i = 1,2,L,n) \quad (5-5)$$

内部权函数 W_{Ii}、边界权函数 W_{Bi} 反映出不同的消除余量准则,从式(5-4)可得到求解待定系数矩阵 C 的代数方程组。求出待定系数后,通过式(5-3)可以求出边值问题的近似解。

由于试函数 $u\%$ 的不同,依据加权余量法分类,余量 R_I 与 R_B 可分为以下三种情况:

(1)内部法:试函数满足边界条件,即 $R_B = B(u\%) - g = 0$,此时式(5-4)消除余量的条件可作如下简化:

$$\int_V W_{Ii} R_I dV = 0 \ (i = 1,2,L,n) \quad (5-6)$$

(2)边界法:试函数满足控制方程,即 $R_I = L(u\%) - f = 0$,此时式(5-4)消除余量的条件可作如下简化:

$$\int_S W_{Bi} R_B dS = 0 \ (i = 1,2,L,n) \quad (5-7)$$

(3)混合法:当试函数不能同时满足边界条件与控制方程时,消除余量的条件仍为式(5-5)。

5.1.2.2 虚功原理

虚功原理是基于能量守恒定律,获得结构变化前后能量分布的方法,包括虚位移原理和虚应力原理。虚位移原理对应平衡方程、力边界条件,而虚应力原理对应几何方程、位移边界条件,均以等效积分弱形式出现。

虚位移原理的力学意义:假设力系平衡,其在虚位移与虚应变做功之和归零,反之亦然。虚应力原理的力学意义:假设位移协调,虚应力与虚边界约束反力做功之和归零,反之亦然。值得注意的是,虚位移原理与虚应力原理都是基于小变形假设的力学问题,并不适用于大变形力学问题。

5.1.2.3 最小势能原理

最小势能原理基于弹性力学问题,通常针对位移场,总势能取最小值,其数学描述为总势能一阶变分为零,而二阶变分正定。在平衡系统内部,其求解是在满足几何方

程与位移边界条件基础上,体系势能取最小值,即:

$$\frac{\partial \Pi}{\partial u_i} = \frac{\partial}{\partial u_i} \sum_{e=1}^{n} \Lambda^{(e)} - \frac{\partial}{\partial u_i} \sum_{i=1}^{m} F_i u_i = 0 \ (i = 1, 2, 3, \cdots, n) \tag{5-8}$$

5.1.3　有限元法的求解步骤

结构问题通常基于位移法或刚度法,假定节点位移为问题未知量,利用平衡方程、力与位移之间的关系,通过位移表达协调控制方程。有限元法的求解关键步骤如下。

5.1.3.1　连续介质的离散化

对整个连续体结构进行离散化,将其分割成若干个单元,单元为三边形、四边形等不同几何形状,单元间彼此通过节点相连,利用单元求解场变量。离散化需考虑:(1)单元的基本类型(一维、二维、三维单元);(2)单元类型的选取需要从物理问题本身出发,复杂问题需多类型组合;(3)单元尺寸需综合考虑收敛性与计算精度;(4)单元节点通常均匀间距设置;(5)单元数量需综合考虑计算时间与精度;(6)计算区域需重复利用对称性等有利条件;(7)节点编码方案合理有序。

5.1.3.2　选择位移函数

连续体离散成有限数量的单元,目的是针对单个单元进行力学分析,将单元内节点位移分量表示成坐标的某种函数,借助虚功方程导出单元节点力和节点位移之间的关系,获得每个单元内场变量的变化,此类函数被称为位移函数。

5.1.3.3　建立单元刚度矩阵

有限元法的核心是建立单元刚度矩阵,基于单元刚度矩阵并进行适当组合,获得平衡方程组并进行迭代运算,完成求解。通过直接法、变分法或加权余量法,可根据所选位移函数建立单元模型和矩阵方程。

建立整体结构有限元求解方程的关键是整体刚度矩阵的集成。整体刚度矩阵一般按整体编码排列,每一个节点占据一个编码,但每个节点上的位移通常都不止一个方向。一般是将整体刚度矩阵写作以节点为单位的子块形式。整体刚度矩阵是单元刚度矩阵的有序集合,通常采用刚度集成法或直接刚度法来集成整体结构的刚度矩阵。

单元刚度矩阵表示单元抵抗变形的能力,而刚度系数则表明产生单位位移时所需力的大小。整体刚度矩阵中每个元素的物理意义是使弹性体的某一节点自由度发生单位位移,而其他节点的自由度都保持在零位移的状态下,所有节点需要施加的节点力。整体刚度矩阵具有以下性质:(1)整体刚度矩阵是对称矩阵;(2)整体刚度的主对角线上的单元总是正的;(3)整体刚度矩阵是一个稀疏矩阵;(4)整体刚度矩阵是一个奇异阵,不存在逆矩阵。

5.2 弹塑性有限元法

5.2.1 非线性问题

线性问题需要假定同时满足:(1)应力应变线性关系;(2)结构位移很小(结构变形远小于物体的几何尺寸);(3)加载时边界条件的性质不变($Kq = P$)。如果不能满足任一上述条件,则称为非线性问题。

线性问题一般基于理想化假定条件,实际工程问题中绝大多数问题属于非线性问题。

5.2.1.1 非线性问题的有限元求解方法

非线性问题的主要特征是变化的结构刚度,即 $K(q)q = P$,其求解方法主要有三种:直接迭代法、Newton – Raphson 迭代法和修正的 Newton – Raphson 迭代法。增量法是通过追踪加载过程中应力与变形的演变历史整体求解非线性问题,而单个增量步一般需要 Newton – Raphson 迭代求解。其主要步骤为:(1)分段处理总的外力载荷;(2)对每段载荷迭代至收敛;(3)所有载荷段循环,并将结果进行累加。

5.2.1.2 材料非线性问题及分类

由于材料应力应变非线性关系引起的材料非线性问题,根据时间问题可以分为两类:(1)不依赖时间的弹、塑性问题,包括非线性弹性(如橡胶材料等)、弹塑性问题(如冲压成形等);(2)依赖于时间的黏(弹、塑)性问题,包括蠕变(载荷不变,变形随时间继续变化)、松弛(变形不变,应力随时间衰减)。

(1)一维单轴应力状态下弹塑性材料行为。简单拉深情况下,材料的应力应变行为处于单轴应力状态。(2)一般三维应力状态下弹塑性材料行为。①屈服准则:基于单向受力条件,当应力达到材料屈服强度则材料发生塑性变形。②硬化法则:规定材料进入塑性变形后的后继屈服函数,进一步可分为各向同性硬化、运动硬化与混合硬化。(3)流动法则:用以确定在弹塑性变形加载过程中产生的塑性应变增量的方向,确定各塑性应变增量分量之间的比例关系。(4)加载与卸载准则:是在材料发生塑性变形后加载或卸载的判据,分为理想塑性材料的加载卸载准则和强化材料的加载卸载准则。

5.2.1.3 几何非线性问题及分类

当挠度大得足以使结构的位移发生大的变化时,称为几何非线性,通常由大位移、大转动引起。几何非线性问题主要有两类:(1)大位移、大转动、小应变问题(板壳的大挠度和后屈曲);(2)大位移、大转动、大应变问题(薄板成形、弹性材料的受力)。

相对于几何非线性,线性属于小变形假设,假定物体发生的位移远小于物体本身的几何尺寸,应变远小于1。此时建立平衡方程,无须考虑物体位置和形状的变化。而几何非线性是物体发生有限变形,处于大位移、大转动等情况。建立平衡方程时必须考虑物体位置和形状的变化。

5.2.2 弹塑性有限元法的本构关系

弹塑性变形是金属塑性成形过程中普遍存在的变形行为。应力与应变的关系有各种不同的近似表达式和简化式。基于普兰特尔–罗伊斯假设与密赛斯屈服准则:外作用力转化为材料内等效应力,当未达到屈服极限时,处于弹性状态;当达到屈服极限时,则处于塑性变形状态,弹塑性矩阵包括弹性变形和塑性变形两个方面:

$$\mathrm{d}\{\varepsilon\} = \mathrm{d}\{\varepsilon\}_e + \mathrm{d}\{\varepsilon\}_p \tag{5-9}$$

式中,e、p 分别为弹、塑性状态。

(1)弹性变形阶段

等效应力未达到屈服极限,材料应力与应变呈线性关系,且应变与加载历史无关,仅由最终应力状态决定,同时应力与应变一一对应,本构关系的全量形式写成矩阵形式:

$$\{\sigma\} = [D]_e\{\varepsilon\} \tag{5-10}$$

式中,$[D]_e$ 为弹性矩阵。

(2)弹塑性变形阶段

当等效应力达到屈服极限,材料应力与应变关系由弹塑性矩阵 $[D]_{ep}$ 决定:

$$\{\sigma\} = [D]_{ep}\{\varepsilon\} \tag{5-11}$$

塑性应变与应力的关系基于增量理论或塑性流动理论,表示塑性形变增量与应力、应力增量的关系;而形变理论或全量理论则表示塑性应变本身与应力间的关系。

因此,基于弹塑性设计方法,可使结构整体处于弹性状态,并允许局部结构进入塑性状态,在保证高的总体性能与安全可靠的前提下,可以发挥材料潜能,减少材料用量。

应力与应变之间的关系是否满足广义胡克定律,是弹性力学与塑性力学的根本区别所在。通常,在塑性力学范围中,应力与应变之间呈非线性关系,并且这种非线性特征与所研究的具体材料特性高度相关,对于不同的材料与条件,具有不同的变化规律。

5.2.3 弹塑性有限元法的求解方法

对于弹塑性有限元分析,材料发生塑性变形,应力应变不再保持线性关系,且式(5-11)给出的本构方程中,弹塑性矩阵$[D]_{ep}$包含应力。因此,通常需要简化假设来实现近似求解的目的。

5.2.3.1 变刚度法

应力与应变关系分两个阶段,当等效应力达到屈服极限后,应力与应变进入非线性关系,具体可以表示为:

$$\mathrm{d}\{\sigma\} = [D]_{ep}\mathrm{d}\{\varepsilon\} \tag{5-12}$$

弹塑性矩阵$[D]_{ep}$中含有应力,它是加载过程的函数,应力与加载过程有关。直接求解弹塑性矩阵$[D]_{ep}$是困难的,通常采用增量形式来近似代替微分形式,这样使求解成为可能。计算过程中,由于$[D]_{ep}$在$\Delta\{\sigma\}$范围内变化不大,因此,可以假设其在每一个加载步中均是一个常数,同时取当前加载步之前的应力状态近似计算$[D]_{ep}$:

$$\Delta\{\sigma\} = [D]_{ep}\Delta\{\varepsilon\} \tag{5-13}$$

同一连续求解域内,不仅各点之间的应力状态不同,各个区域之间的应力状态也不尽相同,等效应力是逐渐达到屈服极限的,即进入塑性(弹塑性)状态是一个变化的过程。在变形体中,各单元的应力和应变状态是不一样的,同时加载又是变化的,且各有各的变化规律。

根据所处状态不同,变形体内的单元有三种:(1)弹性单元;(2)塑性单元;(3)过渡单元。不同的单元类型具有不同的本构关系和刚度矩阵。

对于整体来说,可用下列关系式表示:

$$[K] = \sum_{i=1}^{n_1}[k]_i^e + \sum_{j=1}^{n_2}[k]_j^{ep} + \sum_{m=1}^{n_3}[k]_m^g \tag{5-14}$$

式中,$[K]$为整体刚度矩阵;n_1、n_2与n_3分别为弹性、塑性与过渡单元的数目;$[k]^e$、$[k]^{ep}$与$[k]^g$分别为弹性、塑性与过渡单元的刚度矩阵。

采用不同的加载方法,过渡单元的处理也不同,下面介绍三种常用的加载方法。

(1)定加载法

定加载法又称等量加载法,其每次的加载量是预先给定的。定量加载法的加载量一般较大,由于每次加载量较大,每次加载中由弹性单元转变为弹塑性单元的过渡单元较多。过渡单元在加载步中达到屈服,过渡区单元刚度矩阵可以表示为:

$$[k]^g = m[k]^e + (1-m)[k]^{ep} \tag{5-15}$$

式中,m为加权系数,$0 \le m \le 1$。$m = \dfrac{\text{为了使单元屈服所需施加的载荷增量值}}{\text{本次施加的载荷增量值}} =$

$\dfrac{\text{单元达到屈服所需的等效应变增量}}{\text{本次加载产生的等效应变增量}}$。$m$ 的取值需要通过迭代来逼近,收敛性一般都很好,只需进行 $2 \sim 3$ 次迭代即可达到满意的精确度。

（2）变加载法

变加载法亦被称作 r 因子法。基于变加载法,每次变化的加载量都由计算结果确定。

其计算过程如下,基于预加载的一个单位载荷增量,求得相应的等效应力增加量,进一步求出各弹性单元,循环迭代,以屈服为收敛判据。

弹性单元的加载因子 r 可由以下表达式求得:

$$r_{(i)} = \frac{(\sigma_s - \bar{\sigma}_{n-1}^{(i)})}{(\bar{\sigma}_n^{(i)} - \bar{\sigma}_{n-1}^{(i)})} \tag{5-16}$$

式中,$\bar{\sigma}_{n-1}^{(i)}$ 为 i 单元前次加载后的等效应力;$\bar{\sigma}_n^{(i)}$ 为 i 单元本次施加单位载荷增量后的等效应力;$r_{(i)}$ 为 i 单元达到屈服所需施加单位加载量的倍数。

采用变加载法进行处理,能保证每次加载后弹性单元中等效应力的最大者正好达到屈服。在下一次加载中,该单元按弹塑性单元处理。变加载法能够避免在每个加载步中单元由弹性转变为弹塑性所需要迭代计算 m 因子的过程,并且能保证足够高的计算精度。

为了提高计算效率,常假设单元的等效应力接近屈服极限时,由弹性单元转变为弹塑性单元。一般可取单元等效应力 $\bar{\sigma} \geqslant 0.99\sigma_s$,在下一次施加载荷增量的计算中,该单元就按弹塑性单元处理。

（3）位移法

常见压力加工方法如自由锻等,通常以位移为控制量,变化的载荷仅作参考。假设工具为刚性体,在工具与工件的接触面上,各节点的位移相同,而接触面上的压力分布是未知的。因此,必须提前处理接触面上与节点相关的方程。针对此类问题,通常假设接触表面上有一个已知的轴向位移增量,基于该已知位移增量可求出各单元的应力与应变增量。按每次增加的位移增量是否相同,分为定位移增量法（每次施加相同的位移增量,计算各单元的应变与应力增量,通过应力增量累加获得的全应力计算等效应力）和变位移增量法（每次施加的位移增量是变化的,由计算结果得到）。

5.2.3.2　初载荷法

初载荷法是在处理塑性变形问题时,将塑性变形部分等同为初应力或初应变,按弹性问题求解。

处理弹性问题时,当单元中存在初应变 $\{\varepsilon\}$,则应力与应变关系表达如下:

$$\{\sigma\} = [D]_e(\{\varepsilon\} - \{\varepsilon_0\}) \tag{5-17}$$

$$\{\sigma\} = [D]_e\{\varepsilon\} + \{\sigma_0\} \tag{5-18}$$

当具有初应变的变形能可以表示为：

$$U = \frac{1}{2}\int_V \{\varepsilon\}^T[D]\varepsilon\mathrm{d}V - \int_V \{\varepsilon\}^T[D]_e\varepsilon_0\mathrm{d}V \tag{5-19}$$

$$U = \frac{1}{2}\int_V \{\varepsilon\}^T[D]\varepsilon\mathrm{d}V - \int_V \{\varepsilon\}^T\sigma_0\mathrm{d}V \tag{5-20}$$

通过变分可得到初载荷时的有限元公式为：

$$[K]\{\delta\} = \{P\} + \{R\} \tag{5-21}$$

因此，相比没有初应变或无初应力的情况，其基本方程增加一项$\{R\}$。$\{R\}$称为载荷向量，存在于基本方程中。载荷向量由初应变或初应力引起，而导出$\{R\}$的方法有初应力法和初应变法。

(1)初应力法

处理小位移的弹塑性问题，应力与应变关系可以表示为：

$$\mathrm{d}\{\sigma\} = ([D]_e - [D]_{ep})\mathrm{d}\{\varepsilon\} = [D]_e\mathrm{d}\{\varepsilon\} - [D]_{ep}\mathrm{d}\{\varepsilon\} \tag{5-22}$$

当单元应力达到屈服极限时，基于逐次加载法将问题线性化处理。当每次施加的载荷较小时，可将上述微分形式改写为增量形式，即：

$$\Delta\{\sigma\} = [D]_e\Delta\{\varepsilon\} - [D]_{ep}\Delta\{\varepsilon\} \tag{5-23}$$

根据前文所述，将塑性部分当成初始应力，即$\Delta\{\sigma_0\} = -D_p\Delta\{\varepsilon\}$，得：

$$\Delta\{\sigma\} = [D]_e\Delta\{\varepsilon\} + \Delta\{\sigma_0\} \tag{5-24}$$

因变形体的变形能等于外力作用在边界的能量：

$$\int_V U\mathrm{d}V = \int_S u^T P\mathrm{d}S \tag{5-25}$$

将式(5-20)代入上式得：

$$\left(\int_V [B]^T[D]_e[B]\mathrm{d}V\right)\{\delta\} = \{P\} - \int_V [B]^T\{\sigma_0\}\mathrm{d}V \tag{5-26}$$

改写为增量形式：

$$[K]\Delta\{\delta\} = \Delta\{P\} + \{R\} \tag{5-27}$$

式中，$[K] = \int_V [B]^T[D]_e[B]\mathrm{d}V$，$\{R\} = -\int_V [B]^T\{\sigma_0\}\mathrm{d}V = [B]^T[D]_p\Delta\{\varepsilon\}\mathrm{d}V$

过渡单元引入加权系数m，初载荷矢量为：

$$[R] = \int_V [B]^T[D]_p(1-m)\Delta\{\varepsilon\}\mathrm{d}V \tag{5-28}$$

当单元为弹性状态时，取$m=1$；当单元为塑性状态时，取$m=0$；过渡单元则取计算出的m值。

（2）初应变法

对于小位移弹塑性变形问题，应力与应变存在以下关系：

$$d\{\sigma\} = [D]_e(d\{\varepsilon\} - d\{\varepsilon\}_p) \tag{5-29}$$

按弹性变形问题初应变方法处理，将 $d\{\varepsilon\}_p$ 作为初应变，将其引起的初载荷添加到基本方程。由于基本方程仅引入弹性矩阵 $[D]_e$，刚度矩阵计算过程与弹性变形问题一致。

将塑性变形增量视为初始应变，则 $d\{\varepsilon_0\} = d\{\varepsilon\}_p$，有：

$$d\{\varepsilon\}_p = \frac{1}{H'}\frac{\partial \bar{\sigma}}{\partial\{\sigma\}}\left(\frac{\partial \bar{\sigma}}{\partial\{\sigma\}}\right)^T d\{\sigma\} \tag{5-30}$$

当变形足够小时，可以改写为增量形式：

$$\Delta\{\varepsilon\}_p = \frac{1}{H'}\frac{\partial \bar{\sigma}}{\partial\{\sigma\}}\left(\frac{\partial \bar{\sigma}}{\partial\{\sigma\}}\right)^T \Delta\{\sigma\} \tag{5-31}$$

$$[R] = \int_V [B]^T[D]_p(1-m)\Delta\{\varepsilon\}dV \tag{5-32}$$

利用式（5-27）、式（5-28）及式（5-31），可以改写为：

$$[R] = \int_V [B]^T[D]_e\Delta\{\varepsilon\}dV \tag{5-33}$$

因此，加载前的应力与加载时的应力增量都会对初载荷矢量产生影响，需要采用迭代法进行求解。

5.3　刚塑性有限元法

5.3.1　刚塑性有限元法基础

针对塑性变形远大于弹性变形的大变形问题，如体积成形过程的挤压、锻造等，弹塑性有限元法已无法适用，由此建立基于 Levy-Mises 率方程和米塞斯屈服准则的刚塑性有限元法。大变形问题中的几何非线性由节点速度积分来求解。基于变分原理的刚塑性有限元法，假定离散空间的任一速度场中，使泛函取驻值的速度场为真实的速度场。基于泛函取驻值速度场，通过小变形几何方程获得应变速率场，进一步由本构关系求解应力场。

基于刚塑性材料变分原理，主流的刚塑性有限元方法主要分以下三类：（1）拉格朗日乘子法（基于不完全广义变分原理）；（2）罚函数法（基于材料体积不变的基本假设）；（3）体积可压缩法（基于材料体积可变化的基本假设）。

刚塑性有限元法主要有三个方面的特点：（1）与弹塑性有限元法小增量步不同，

通过大增量步明显减少计算时间;(2)基于率方程,获得离散空间上速度的积分,无须再考虑应变与位移之间复杂的几何非线性问题;(3)可以适应复杂的结构形状、边界条件与材料特性。

塑性大变形问题需对变形体做刚塑性体的理想化假设:

(1)不计材料的弹性变形;

(2)材料的变形流动服从 Levy – Mises 流动法则;

(3)材料是均质各向同性体;

(4)材料满足体积不可压缩性;

(5)不计体积力与惯性力;

(6)加载面明确有刚性区与塑性区的界限。

5.3.2 理想刚塑性材料变分原理

5.3.2.1 刚塑性材料的边值问题

刚塑性边值问题具体描述如下:假设刚塑性体的体积为 V,表面积为 S,整体变形进入塑性变形状态,给定表面力 p_i 的 S_p 与给定速度 $\dot{u}_i^0$ 的 S_u 构成整个表面。由塑性方程和边界条件进行完整表达如下:

(1)平衡微分方程

$$\sigma_{ij,j} = 0 \qquad (5-34)$$

(2)几何方程

$$\dot{\varepsilon}_{ij} = \frac{1}{2}(u_{i,j} + u_{j,i}) \qquad (5-35)$$

(3)本构关系

$$\dot{\varepsilon}_{ij} = \dot{\lambda}\sigma'_{ij} \quad \lambda = \frac{3}{2}\frac{\dot{\bar{\varepsilon}}}{\bar{\sigma}} \qquad (5-36)$$

(4)米塞斯屈服条件

$$\frac{1}{2}\sigma_{ij}{}'\sigma_{ij}{}' = k^2 \qquad (5-37)$$

(5)体积不可压缩条件

$$\dot{\varepsilon}_v = \dot{\varepsilon}_{ij}\delta_{ij} = 0 \qquad (5-38)$$

(6)边界条件

①应力边界:

$$\sigma_{ij}n_j = p_i \ (S \in S_p) \qquad (5-39)$$

②速度边界条件:

$$\dot{u}_i = \dot{u}_i^0 \ (S \in S_u) \tag{5-40}$$

5.3.2.2　理想刚塑性材料的变分原理

针对刚塑性边值问题,当同时满足变形几何方程、体积不可压缩条件和边界位移速度条件时,称为第一变分原理,形成的速度场以泛函形式描述:

$$\Pi = \int_V \bar{\sigma} \, \dot{\bar{\varepsilon}}^* \, \mathrm{d}V - \int_{S_p} p_i \, \dot{u}_i^* \, \mathrm{d}S \tag{5-41}$$

取驻值(即一阶变分 $\delta\Pi$ 为零)的 $\dot{u}_i^*$ 为本问题的精确解。

第一变分原理是塑性力学极限分析中上限定理的另一种表达形式。它的物理意义是刚塑性变形体的总能耗率,泛函的第一项是塑性变形能耗散速率,第二项是外力所做的功。如同大部分金属塑性体积成形问题,当给定摩擦应力时,该泛函由塑性变形能和摩擦损失构成。

第一变分原理的意义在于,将刚塑性材料边值问题由塑性方程和边界条件的偏微分方程组表述转化为能量泛函对位移速度场的极值问题,极大提升了求解的可行性,获得速度场 $\dot{u}_i^*$ 的精确解后,基于几何方程可获得应变率场 $\dot{\varepsilon}_{ij}$,进一步通过本构方程计算出变形体瞬时的应力场 σ'_{ij}。因此,变分原理提高了求解塑性大变形过程中刚塑性边值问题的有效途径,只需构造合适的容许速度场 $\dot{u}_i^*$,并通过对总能耗率泛函取最小值获得精确解,即可逐步完成求解。

5.3.3　刚塑性材料广义变分原理

5.3.3.1　刚塑性材料完全广义变分原理

在运用第一变分原理构造正确的容许速度场时,处理实际工程问题遇到最大的难题是如何保证全部满足几何方程、体积不可压缩条件与速度边界条件。因此,通过条件变分的概念简化速度场的选择,引用拉格朗日乘子 α_{ij}、λ 与 u_i,将运动许可解所必须满足的条件引入泛函中,得到新的泛函:

$$\Pi^* = \sqrt{\frac{2}{3}} \, \sigma_S \int_V \sqrt{\dot{\varepsilon}_{ij} \, \dot{\varepsilon}_{ij}} \, \mathrm{d}V - \int_{S_F} \bar{F}_i \, u_i \mathrm{d}S - \int_V a_{ij} \Big[\dot{\varepsilon}_{ij} - \frac{1}{2}(u_{i,j} + u_{j,i}) \Big] \mathrm{d}V$$
$$+ \int_V \lambda \, \dot{\varepsilon}_{ij} \delta_{ij} \mathrm{d}V - \int_{S_u} \mu_i (u_i - \bar{u}_i) \mathrm{d}S$$

$$\tag{5-42}$$

可以证明,对于任意速度场与应变速率场,真实解均能满足式(5-42)取驻值,这就是刚塑性完全广义变分原理。这时所选择的速度场和应变速率场,无任何条件限制。

第一变分原理对于速度场和应变速率场要求高,但一旦满足,其求解精度更高。而完全广义变分原理对于速度场和应变速率场要求低,所有方程均可由变分近似满足,当第一变分原理无法求解时,可转换为完全广义变分原理进行求解。

5.3.3.2　刚塑性材料不完全广义变分原理

在选取运动许可解 u_i、$\dot{\varepsilon}_{ij}$ 时,选取易得到满足的条件先行满足,在不能满足的一个或两个条件中引入拉格朗日乘子构建新的泛函,求得新泛函取驻值的解,此为不完全广义变分原理。

通常三个条件中,体积不可压缩条件最难得到满足。同时,由于刚塑性材料模型忽略弹性变形,并采用体积不可压缩假设,静水压力 α_m 的确定变得更加困难,导致变形体内的应力分布 α_{ij} 无法求解。这是早期刚塑性有限元法无法快速推广应用的主要原因。通过寻求某种方式将体积不可压缩条件引入泛函,组成新的泛函,使问题转变为对新泛函的无条件的驻值问题,才使得问题得到解决。

因此,相比第一变分原理的速度场选取很难得到满足,实际塑性变形问题的求解通常都采用不完全广义变分原理。对刚塑性体和刚黏塑性体,按第一变分原理确定的泛函为:

$$\begin{cases} 刚塑性体: & \Pi = \int_V \bar{\sigma}\,\dot{\bar{\varepsilon}}\mathrm{d}V - \int_{S_F} F_i\,u_i\mathrm{d}S \\[2mm] 刚黏塑性体: & \Pi = \int_V E(\dot{\varepsilon}_{ij})\,\mathrm{d}V - \int_{S_F} F_i\,u_i\mathrm{d}S \end{cases} \tag{5-43}$$

将体积不可压缩条件引入新泛函常用方法有,拉格朗日乘子法、罚函数法及体积可压缩法,在此基础上解决了因忽略材料弹性变形而带来的应力计算难题,可以顺利求解静水压力 σ_m。

5.3.4　刚塑性有限元法的求解方法

5.3.4.1　拉格朗日乘子法

基于刚塑性材料不完全广义变分原理,拉格朗日乘子法将体积不可压缩条件通过拉格朗日乘子 λ 引入能率泛函,组成的新泛函具有如下形式:

$$\varphi = \sqrt{2}k\int_V \sqrt{\dot{\varepsilon}^T\dot{\varepsilon}}\,\mathrm{d}V - \int_{S_P} v^T p\mathrm{d}S + \int_V \lambda\,\dot{\varepsilon}^T c\mathrm{d}V \tag{5-44}$$

式中,$\dot{\varepsilon}$ 为应变速率列阵,v 为速度列阵,p 为 S_P 边界上给定的表面力列阵,c 为矩阵记号。$\dot{\varepsilon} = \left[\dot{\varepsilon}_x\ \dot{\varepsilon}_y\ \dot{\varepsilon}_z\ \dfrac{1}{\sqrt{2}}\dot{\gamma}_{xy}\ \dfrac{1}{\sqrt{2}}\dot{\gamma}_{yz}\ \dfrac{1}{\sqrt{2}}\dot{\gamma}_{zx}\right]^T$,$c = [111000]^T$。

由式(5-44)可以看出,泛函 φ 为速度场与拉格朗日乘子 λ 的函数。对泛函取驻值求出真实解 v,基于 λ 为平均应力 σ_m,进一步可以顺利求得速度场和平均应力。

(1)离散化

假设将变形体划分为 m 个单元,n 个节点,根据单元的几何性质,有以下关系:

$$V = N v^e \tag{5-45}$$

$$\dot{\varepsilon} = B v^e \tag{5-46}$$

设 S 为单元节点的速度列阵。将式(5-45)与式(5-46)代入式(5-44),得到单元的能率泛函:

$$\varphi^e = \sqrt{3}\,k \int_V \sqrt{\frac{2}{3}\, v^{eT} B^T B\, v^e}\,\mathrm{d}V - v^{eT} \int_{Sp} N^T p\,\mathrm{d}S + \int_V \lambda\, B^T c\,\mathrm{d}V \tag{5-47}$$

对于整个变形体,各单元泛函 Φ 组合形成整体泛函 Φ,是节点速度 v 与各个单元的拉格朗日乘子 λ 的函数:

$$\Phi = \sum_{e=1}^{m} \varphi^e \tag{5-48}$$

当泛函取驻值时,有:

$$\delta\Phi = \sum_{e=1}^{m} \left(\frac{\partial \varphi_i^e}{\partial v_i}\delta v_i + \frac{\partial \varphi_j^e}{\partial \lambda_j}\delta v_j \right) = 0 \tag{5-49}$$

由于变分 δv_i 和变分 $\delta\lambda_i$ 是独立变量,因此,分别有:

$$\begin{cases} \sum_{e=1}^{m} \dfrac{\partial \varphi_i^e}{\partial v_i} = 0 \,(i = 1,2,\cdots,3n) \\[2mm] \sum_{e=1}^{m} \dfrac{\partial \varphi_j^e}{\partial \lambda_j} = 0 \,(j = 1,2,\cdots,m) \end{cases} \tag{5-50}$$

此为 $m+3n$ 个联立方程组,可求解获得 $3n$ 个节点速度 v 与 m 个单元的拉格朗日乘子 λ,但该联立方程组为关于速度 v 的非线性函数,需线性化后再求解。

(2)线性化

作为一种常用的非线性问题求解方法,摄动法预先假设一个初始解,修正后反馈并更新初始解,进一步采用更新的初始解进行修正,不断循环迭代逼近真实解。基于摄动法,将非线性方程组转化为线性方程组,使得求解变得容易、可行。

以下为采用摄动法线性化后的单元方程组:

$$\begin{cases} \sigma_s H_{n-1} + \lambda^e Q^e - P^e + \sigma_s F_{n-1}\Delta v_n^e = 0 \\ Q^{eT}\Delta v_n + Q^{eT} v_{n-1} \end{cases} \tag{5-51}$$

矩阵形式为:

$$\begin{bmatrix} \sigma_s F_{n-1} & Q^e \\ Q^{eT} & 0 \end{bmatrix} \begin{Bmatrix} \Delta v_n^e \\ \lambda^e \end{Bmatrix} = \begin{bmatrix} P^e - \sigma_s & H_{n-1} \\ -Q^{eT} & v_{n-1}^e \end{bmatrix} \tag{5-52}$$

式中,

$$F_{n-1} = \frac{2}{3}\int_{Ve}\frac{1}{\dot{\varepsilon}_{n-1}}\left(K - \frac{2}{3}\frac{b_{n-1}\,b_{n-1}^{T}}{(\dot{\varepsilon}_{n-1}^{e})^{2}}\right)\mathrm{d}V$$

$$H_{n-1} = \frac{2}{3}\int_{Ve}\frac{1}{\dot{\varepsilon}_{n-1}}\,b_{n-1}\mathrm{d}V$$

$$b_{n-1} = K\,v_{n-1}^{e}$$

$$\dot{\varepsilon}_{n-1} = \sqrt{\frac{2}{3}v_{n-1}^{eT}K\,v_{n-1}^{e}}$$

$$Q = \int_{Ve}B^{T}c\mathrm{d}V$$

$$P = \int_{Sp}N^{T}p\mathrm{d}S$$

$$K = B^{T}B$$

将这些单元方程组代入到式(5-50),就得到全部节点速度增量 Δv_n 和全部单元的拉格朗日乘子 λ 为未知数的线性方程组:

$$S_{n-1}\left\{\begin{matrix}\Delta v_n\\\lambda\end{matrix}\right\} = R_{n-1} \tag{5-53}$$

求解时采用迭代法,有第 $n-1$ 次迭代计算的 S_{n-1} 和 R_{n-1},然后由式(5-52)求得 Δv_n 和 λ_n,当 Δv_n 足够小时,则认为迭代收敛。收敛速度场为:

$$v_n = v_{n-1} + \Delta v_n \tag{5-54}$$

判断收敛的条件为:

$$\frac{\|\Delta v_n\|}{\|v_{n-1}\|} = \frac{\sqrt{\sum_{i=1}^{3n}(\Delta v_i^2)_n}}{\sqrt{\sum_{i=1}^{3n}(\Delta v_i^2)_{n-1}}} < \delta\,(\text{一般取}\,0.0001\,\text{以下}) \tag{5-55}$$

有了速度场,可以根据单元几何方程求得应变速率,再由本构方程求得应力偏张量。

5.3.4.2　罚函数法

罚函数法是另一种常用的刚塑性有限元方法,其基本思想是:引入足够大的正数 M(罚因子)作为"惩罚",将求解有约束的最优化问题转化为求解无约束的最优化问题,形成罚函数 $F(x,M)$。

罚函数法一般有两类:外部罚函数法与内部罚函数法。基于刚塑性有限元法中体积不变的基本假设,罚函数法引入一个很大的正数与体积应变速率的平方相乘,如下描述:

$$\varphi = \sqrt{2}\,k \int_V \sqrt{\dot{\varepsilon}_{ij}^T \dot{\varepsilon}_{ij}}\,\mathrm{d}V - \int_{S_P} v^T p\,\mathrm{d}S + \frac{\alpha}{2} \int_V \dot{\varepsilon}_V^2\,\mathrm{d}V \tag{5-56}$$

当 $\dot{\varepsilon}_V$ 在每一点的变化率都接近零时,泛函取得最小值,从而使体积不变条件得到近似满足,进一步将对应的速度场逼近真实速度场。参照拉格朗日乘子法的处理方法,获得罚函数法的计算方法。由于罚函数法与拉格朗日乘子法泛函的最后一项不同,专门针对该最后项进行分析。对于任意单元,令该项为 Φ_V,即:

$$\Phi_V = \int_V \frac{\alpha}{2}\,(\dot{\varepsilon}_{ij}\,\delta_{ij})^2\,\mathrm{d}V \tag{5-57}$$

将上式写成矩阵形式为:

$$\Phi_V = \frac{\alpha}{2} \int_V (\dot{\varepsilon}^T C)^2\,\mathrm{d}V = \frac{\alpha}{2} \int_V \dot{\varepsilon}^T C\,\dot{\varepsilon}^T\,\mathrm{d}V = \frac{\alpha}{2} \int_V v^T\,B^T C\,v^T\,B^T C\,\mathrm{d}V \tag{5-58}$$

由于 $v^T B^T C$ 是一个数,故有 $v^T B^T C = C^T B v$,对 Φ_V 变分后得:

$$\frac{\partial \Phi_V}{\partial v} = \alpha \int_V B^T C\,v^T\,B^T C\,\mathrm{d}V = \alpha \int_V B^T C\,C^T B v\,\mathrm{d}V \tag{5-59}$$

令 $M = \alpha \int_V B^T C\,C^T B\,\mathrm{d}V$,将上式改写为:

$$\frac{\partial \Phi_V}{\partial v} = M v \tag{5-60}$$

则对任意单元有:

$$\frac{\partial \Phi_v^e}{\partial v^e} = \sqrt{3}\,K \int_V \frac{\dfrac{2}{3}K v^e}{\bar{\dot{\varepsilon}}^e}\,\mathrm{d}V - \alpha \int_{S_P} N^T p\,\mathrm{d}S + M v \tag{5-61}$$

因泛函变分取得驻值时所建立的求解方程是速度的非线性函数,求解时需采用摄动法对方程进行线性化,得到:

$$\sqrt{3}\,K \int_V \frac{\dfrac{2}{3}K v_{n-1}^e}{\bar{\dot{\varepsilon}}_{n-1}^e}\,\mathrm{d}V - \int_{S_P} N^T p\,\mathrm{d}S + M v_{n-1}^e +$$

$$\left\{ \sqrt{3}\,K \int_V \left[\frac{\dfrac{2}{3}K}{\bar{\dot{\varepsilon}}_{n-1}^e} - \frac{\dfrac{4}{9}K v_{n-1}^e \cdot v_{n-1}^{eT}\,K^T}{(\bar{\dot{\varepsilon}}_{n-1}^e)^3} \right]\mathrm{d}V + M^T \right\}\Delta v_n^e = 0 \tag{5-62}$$

对于所有单元,移项后整合得到:

$$S_{n-1}\Delta v_n = R_{n-1} \tag{5-63}$$

采用上式进行迭代,可以求得逼近真实解的速度场,进而可以求得应变速率场和应力偏张量场。

5.3.4.3 体积可压缩法

（1）理论基础

刚塑性有限元法引入拉格朗日乘子后，虽然可以求得平均应力，但使得未知数和方程数增加（若有 m 个单元，则增加 m 个未知数 λ 和相应的方程数），计算量大大增加了。由于未考虑平均应力对屈服条件的影响，刚塑性有限元法通常无法求解平均应力。当假定塑性变形材料体积可以变化，则一旦获得速度场，即可求解体积变化，进一步可顺利求出平均应力和应力值。

体积可压缩法是建立在材料体积可变化的基础上，对于体积不变的材料，其屈服条件和平均应力 σ_m 没有关系；对于可压缩材料，则和 σ_m 有关，假设为：

$$\bar{\sigma}^{*2} = \frac{1}{2}\left[(\sigma_x - \sigma_y)^2 + (\sigma_y - \sigma_z)^2 + (\sigma_z - \sigma_x)^2 + 6(\tau_{xy}^2 + \tau_{yz}^2 + \tau_{zx}^2)\right] + g\,\sigma_m^2$$

$$(5-64)$$

式中，g 为一个数值很小的正常数，一般取作 0.01；σ_m 为平均应力：

$$\sigma_m = \frac{1}{3}(\sigma_x + \sigma_y + \sigma_z)$$

$$(5-65)$$

式中，当 $g=0$ 时，即为米塞斯屈服准则，屈服曲面在应力空间为一圆柱面；当 $g\neq0$ 时，屈服面在应力空间为一椭球面。下面直接给出体积可压缩材料的应力与应变之间的关系：

$$\sigma_m = \frac{\bar{\sigma}^*}{\bar{\varepsilon}^*}\frac{\dot{\varepsilon}_V}{g}$$

$$(5-66)$$

$$\sigma_{ij} = \frac{\bar{\sigma}^*}{\bar{\varepsilon}^*}\left[\frac{2}{3}\dot{\varepsilon}_{ij} + \left(\frac{1}{g} - \frac{2}{9}\right)\dot{\varepsilon}_V\,\delta_{ij}\right]$$

$$(5-67)$$

式中，$\bar{\varepsilon}^*$ 为等效应变速率，其值为：

$$\bar{\varepsilon}^* = \sqrt{\frac{2}{9}\left[(\dot{\varepsilon}_x - \dot{\varepsilon}_y)^2 + (\dot{\varepsilon}_y - \dot{\varepsilon}_z)^2 + (\dot{\varepsilon}_z - \dot{\varepsilon}_x)^2 + \frac{3}{2}(\gamma_{xy}^2 + \gamma_{yz}^2 + \gamma_{zx}^2)\right] + \frac{1}{g}\dot{\varepsilon}_V^2}$$

$$(5-68)$$

式中，δ_{ij} 为克氏符号；$\dot{\varepsilon}_V$ 为体积变化速率。

式（5-67）改写成矩阵形式为：

$$\sigma = \frac{\bar{\sigma}^*}{\bar{\varepsilon}^*}$$

$$(5-69)$$

式中，

$$\sigma = \left[\sigma_x\ \sigma_y\ \sigma_z\ \tau_{xy}\ \tau_{yz}\ \tau_{zx}\right]^T;\ \dot{\varepsilon} = \left[\dot{\varepsilon}_x\ \dot{\varepsilon}_y\ \dot{\varepsilon}_z\ \frac{1}{\sqrt{2}}\dot{\gamma}_{xy}\ \frac{1}{\sqrt{2}}\dot{\gamma}_{yz}\ \frac{1}{\sqrt{2}}\dot{\gamma}_{zx}\right]^T;$$

$$[A] = \begin{cases} \dfrac{2}{3} + G & G & G & 0 & 0 & 0 \\[2mm] G & \dfrac{2}{3} + G & G & 0 & 0 & 0 \\[2mm] G & G & \dfrac{2}{3} + G & 0 & 0 & 0 \\[2mm] 0 & 0 & 0 & \dfrac{\sqrt{2}}{3} & 0 & 0 \\[2mm] 0 & 0 & 0 & 0 & \dfrac{\sqrt{2}}{3} & 0 \\[2mm] 0 & 0 & 0 & 0 & 0 & \dfrac{\sqrt{2}}{3} \end{cases}; G = \dfrac{1}{g} - \dfrac{2}{9} \, .$$

求出速度场 v_i 后,可以利用几何方程求得应变速率场 $\dot{\varepsilon}_{ij}$ 和体积变化速率 $\dot{\varepsilon}_V$,若给定 g 值,可由式(5-68)求得等效应变速率 $\bar{\dot{\varepsilon}}^*$,进而可由式(5-66)和式(5-67)求得平均应力 σ_m 和应力场 σ_{ij}。此处系数 g 所起的作用与上文介绍拉格朗日乘子 λ 相似。

(2)建立方程

对于体积可压缩材料的变形体,可建立相同的能量泛函:

$$\varphi^* = \int_V \bar{\sigma}^* \bar{\dot{\varepsilon}}^* \mathrm{d}V - \int_{S_P} v_i \, p_i \mathrm{d}S \tag{5-70}$$

考虑到 $\dot{\varepsilon}'_x + \dot{\varepsilon}'_y + \dot{\varepsilon}'_z = 0$,可由式(5-68)得到:

$$\bar{\dot{\varepsilon}}^* = \sqrt{\frac{2}{3} \dot{\varepsilon}'^2_{ij} \dot{\varepsilon}'^2_{ij} + \frac{1}{g} \dot{\varepsilon}^2_V}$$

代入到式(5-66)可得:

$$\varphi^* = \int_V \bar{\sigma}^* \sqrt{\frac{2}{3} \dot{\varepsilon}'^2_{ij} \dot{\varepsilon}'^2_{ij} + \frac{1}{g} \dot{\varepsilon}^2_V} \mathrm{d}V - \int_{S_P} v_i \, p_i \mathrm{d}S$$

改写成矩阵形式为:

$$\varphi^* = \int_V \bar{\sigma}^* \sqrt{\frac{2}{3} \dot{\varepsilon}'^T \dot{\varepsilon}' + \frac{1}{g} (\dot{\varepsilon}^T C)^2} \mathrm{d}V - \int_{S_P} v^T p \mathrm{d}S \tag{5-71}$$

式中,

$$\dot{\varepsilon}' = \left[\dot{\varepsilon}'_x \ \dot{\varepsilon}'_y \ \dot{\varepsilon}'_z \ \frac{1}{\sqrt{2}} \dot{\gamma}'_{xy} \ \frac{1}{\sqrt{2}} \dot{\gamma}'_{yz} \ \frac{1}{\sqrt{2}} \dot{\gamma}'_{zx} \right]^T$$

$$\dot{\varepsilon} = \left[\dot{\varepsilon}_x \ \dot{\varepsilon}_y \ \dot{\varepsilon}_z \ \frac{1}{\sqrt{2}} \dot{\gamma}'_{xy} \ \frac{1}{\sqrt{2}} \dot{\gamma}'_{yz} \ \frac{1}{\sqrt{2}} \dot{\gamma}'_{zx} \right]^T$$

$$C = \begin{bmatrix} 1 & 1 & 1 & 0 & 0 & 0 \end{bmatrix}^T$$

又 $\dot{\varepsilon}' = H\dot{\varepsilon}$，其中，

$$[A] = \begin{bmatrix} \dfrac{2}{3} & -\dfrac{1}{3} & -\dfrac{1}{3} & 0 & 0 & 0 \\[2mm] -\dfrac{1}{3} & \dfrac{2}{3} & -\dfrac{1}{3} & 0 & 0 & 0 \\[2mm] -\dfrac{1}{3} & -\dfrac{1}{3} & \dfrac{2}{3} & 0 & 0 & 0 \\[2mm] 0 & 0 & 0 & 1 & 0 & 0 \\[2mm] 0 & 0 & 0 & 0 & 1 & 0 \\[2mm] 0 & 0 & 0 & 0 & 0 & 1 \end{bmatrix}$$

将式(5 – 71)改写为：

$$\varphi^* = \int_V \bar{\sigma}^* \sqrt{\frac{2}{3}\dot{\varepsilon}'^T H^T H \dot{\varepsilon} + \frac{1}{g}(\dot{\varepsilon}^T C)^2}\,\mathrm{d}V - \int_{S_p} v^T p\,\mathrm{d}S \qquad (5-72)$$

假设将变形体分成 m 个单元 n 个节点。对任意单元 e，泛函 φ_e^* 为节点速度的函数，则有：

$$\varphi_e^* = \varphi_e^*(v_e) \qquad (5-73)$$

则整体泛函为：

$$\varphi^* = \sum_{e=1}^m \varphi_e^*(v_e) = \varphi^*(v_1, v_2, \cdots, v_{3n}) \qquad (5-74)$$

对单元 e 则有：

$$\frac{\partial \varphi_v^e}{\partial v_e} = \int_V \frac{\dfrac{4}{3}Kv_e + \dfrac{2}{g}\dot{\varepsilon}_V B^T C}{\bar{\dot{\varepsilon}}_e}\,\mathrm{d}V - \int_{S_p} N^T p\,\mathrm{d}S = 0 \qquad (5-75)$$

式中，$K = B^T H^T H$；$\dot{\varepsilon}_V = \dot{\varepsilon}^T C = v_e^T BC$。

式(5 – 75)是关于 v_e 的非线性方程组，采用摄动法对方程组进行线性化后得到：

$$\left[\iint_V \frac{\bar{\sigma}^*}{2\dot{\varepsilon}_{n-1}^*}\left(\frac{4}{3}K^T + \frac{2}{g}B^T C C^T B - \frac{AA^T}{2\bar{\dot{\varepsilon}}_{n-1}^{*2}}\right)\mathrm{d}V\right]\Delta v_{en} = \int_{S_p} N^T p\,\mathrm{d}S - \int_V \frac{\bar{\sigma}^*}{2\dot{\varepsilon}_{n-1}^*}A\,\mathrm{d}V$$

$$(5-76)$$

式中，$A = \dfrac{4}{3}Kv_{en-1} + \dfrac{2}{g}\dot{\varepsilon}_{Vn-1}B^T C$。

对每个单元，都可以得到如式(5 – 76)的线性方程组，将方程组组合，改写成矩阵形式，得到：

$$S_{n-1}\Delta v_n = R_{n-1} \qquad (5-77)$$

采用与拉格朗日乘子法相同的迭代求解过程，可以求得 Δv_n。

5.3.4.4　三种应力计算方法的比较

相比其他两种方法,由于额外引入了未知数乘子 λ,拉格朗日乘子法的总方程数与总刚度矩阵带宽都增大了,从而导致求解时间增加。在总刚度矩阵方面,三者均为对称、稀疏矩阵,不同在于罚函数法与体积可压缩法具有更加节省空间与时间的带状矩阵,而拉格朗日乘子法的刚度矩阵不呈带状。同时,罚函数法与体积可压缩法对初始速度场的选取更为敏感,一旦初始速度场不合适,将会构建迭代不收敛的病态方程组。

5.4　晶体塑性有限元法

相比现象学理论,晶体塑性理论是一种基于物理机制的理论。基于晶体变形位错机制的晶体塑性理论,在不连续的位错运动中引入统计学思想,从而转化为连续、均匀位错运动的塑性变形过程,进一步只需御用连续介质力学的方法便可求解晶体变形。

晶体塑性理论是基于以下三个部分构建的:(1)晶体变形运动学,反映滑移系剪切量、晶体弹性变形与晶格旋转与晶体构形变化之间的关系;(2)应力应变本构关系,表征特定构形中应力与应变之间的关系;(3)滑移系阻力演化方程,描述滑移系剪切量与剪切速率对滑移系临界分剪应力值的影响。因此,单个晶体的弹塑性变形本构关系是由晶体变形运动学、应力应变本构关系和滑移系阻力演化方程三个部分共同确定的。

5.4.1　晶体塑性变形运动学

晶体塑性变形运动学是晶体变形时构形变化的数学描述,类似材料宏观变形行为,晶体变形也可分为弹性变形与塑性变形两个部分。晶体弹性变形是在单个晶体达到屈服极限前发生的晶格畸变,也包括晶格的刚性转动。晶体塑性变形是在单个晶体达到了屈服极限,发生了的滑移(一部分晶体相对另一部分晶体沿着滑移面产生了不均匀切变)与孪生(一部分晶体相对于另一部分晶体沿着孪生面发生了均匀的切变)两种典型的塑性变形。

由于缺陷(位错)破坏了原子间的平衡状态,导致晶格发生扭曲的晶格畸变,适用于弹性力学方法。相反,由于位错的运动导致晶体产生了全位错运动的滑移或不全位错运动的孪生,不再适用于弹性力学方法。因此,位错在晶体内部是离散分布的,无法用"连续"介质的概念来描述。另外,晶粒内部不同位错的运动与位移也是间断不连续的,也无法用连续的位移梯度来描述。以最常见的滑移为例,由于晶粒内部位错的数量极多,宏观上认为滑移在晶粒内部是均匀分布的,因此,宏观位错运动由连续介质的场变量变形梯度张量来进行表征,此为均匀滑移模型。在此基础上,晶体位错运动可以转化为连续介质力学的方法进行数学表征。

晶体的当前构形由初始构形与变形梯度 F 叠加形成,因此在分析单晶体塑性变形时,通过乘法分解可以描述总的变形梯度:

$$F = F^e F^p \tag{5-78}$$

其中,弹性变形梯度 F^e,由晶格畸变与刚性转动形成;塑性变形梯度 F^p,由滑移方向的均匀剪切作用形成。

单个晶体在受外力作用时,本身晶格会发生畸变,但晶粒之间的变形协调、晶界约束导致晶格发生刚性转动。值得注意的是,基于微观尺度可以发现,处于滑移带之间的晶体不发生变形,而滑移变形却很不均匀,而基于细观尺度,发现单个晶粒内部有许多滑移带,这些滑移带又由许多平行滑移线形成。此种滑移从宏观上看满足统计分布,可以认为是均匀的。晶体变形梯度的乘法分解是将晶体变形过程分为三个构形:初始构形、未卸载构形(当前构形)和卸载后构形(中间构形)。整个晶体变形分两个步骤完成:(1)塑性剪切变形阶段,此过程基于变形梯度 F,晶体从初始构形运动到卸载后构形,晶体发生滑移而晶格矢量未改变;(2)晶格畸变与刚性转动,此过程基于变形梯度 F,晶体从卸载后构形再次运动到未卸载构形,晶格矢量发生伸长和转动。弹性卸载后的变形为 $F^{e-1} \cdot F = F^p$,所以 F^p 为残余变形。

设在初始构形中,滑移方向的单位向量为 s_0^α,滑移系 α 中滑移面的单位法向量为 n_0^α。由于晶体发生变形产生晶格的畸变和刚性转动,矢量 s_0^α 和 n_0^α 描述为:

$$s^\alpha = F^e \cdot s_0^\alpha \tag{5-79}$$

$$n^\alpha = F^{e-T} \cdot n_0^\alpha \tag{5-80}$$

通常,s^α 和 n^α 并不是单位矢量,但是由于 $s^\alpha \cdot n^\alpha = s_0^\alpha \cdot n_0^\alpha$,因此,$s^\alpha$ 和 n^α 仍然保持正交。

将速度梯度进行与变形梯度乘法分解相类似的分解,有两个部分,分别与滑移和晶格畸变加刚性转动相对应:

$$L = \dot{F} \cdot F^{-1} = \dot{F}^e \cdot F^{eT} + F^e \cdot \dot{F}^p \cdot F^{p-1} \cdot F^{e-1} = L^e + L^P \tag{5-81}$$

5.4.2 晶体弹性本构关系

Hill 和 Rice 等人提出了弹性势的概念,$\Phi = \Phi(F^e)$,假设晶的弹性不受滑移的影响,由于晶格畸变可以看作是连续介质的弹性变形,因此,可以用弹性力学方法来处理,可将弹性本构关系描述为:

$$\mathop{\nabla}\limits_{\tau^e} = C^e : d^e \tag{5-82}$$

式中，C^e 为瞬时弹性张量（四阶张量），在晶格局部坐标系中与 w^e 一起旋转；$\underset{\tau^e}{\nabla}$ 为以卸载后构形为基准状态的基尔霍夫应力张量 τ 的耀曼导数，即：

$$\underset{\tau^e}{\nabla} = \dot{\tau} - W^e \cdot \tau + \tau \cdot W^e \qquad (5-83)$$

$\dot{\tau}$ 为基尔霍夫应力的物质导数，定义为：

$$\dot{\tau} = \frac{\rho_0}{\rho}\sigma$$

式中，σ 为柯西应力；ρ_0 为参考构形中材料的密度；ρ 为未卸载构形中材料的密度。

为构造材料的本构关系，引入以初始构形为基准状态的柯西应力张量的耀曼导数 $\underset{\sigma}{\nabla}$：

$$\underset{\sigma}{\nabla} = \dot{\tau} - w \cdot \tau + \tau \cdot w \qquad (5-84)$$

则有：

$$\underset{\tau^e}{\nabla} = \underset{\sigma}{\nabla} + w^p \cdot \tau + \tau \cdot w^p \qquad (5-85)$$

联立：

$$\underset{\tau^e}{\nabla} = \underset{\sigma}{\nabla} + \sum_{\alpha=1}^{N} B^\alpha \dot{\gamma}^\alpha \qquad (5-86)$$

其中，$B^\alpha = R^\alpha \cdot \tau - \tau \cdot R^\alpha$。

由此可推导出弹性本构关系为：

$$\underset{\sigma}{\nabla} = C^e : d - \sum_{\alpha=1}^{N} (C^e : P^\alpha + B^\alpha) \dot{\gamma}^\alpha \qquad (5-87)$$

上式建立了应力率、变形率及滑移剪切速率之间的关系，并且由该式可知，计算应力率时，首先需要确定各滑移系的剪应变速率 $\dot{\gamma}^\alpha$，而 $\dot{\gamma}^\alpha$ 则可根据硬化方程计算获得。

5.4.3　晶体弹塑性本构关系

引入分剪应力，根据临界分切应力定律有：

$$\tau^\alpha = P^\alpha : \tau \qquad (5-88)$$

对上式进行物质导数，可得：

$$\dot{\tau}^\alpha = \dot{P}^\alpha : \tau + P^\alpha : \dot{\tau} \qquad (5-89)$$

其中

$$
\begin{aligned}
\dot{P}^\alpha &= \frac{1}{2}(\dot{s}^\alpha \otimes n^\alpha + s^\alpha \otimes \dot{n}^\alpha + \dot{n}^\alpha \otimes s^\alpha + n^\alpha \otimes \dot{s}^\alpha) \\
&= \frac{1}{2}(L^e s^\alpha \otimes n^\alpha - s^\alpha \otimes L^{e^T} n^\alpha + L^{e^T} n^\alpha \otimes s^\alpha + n^\alpha \otimes L^e \dot{s}^\alpha) \\
&= w^e P^\alpha + d^e R^\alpha - P^\alpha w^e - R^\alpha d^e
\end{aligned}
$$

对于任意二阶张量 A、B、C，恒有：

$$AB : C = A : CB^T = B : A^T C$$

于是,有

$$\dot{P}^\alpha : \tau = -P^\alpha : (w^e \cdot \tau - \tau \cdot w^e) + D^e : (w^\alpha \cdot \tau - \tau \cdot w^\alpha) \qquad (5-90)$$

将式(5-90)代入(5-89),并利用弹塑性本构定律,可得晶体弹塑性本构关系:

$$\dot{\tau}^\alpha = P^\alpha : (\dot{\tau} - w^e \cdot \tau + \tau \cdot w^e) + B^\alpha : d^e = P^\alpha : (C^e : d^e) + B^\alpha : d^e = (P^\alpha : C^e + B^\alpha) d^e$$

则:
$$\dot{\tau}^\alpha = \Omega^\alpha : D^e \qquad (5-91)$$

其中,$\Omega^\alpha = P^\alpha : C^e + B^\alpha$,同时注意到,$d^e = d - d^p$,将该式代入式(5-91)可得:

$$\dot{\tau}^\alpha = \Omega^\alpha : (d - d^p) = \Omega^\alpha : d - \sum_{\beta=1}^{N} \dot{\gamma}^\beta \Omega^\alpha : P^\beta \qquad (5-92)$$

当时间步长很小的时候,将上式改写为增量形式,有:

$$\tau^\alpha = \tau_t^\alpha + \Delta t \Omega^\alpha : d - \Delta t \sum_{\beta=1}^{N} \dot{\gamma}^\beta \Omega^\alpha : P^\beta \qquad (5-93)$$

上式对 d 求导,得:

$$\frac{\partial \tau^\alpha}{\partial d} = \Delta t \Omega^\alpha : d - \Delta t \sum_{\beta=1}^{N} \frac{\partial \dot{\gamma}^\beta}{\partial \tau^\alpha} \Omega^\alpha : P^\beta \qquad (5-94)$$

同时又有:

$$\frac{\partial \dot{\gamma}^\beta}{\partial d} = \frac{\partial \dot{\gamma}^\beta}{\partial \tau^\alpha} \frac{\partial \tau^\alpha}{\partial d} \qquad (5-95)$$

联立式(5-94)与式(5-95),即可求得 $\dfrac{\partial \dot{\gamma}^\beta}{\partial d}$。

在当前构形下的本构关系可以描述为:

$$\overset{\triangledown}{\sigma} = C^e : d - \sum_{\alpha=1}^{N} \Omega^\alpha \dot{\gamma}^\alpha = \left(C^e - \sum_{\alpha=1}^{N} \Omega^\alpha \frac{\partial \dot{\gamma}^\alpha}{\partial d} \right) : d + \sum_{\alpha=1}^{N} \Omega^\alpha \frac{\partial \dot{\gamma}^\alpha}{\partial d} : d - \sum_{\alpha=1}^{N} \Omega^\alpha \dot{\gamma}^\alpha$$

$$(5-96)$$

这样就可以得出弹塑性矩阵:

$$C^{ep} = C^e - \sum_{\alpha=1}^{N} \Omega^\alpha \frac{\partial \dot{\gamma}^\alpha}{\partial d} \qquad (5-97)$$

5.4.4 剪应变速率的计算

采用硬化方程可获得剪应变速率 $\dot{\gamma}^\alpha$ 与分剪应力 τ^α 的对应关系,进而实现晶体本构方程。因此,剪应变速率的计算是晶体塑性有限元分析过程中的重要环节。针对面心立方材料,率相关仅在位错常速运动区间内,硬化方程的特点为:滑移剪切速率由当前构形的应力状态决定,而无须考虑应力率和变形路径,滑移应变速率与剪应力之间可以描述为:

$$\dot{\gamma}^{\alpha} = \dot{\gamma}_0 \left| \frac{\tau^{\alpha}}{\tau_c^{\alpha}} \right|^{\frac{1}{m}} sgn(\tau^{\alpha}) \qquad (5-98)$$

式中, $sgn(\tau^{\alpha}) = \begin{cases} 1 & \tau^{\alpha} > 0 \\ -1 & \tau^{\alpha} < 0 \end{cases}$ 。其中, $\dot{\gamma}^{\alpha}$ 为滑移系 α 上的位错滑移速率; $\dot{\gamma}_0$ 为参考剪切速率,即 $\tau^{\alpha} = \tau_c^{\alpha}$ 时的剪应变率为材料常数,对所有滑移系都相同; τ^{α} 为滑移系 α 的分剪应力(施密特应力); τ_c^{α} 为滑移系 α 的临界分剪应力,与变形历史有关; m 为滑移系 α 的率敏感系数,当 m 趋于 0 时,模型还原到率无关的塑性状态;当 m 趋于无穷大时,模型对应于黏弹性材料。

对于施密特应力 τ^{α} 有:

$$\tau^{\alpha} := s^{\alpha} \cdot \sigma n^{\alpha} = \sigma \cdot s^{\alpha} \otimes n^{\alpha} \qquad (5-99)$$

式(5-99)是 Stein – Low 位错动力学曲线的推广,根据热力学第二定律,在晶体滑移变形过程中,必须保证引入的绝对值与符号保持一致。同时,所有的滑移系一直保持活跃状态,并且以一定的速率滑移,滑移速率取决于分剪应力和滑移系的变形阻力。如果由外力引起的分剪应力已知,便可唯一确定所有滑移系上的塑性应变增量。

通常,体心立方晶体材料也可借用面心立方晶体材料本构关系的唯象描述。但体心立方材料在原子尺度上表现得更加错综复杂,使得螺型位错中心的非平面传播,进而导致体心立方材料中以位错为载体的塑性力学原理更加复杂。针对此类问题,Bassani 和 Vitek 等人在模型中引入非滑移应力,修改的滑移阻力可以描述为:

$$\tau_{c,bbc}^{\alpha} = \tau_c^{\alpha} - c^{\alpha} \tau_{ng}^{\alpha} \qquad (5-100)$$

其中, c^{α} 为给定非滑移应力对有效滑移阻力的净效应系数; τ_{ng}^{α} 为法向 $\tilde{n}^{\alpha}$ 的非滑移面上的分剪应力:

$$\tau_{ng}^{\alpha} = S \cdot (m^{\alpha} \otimes \tilde{n}^{\alpha}) \qquad (5-101)$$

式中, S 为第二皮奥拉 – 基尔霍夫应力。将修正后的临界分剪应力 $\tau_{c,bbc}^{\alpha}$ 代入式(5-98),即获得体心立方材料的滑移应变速率与剪应力之间的关系式。

5.4.5 滑移系硬化模型

由于加工硬化的出现,临界分剪应力 τ_c^{α} 通常随变形的深入而不断增大,因此,可以用临界分剪应力 τ_c^{α} 来表征整个滑移系的"硬度"。

Taylor 和 Elam 等人考虑等应变硬化效应,将 τ_c^{α} 描述为仅与滑移总变形量 γ 相关,给出如下关系式:

$$\tau_c^{\alpha} = \tau_c^{\alpha}(\gamma), \gamma = \sum_{\alpha=1}^{N} |\gamma^{\alpha}| \qquad (5-102)$$

而 Hill 基于 τ_c^{α} 演化历史是率无关的过程,给出以下关系式:

$$\dot{\tau}_c^\alpha = \sum_{\beta=1}^{N0} h_{\alpha\beta} |\dot{\gamma}^\beta| \tag{5-103}$$

其中，$h_{\alpha\beta}$为硬化系数矩阵，为变形过程中不断变化的瞬时值。

只有当$\gamma=0$时，τ_c^α可以确定为初始的τ_0，否则由于滑移系之间复杂的位错交互作用，无法计算出$h_{\alpha\beta}$，$h_{\alpha\beta}$通常为经验值。

描述晶体变形过程常用的硬化法则：

Hutchinson等人假定硬化矩阵的主对角元与非对角元值不同，以此考虑潜在硬化的影响。Pierce等人将相同的方法引入单晶本构模型，给出如下硬化模量关系式：

$$h_{\alpha\beta} = q_{\alpha\beta} h(\gamma) + (1-q_{\alpha\beta})h(\gamma)\delta_{\alpha\beta} \tag{5-104}$$

式中，$\delta_{\alpha\beta}$为克罗内克矩阵，当$\alpha=\beta$时，$\delta_{\alpha\beta}=1$，当$\alpha\neq\beta$时，$\delta_{\alpha\beta}=0$；$h(\gamma)$为自硬化系数，是单滑移中临界分剪应力随剪应变的变化速率。

而针对自硬化函数$h(\gamma)$，研究人员也提出了多种方法来描述滑移系的自硬化。

Asaro等人提出了以下硬化矩阵关系式：

$$h(\gamma) = h_0 sech^2\left(\frac{h_0\gamma}{\tau_s-\tau_0}\right) \tag{5-105}$$

其中，h_0、τ_0与τ_s均为材料常数，h_0为初始硬化率，用于表征材料初始屈服时活动滑移系的硬化模量；τ_0为初始流动应力，用于描述材料初始屈服时滑移系的变形抗力；τ_0为饱和流动应力，表示滑移系变形抗力的饱和值。

Roters等人提出了一种新的硬化矩阵描述方法：

$$h_{\alpha\beta} = q_{\alpha\beta}\left[h_0\left(1-\frac{\tau_c^\beta}{\tau_s}\right)^\alpha\right] \tag{5-106}$$

其中，h_0、α与τ_s均为滑移硬化参数，同时假定对于所有面心立方材料的滑移系，三者均相同。

5.4.6　晶体塑性有限元法的求解方法

基于Roters硬化矩阵方程，介绍率相关晶体塑性有限元法的求解方法。在Roters提出的方法中，采用预测校正方法计算应力。图5-1为应力计算的顺时针循环方案，其中，F^e为弹性变形梯度、F^p为塑性变形梯度、S为第二皮奥拉-基尔霍夫应力、$\dot{\gamma}^\alpha$为剪切速率。从其中任意一个变量作为循环起点开始估算，沿着应力计算的顺时针循环方案进行循环，分析比较计算值与估算值之间的误差，并采用牛顿-拉夫逊迭代法更新估算值。

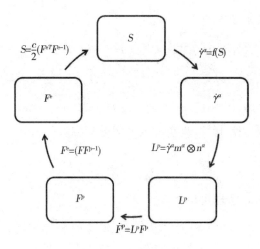

图 5 - 1　应力计算的顺时针循环方案

在计算过程中应注意以下两点:

(1)牛顿-拉未逊迭代法计算过程中,雅克比矩阵的维数应与估算值的独立变量的数目相等。对于弹性变形梯度,有 9 个独立变量;对于塑性变形梯度,由于塑性变形时的体积守恒,有 8 个独立变量;对于第二皮奥拉-基尔霍夫应力,由于应力张量的对称性,独立变量减少至 6 个;对于剪切速率,面心立方晶体滑移系至少有 12 个独立变量,而体心立方晶体滑移系最多可达 48 个独立变量。而独立变量越多,雅克比矩阵的求逆将越困难。

(2)方程式的特征直接影响整个系统最终的数值收敛性。当计算以 F^e、F^p 或 S 为循环起点时,通常根据应力值并采用幂次定律或指数定律来迭代计算滑移速率。而此类高度非线性函数的斜率增加会异常迅速,应力的微小变化将会使应变速率产生较大的偏差。因此,对于大变形计算问题,解决收敛性是至关重要的。当计算以 $\dot{\gamma}^a$ 为循环起点时,迭代计算中,应力的变化随剪切速率的变化越来越小,这种曲线变化的逆趋势在处理大变形问题时具有更好的数值稳定性。但该方法面临的另一个问题是,需要求解计算一个庞大的雅克比矩阵。

对于晶体塑性本构模型的隐式有限元计算,应通过扰乱 E 来完成雅克比矩阵的计算($J = \partial\sigma/\partial E$)。计算过程中有 6 个独立变量,计算工作量非常庞大。

5.4.6.1　积分方案

对总变形梯度进行乘法分解:

$$F = F^e \, F^p \Longleftrightarrow F = F \, F^{p^{-1}} \qquad (5 - 107)$$

采用 Green - Lagrange 应力张量的定义可得弹性应变度量为:

$$E^e = \frac{1}{2} \, F^{e^T} \, F^e - I \qquad (5 - 108)$$

第二皮奥拉－基尔霍夫应力为：

$$S = C : E^e = \frac{1}{2} C : (F^{e-T} F^T F F^{p-1} - I) \qquad (5-109)$$

塑性速度梯度为：

$$L^p = \dot{F}^p F^{p-1} \Leftrightarrow \dot{F}^p = L^p F^p \qquad (5-110)$$

在完全隐式计算方法中，塑性变形梯度的变化率为：

$$\dot{F}^p = \frac{F^p_{t+\Delta t} - F^p_t}{\Delta t} = L^p_{t+\Delta t} F^p_{t+\Delta t} \qquad (5-111)$$

将式(5－111)重新整理可得：

$$(F^p_{t+\Delta t})^{-1} = (F^p_t)^{-1} (I - \Delta t L^p_{t+\Delta t}) \qquad (5-112)$$

$$(F^p_{t+\Delta t})^{-T} = [I - \Delta t (L^p_{t+\Delta t})^T] (F^p_t)^{-T} \qquad (5-113)$$

结合式(5－111)、式(5－112)和式(5－113)可知，允许在时间步结束时，根据 t 时刻或 $t+\Delta t$ 时刻的已知量以及 $t+\Delta t$ 时刻的未知塑性速度梯度对第二皮奥拉－基尔霍夫应力进行表述：

$$S_{t+\Delta t} = \frac{1}{2} C : \left\{ \underbrace{[I - \Delta t (L^p_{t+\Delta t})^T]}_{B^T} \underbrace{(F^p_t)^{-T} F^T_{t+\Delta t} F_{t+\Delta t} (F^p_t)^{-1}}_{A} \underbrace{[I - \Delta t L^p_{t+\Delta t}]}_{B} - I \right\}$$

$$(5-114)$$

因此，根据 $t+\Delta t$ 时刻塑性速度梯度的估算值 L^p，可以推导出应力的估算值 S。根据应力估算值与时间步结束时估算的微观结构状态变量 $x(t+\Delta t)$，可以推导出塑性速度梯度：

$$L^p_{t+\Delta t} = L^p(S_{t+\Delta t}, x_{t+\Delta t}) \qquad (5-115)$$

本构状态变量的时间导数可以进行类似的描述：

$$\dot{x}_{t+\Delta t} = \dot{x}(S_{t+\Delta t}, x_{t+\Delta t}) \qquad (5-116)$$

联立方程式(5－114)~(5－116)，通过两步迭代法进行求解：(1)材料状态变量 $x_{t+\Delta t}$ 选用最合适的估算值，迭代计算出 $L^p_{t+\Delta t}$；(2)通过获得的第二皮奥拉－基尔霍夫应力，反推确定最新的 $x_{t+\Delta t}$。

(1)应力迭代

设 R_n 为应力计算顺时针循环 n 次迭代后的残差，作为估算值(速度梯度)与计算值(速度梯度)之差，描述如下：

$$R_n = \underline{L}^p_n - L^p[\underline{S}(\underline{L}^p_n)] \qquad (5-117)$$

首先，需要对增量步 n 的速度梯度估算值 L^p_n 进行修正，通过牛顿－拉夫逊迭代法进行描述：

$$\underline{L}^p_{n+1} = \underline{L}^p_n - \left[\frac{\partial R_n}{\partial \underline{L}^p} \bigg|_{\underline{L}^p_n} \right]^{-1} : R_n \qquad (5-118)$$

其次,雅壳比矩阵还需进一步进行修正,按以下方法:

$$\frac{\partial R_{ij}}{\partial \underline{L}^p_{kl}} = \frac{\partial \underline{L}^p_{ij}}{\partial \underline{L}^p_{kl}} - \frac{\partial \underline{L}^p_{ij}}{\partial \underline{S}_{mn}} \frac{\partial \underline{S}_{mn}}{\partial \underline{L}^p_{kl}} = \delta_{il}\,\delta_{jl} - \frac{\partial \underline{L}^p_{ij}}{\partial \underline{S}_{mn}} \frac{\partial \underline{S}_{mn}}{\partial \underline{L}^p_{kl}} \tag{5-119}$$

由本构定律可求得偏微分 $\dfrac{\partial \underline{S}}{\partial \underline{L}^p}$,并推导出第二皮奥拉-基尔霍夫应力中塑性速度梯度估算值的偏微分,具体描述如下:

$$\frac{\partial \underline{S}}{\partial \underline{L}^p} = \underline{S}_{\underline{L}^p} = \frac{1}{2}\left[C:(B^T AB - I) \right]_{\underline{L}^p}$$

$$= \frac{1}{2}\left[C:(B^T AB - I)_{\underline{L}^p} + (B^T AB - I):C_{\underline{L}^p} \right] = \frac{1}{2}C:\left[(B^T)_{\underline{L}^p}AB + B^T AB_{\underline{L}^p} \right]$$

$$= -\frac{\Delta t}{2}C:\left[(\underline{L}^{p^T})_{\underline{L}^p}AB + B^T A(\underline{L}^p)_{\underline{L}^p} \right]\left[(\underline{L}^{p^T})_{\underline{L}^p}AB + B^T A(\underline{L}^p)_{\underline{L}^p} \right] \tag{5-120}$$

只有当 R_n 所有与 $\underline{L}^p$ 的分量相对应的分量落入相对误差范围内,则可认为应力循环收敛。

(2)材料状态变量的迭代

对于材料状态变量循环,定义结构演变估算值与计算值之差为残差 r_n:

$$r_n = \left[\underline{x}_n - x_t \right] - \Delta t\,\dot{x}(\underline{S}_n, \underline{x}_n) \tag{5-121}$$

只有当 r_n 所有与 x 的分量相对应的分量落入相对误差范围内,则可认为材料状态变量收敛。

(3)非局部模型的求解方案

由于非局部材料模型采用的两种积分循环都取决于非局部数据,而当采用完全隐式积分时,必须同时求解所有积分点上的值。但相邻节点之间的信息需要通过以下方法进行求解:

①将有限元求解器的迭代分为奇数迭代与偶数迭代。

②偶数迭代(从零开始)用来收集所有积分点必要信息,而不用于计算其他信息。

因此,任何偶数迭代步都不能够获得全局收敛。另外,将取值非常大的对角矩阵赋给雅克比矩阵,即:

$$J_{ijkl} = \begin{cases} 0 & i \neq k; j \neq l \\ const & i = k; j = l \end{cases}$$

式中,假设 $const$ 为一个非常大的值,如 10^{100}。

将奇数迭代用来计算应力。由于偶数迭代返回雅克比矩阵,且 $\Delta u \propto J^{-1}$,有限元求解器不能改变位移,可从前一步偶数迭代获得非局部本构方程所需所有信息的求解。

由于偶数迭代计算可以在瞬间完成,非局部模型迭代法即使增加了有限元求解器的迭代次数,也不会增加太多的计算时间,并且由于偶数迭代返回的雅克比矩阵是对角矩阵,求逆非常方便。

5.4.6.2 并行策略

为了减少计算时间,可以采用并行计算策略,目前常用的并行策略有区域分解法和并行求解器。

(1)区域分解法

区域分解主要通过模型分解的方法进行,将主模型分解为多个子模型,而子模型在各自系统建立仿真计算进行求解。子模型的计算求解只需在分解域的边界共享节点信息保证边界的连续性就可以通过并行计算获得全域计算结果。由于有限元模型的求解时间与模型大小呈非线性关系,当主模型分解成 n 个子模型进行并行计算后,计算总时间将远小于 $1/n$,这也是区域分解法可大大提高计算效率的原因。

(2)并行求解器

并行求解器是商用有限元软件最为常用的并行计算策略,通过多线程实现将有限元主程序的分解与并行计算。并行求解器因其在主程序基础上进行分解,因而只能利用单台计算机的单个 CPU,只有当 CPU 内核数量足够多时才能更高效发挥并行计算优势,但其优点是只在单个商用有限元软件上执行运算,只需单个软件许可证即可。相比之下,由于区域分解法将各子模型分布于多台并行计算机上运行时,就需要多个商用有限元软件的许可证。

第6章 DEFORM－3D软件基本操作

6.1 DEFORM－3D软件功能简介

DEFORM－3D在同一集成环境内综合建模、成形、热传导和成形设备特性等，主要用于分析各种复杂金属成形过程中三维材料流动情况，并为成形过程提供极有价值的工艺分析数据。

DEFORM－3D功能基本架构主要分为成形分析、热分析与辅助操作等三个部分。

(1)成形分析：成形(Forming)、锤锻(Multi Blow Forging)、开坯(Cogging)、模具应力分析(Die Stress)、机加工(Maching)、型轧(Shape Rolling)、挤压(Extrusion)、环轧(Ring rolling)、旋压(Spinning)。

(2)热分析：热传递(Heat Transfer)、热处理(Heat Treatment)、热处理炉(HT Furnace)。

(3)辅助功能：循环操作(Cycle)、布尔操作(Boolean Operator)、2D向3D转换(2D to 3D Convertor)、复制/镜像(Copy/Mirroring)、报告生成(Report)。

DEFORM－3D各功能之间并不孤立，通常用于耦合分析变形、传热、热处理、相变与扩散之间的相互作用。耦合效应包括由塑性变形引起的温升、加热软化、形变硬化、相变控制、相变内能、相变塑性、相变应变与应力等，以及这些现象相互之间的作用对材料属性产生的影响。

6.2 DEFORM－3D软件基本操作

DEFORM－3D软件将有限元理论、塑性成形工艺学、计算机图形处理技术等理论与技术进行耦合集成，系统化地集成了前处理(Pre Processor)、求解计算(Simulator)和后处理(Post Processor)三大功能模块，将塑性成形过程中涉及的抽象物理模型、数学理论转化为参数化设置过程，使得用户无须专业的数学理论基础即可解决实际工程问题中涉及的非线性问题。

DEFORM-3D流程化向导式的设置过程使得操作十分流畅:(1)实体造型:在CAD软件中进行建模(简单模型亦可在前处理模块的Geometry中创建几何模型)。(2)前处理设置:建立对象→导入模型→设置材料属性→划分网格→定义边界条件→设置运动条件→模拟控制→定义接触关系→生成数据文件。(3)求解计算:提交运算数据文件。(4)后处理分析:图形化输出模拟结果。

6.2.1 认识主界面

在Windows"开始"菜单中单击DEFORM-3D主程序图标,启动DEFORM-3D软件,打开软件主界面,如图6.1所示。DEFORM-3D的主界面主要分八个区域:标题栏、菜单栏、工具栏、工作目录、项目文件窗口、项目信息窗口、主菜单及状态栏。

(1)标题栏:显示主程序名称及版本信息。本书主要基于DEFORM-3D V11.0版本软件进行模拟介绍,读者可根据个人情况自行选择软件版本。

(2)菜单栏:包括文件管理、模拟控制、工具管理、视图控制、环境设置与帮助菜单。DEFORM-3D主界面菜单栏通常无须操作。

(3)工具栏:包含新建项目、工作目录选择、运行控制、模拟控制等常用的操作命令。新建项目与工作目录选择是DEFORM-3D主界面最常用的工具。

(4)工作目录:工作目录是管理模拟文件的重要路径,首先应建立常用的Home路径,相关模拟文件应按读者习惯的命名方式统一管理,这将十分有利于后续大量模拟文件的集中高效管理。

(5)项目文件窗口:用于显示工作目录下选中文件夹下的项目文件,可以对项目文件直接进行选中操作。

(6)项目信息窗口:显示当前选中或运行项目的概要信息、模拟模型的预览、模拟计算结果信息、运行日志等内容。在项目运行过程中,项目信息窗口是用户监测运行过程信息的重要工具。

(7)主菜单:包含了DEFORM-3D软件最重要的三大模块(前处理、求解计算与后处理),是三大模块的菜单入口。

(8)状态栏:显示当前DEFORM-3D的状态、正在运行的任务信息。

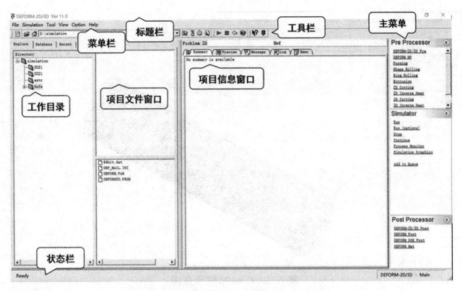

图6.1　DEFORM-3D软件运行主界面

6.2.2　几何建模

DEFORM-3D软件已具备简单的建模功能,在"Geometry"中创建几何模型,单击"Define primitive"弹出几何定义窗口,可以创建的简单几何模型有,长方体、圆柱体、圆环体等,可满足最简单的工程分析案例。而专业CAD软件在复杂零件的造型设计及定位装配上的便捷性要优于DEFORM-3D软件相应的功能模块。因此,笔者建议建模设计及定位装配优先在CAD软件中完成,DEFORM-3D自带模块可以作为必要的辅助设置。DEFORM-3D软件也提供了与UG、Creo(PRO/E)、CATIA等商用三维造型软件强大的交互接口,数据交换十分便捷。

本书示例均采用Creo软件建模,主要介绍STL图形数据文件的生成,以及在DEFORM-3D软件前处理模块中的导入操作。

1. 三维模型建立:根据实际零件形状尺寸,在Creo软件中完成三维模型的建立,如图6.2所示。选择"文件"→"保存副本"→"STL"→设置偏差控制→确认保存,操作过程如图6.3所示。

2. 几何模型导入:在DEFORM-3D软件主界面主菜单栏"Pre Processor"区域,单击"DEFORM-2D/3D Pre"进入前处理主界面,在模型树中单击"Workpiece"。单击 Geometry ,导入几何模型(Import Geo...),选择billet. STL文件,单击打开并载入工件模型,如图6.4所示。在前处理窗口中显示导入的工件模型,在模型树中Workpiece对象右侧,显示Workpiece对象的几何模型○Geo - Poly 268,如图6.5所示。

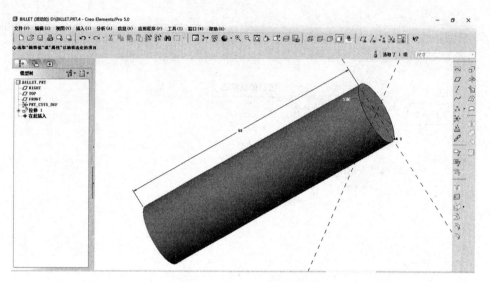

图 6.2　Creo 建模示意图

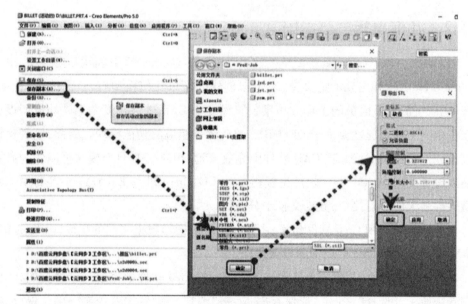

图 6.3　STL 文件保存步骤

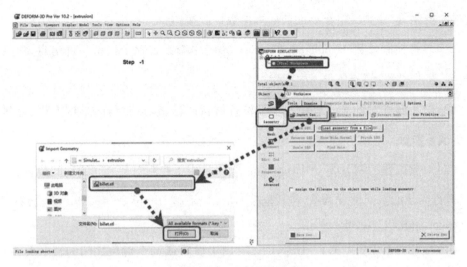

图6.4　STL文件导入步骤

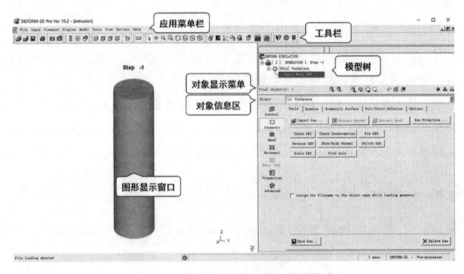

图6.5　前处理主界面及导入几何模型

6.2.3　前处理

前处理主界面是 DEFORM-3D 软件对成形工艺的初始条件设置,也是模拟结果可靠性的重要保障。在 DEFORM-3D 软件主界面主菜单栏的"Pre Processor"区域,单击"DEFORM-2D/3D Pre"进入前处理主界面,如图6.5所示。DEFORM-3D 前处理主界面主要分为六个区域:应用菜单栏、工具栏、模型树、对象显示菜单、对象信息区及图形显示窗口。

1. 应用菜单栏:包括文件管理、输入控制、视图控制、模型管理、工具选项与帮助菜单。应用菜单栏通常无须操作。

2. 工具栏:工具栏集成了应用菜单栏中的常用快捷按钮,包括文件管理、模型管

理、视图控制等,还集成了重要的前处理参数控制按钮:

(1)模拟控制参数"Simulation Controls "用于设置整个模拟文件信息,包括模拟类型、步长设置、停止条件、迭代算法等。

(2)材料属性"Material █",用于检查材料属性,包括材料的本构方程、传热系数、扩散系数等。

(3)对象位置控制"Object Positioning 📦",用于控制对象之间的空间位置关系,可以进行简单的空间位置调整,包括拖拽"Drag"、下落"Drop"、平移"Offset"、接触"Interference"与旋转"Rotational"等。

(4)接触关系设置"Inter – Object 📇",用于设置或调整对象之间的接触关系,接触关系是体积成形过程中重要的边界条件。

(5)数据库设置"Database Generation 🛢",用于检查与生成数据库文件,生成数据库文件之前必须进行检查操作,否则不能生成数据库文件。同时,检查数据库可以由系统帮助快速判断整个模拟设置过程中存在的问题。

3. 模型树:用于显示整个模拟过程中的对象及其附属参数信息。

4. 对象显示菜单:可以快速增加或删除对象,可以快速操作对象的显示或隐藏。

5. 对象信息区:完成对选中对象的全部参数信息设置,包括通用属性"General

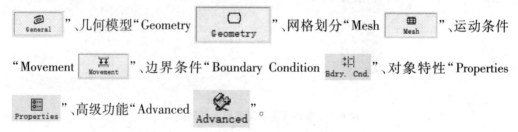

"、几何模型"Geometry"、网格划分"Mesh"、运动条件"Movement"、边界条件"Boundary Condition"、对象特性"Properties"、高级功能"Advanced"。

6. 图形显示窗口:显示全部对象模型,可以全面观察对象模型及之间的关系,充分体现了交互方式的友好性。

6.2.4 模拟运算

真正的有限元分析过程由模拟处理器完成,整个求解计算过程无须人工干预。在DEFORM – 3D软件主界面主菜单栏的"Simulator"区域,功能为提交运算,主要有六个子功能:Run(用于直接提交运算)、Run(options)(用于设置多核运算、选择32/64位处理器)、Stop(用于停止运算)、Continue(用于继续已停止的运算,包括因意外断电、关机等停止的计算)、Process Monitor(用于监视模拟进度)、Simulation Graphics(用于图形监视模拟进度)、Add to Queue(用于将仿真任务添加到批量队列)。

金属材料塑性成形过程中,工件发生大的塑性变形,整个变形过程处于非线性状态,包括位移与应变的几何非线性、材料本构关系的物理非线性、接触与摩擦的状态非线性。求解过程是通过有限元离散化将平衡方程、本构关系与边界条件转化为非线性方程矩阵,再用求解器通过相应的迭代计算方法进行求解,结果以二进制形式保存在DB文件,用户通过后处理调取DB文件,转化为用户可直观获取的模拟结果。

6.2.5　后处理

在DEFORM-3D软件主界面主菜单栏的"Pre Processor"区域,单击"DEFORM-2D/3D Post"进入后处理主界面,如图6.6所示。DEFORM-3D后处理主界面主要分七个区域:应用菜单栏、工具栏、快捷菜单、模型树、对象显示菜单、显示信息设置区及图形显示窗口。

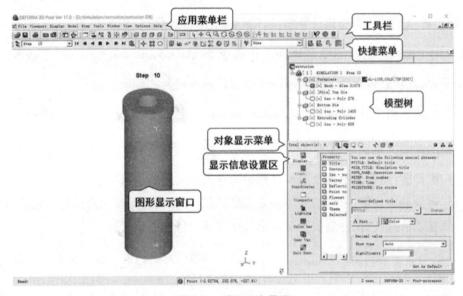

图6.6　后处理主界面

1.应用菜单栏:包括文件管理、视图控制、模型管理、步长管理、工具选项与帮助菜单。其中最常用的步长管理及工具选项已在快捷菜单显示,方便快速操作。

2.工具栏:工具栏集成了应用菜单栏中的部分快捷按钮,包括文件管理、模型管理、视图控制等。最常用的功能为:模型缩放旋转集成区 与视图快速定位区 。

3.快捷菜单:分为两个部分,步长控制"Step"与工具按钮"Tools"。

(1)步长控制"Step" :主要用于控制变形阶段,可以按已保存步显示当前的模拟结果,也可以进行播放等系列操作。

(2)工具按钮"Tools",分为选区工具、常用设置工具与动画视图工具三个部分。

①选区工具 ⊹ ✿ ▭ :用于进行节点选择"Object Nodes"、单元选择"Object Elements"与区域选择"Object edges"。

②常用设置工具:概览按钮"Summary ▦ "(用于提取每个模拟步的概要信息)、载荷－行程曲线"Load－StrOKe ▥ "(用于提取模拟过程中受力对象的载荷,并以图形形式表达)、点追踪"Point Tracking ✐ "(用于设置变形体的点追踪,获取单元节点的状态变量信息)、流动网格"Flow Net ▩ "(用于获取剖面上单元网格的流动变形情况)、两点间状态变量"State Variable Between Two Points ⛰ "(用于绘制两点间状态变量的分布曲线)、镜像对象"Mirror Symmetry Ⅱ "(镜像功能分对称面镜像与周向镜像,主要用于还原为简化计算而进行的对称面模拟结果)、数据提取"Data Extraction ▤ "(用于提取选定步的变量信息)、状态变量"State Variables 6ɼ "(用于选取要分析的变量,此功能包含全部可显示图形变量信息及对应的显示形式)。

③动画视图工具:动画设置"Animation Set Up ▨ "(用于设置及录制模拟结果播放过程的动画)、动画控制"Animation Control ▤ "(用于播放录制的动画)。

4.模型树:用于显示整个模拟过程中的对象及其附属参数信息。

5.对象显示菜单:可以快速增加或删除对象,可以快速操作对象的显示或隐藏。

6.显示信息设置区:集成了显示窗口全部显示特征的设置按钮:

(1)显示主参数控制"Display Property ⓐ Display... ":设置后处理图形显示窗口的显示特征,包括图形显示窗口的背景颜色、字体大小与颜色、坐标显示特征、窗口激活标志等的设置。

(2)坐标系设置"Set Coordinates ⤢ Coordinates ":设置系统坐标方式。DEFORM－3D软件提供三种坐标系选项,分别为笛卡尔坐标系、圆柱坐标系与用户自定义坐标系。

(3)视窗参数设置"Set Viewports Property ▭ Viewports ":对当前图形显示窗口的视窗进行尺寸设置。

(4)光源参数设置"Set Lighting Property 💡 Lighting ":设置显示窗口的光源,包括光

的强弱、颜色与光源类型等。

（5）用户自定义色度条"Set User Defined Color Bar Property "：用于对色度条颜色进行自定义设定。

（6）用户自定义变量追踪"Set User Defined Variable Tracking ![User Var.]"：用于对变量追踪进行自定义设定，使用该功能前需完成变量追踪信息并导出保存文件。

（7）单位转换设置"Set Unit Conversion Factors ![Unit Conv.]"：DEFORM-3D 软件提供了四种单位转换类型，即默认单位制"Default"、国际单位制转换为英制"SI-Eng"、英制转换为国际单位制"Eng-SI"、用户自定义"User"。

7. 图形显示窗口：显示全部对象模型，以图形形式全面表达模具与工件表面及内部的场量模拟结果，充分体现了交互方式的友好性。

第7章　体积金属塑性成形有限元模拟

本章以杯形件、道钉和阶梯轴等典型工程零件为例,重点介绍反挤压、热模锻以及楔横轧等三种典型体积成形工艺有限元模拟的基本操作步骤,使初学者了解和掌握DEFORM – 3D软件的基本操作与应用。

7.1　反挤压

【反挤压电子资源】

7.1.1　问题分析

问题背景:某铝合金杯形件通过反挤压工艺成形。工艺参数:室温(20 ℃)条件下反挤压成形,工件与模具之间摩擦因子为0.12,凸模挤压速度为1 mm/s。

问题分析:本例为非线性大变形接触问题。反挤压成形过程可利用轴类零件的对称性进行简化,选取工件与模具的1/8 部分进行建模及仿真分析,工件变形前后及对称性选取情况如图7.1 所示。

图7.1　反挤压变形前后工件变形及1/8 对称性选取

7.1.2　建立几何模型

采用三维造型软件Creo 建立三维几何模型,并将工件、凹模与凸模等零部件模型按实际反挤压位置进行装配,如图7.2 所示,从装配体中分别导出各部件,分别为:billet. STL、punch. STL 与 die. STL。

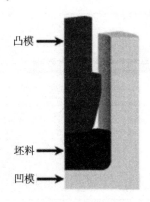

凸模 →

坯料 →

凹模 →

图7.2　反挤压工艺三维模型(1/8)

7.1.3　建立仿真模型

7.1.3.1　创建新问题

(1)打开 DEFORM 主程序,单击"Home ⌂"打开工作目录。

(2)单击"New Problem 📄",项目类型选择"Deform – 2D/3D preprocessor",单位选择"SI 国际单位制",如图 7.3 所示,单击"Next",设置存储路径,选择"Under Problem Home Directory"。

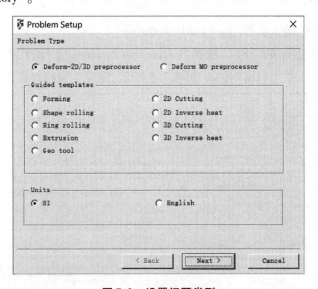

图7.3　设置问题类型

(3)单击"Next",创建新项目名称,输入名称"backward – extrusion",单击"Finish"进入前处理界面。此时,在 Home Directory 路径下会自动生成文件名为"backward –

extrusion"的文件夹,如图7.4所示,后续模拟文件都将存储在该文件夹下。

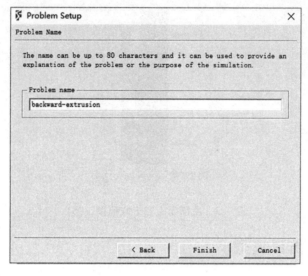

图7.4　输入问题名称

注:建议设置常用路径为"Home Directory",模拟文件按高辨识度名称命名集中管理。单位统一选择 SI 国际单位制,避免不熟悉英制转换关系导致单位误用或混用带来模拟误差。

7.1.3.2　设置控制参数

(1)单击"Simulation Controls　　",在"　　Main"选项卡进行主控制参数设置。在"Simulation title"输入名称"backward - extrusion"。

(2)勾选"SI 国际单位制",选择"Lagrangian incremental"迭代方式,勾选"Deformation"变形模式。单击"OK"按钮,如图7.5所示,完成主控制参数设置。

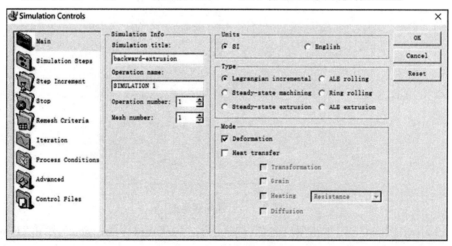

图7.5　设置主控制参数

7.1.3.3　创建模拟对象

(1)导入工件(Workpiece)

在前处理主界面,单击"Workpiece"。

● **工件通用参数设置:**

在前处理主界面 General 通用属性标签下进行通用参数设置。

①对象名称(Object Name):默认 Workpiece,无须更改。

②对象类型:选择 Plastic(塑性变形体)。

③变形温度:单击 Assign temperature... ,输入变形温度为 20 ℃,如图 7.6

所示。

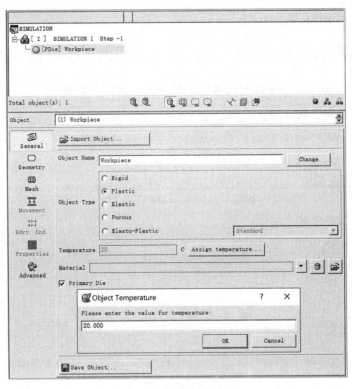

图7.6　通用参数设置

● **工件几何参数设置:**

单击 Geometry ,单击 Import Geo... 导入几何模型,选择 billet. STL 文件,单

击打开并载入,模型树内显示几何模型 Geo - Poly 268。

(2)导入凸模(Top Die)

在模型树内创建(Insert)Top Die(凸模),单击选中凸模。

在前处理主界面 General 通用属性标签下进行通用参数设置。

● **凸模通用参数设置：**

①对象名称(Object Name)：默认 Top Die,无须更改。

②对象类型：选择 Rigid(刚性体)。

③变形温度：单击 `Assign temperature...` ,输入变形温度为 20 ℃(室温)。

④DEFORM - 3D 默认 Top Die 为主模具,负责挤压动作。

● **凸模几何参数设置：**

单击 `Geometry` ,单击 `Import Geo...` 导入几何模型,选择 punch. STL 文件,单击打开并载入。

(3)导入凹模(Bottom Die)

在模型树内创建(Insert ⬚)Bottom Die(凹模),单击选中凹模。

在前处理主界面 General 通用属性标签下进行通用参数设置。

● **凹模通用参数设置：**

①对象名称(Object Name)：默认 Bottom Die,无须更改。

②对象类型：选择 Rigid(刚性体)。

③变形温度：单击 `Assign temperature...` ,输入变形温度为 20 ℃(室温)。

● **凹模几何参数设置：**

单击 `Geometry` ,单击 `Import Geo...` 导入几何模型,选择 die. STL 文件,单击打开并载入。

7.1.3.4　网格划分

本例为室温条件下的变形模拟,不涉及热传导,仅对变形体进行网格划分。

(1)在模型树中,单击"Workpiece",单击 ⬤ ,简化模型显示。

(2)单击 `Mesh` ,在网格基本工具 `Tools` 标签下,拖动单元网格数目进度条至32000,完成网格数目设置。

(3)单击 `Preview` ,预览网格尺寸及分布情况,如图 7.7 所示。单击`Detailed Settings`切换进入网格详细设置标签,在 `General` 二级标签栏下,默认选择网格类型 Type 为 ⦿ `Relative`(采用相对网格),"Size Ratio"为 2(最大与最小网格尺寸比为2）。在"Element"标签栏下，灰色图标显示"Min Element Size"为0.48 mm，"Max Element Size"为0.97 mm，如图7.8所示。单击 `Tools` 返回至网格基本工具设置，单击 `Generate Mesh`，直接生成网格。

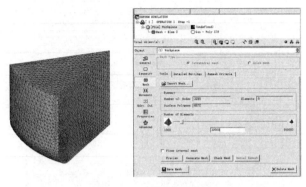

图7.7　工件网格设置

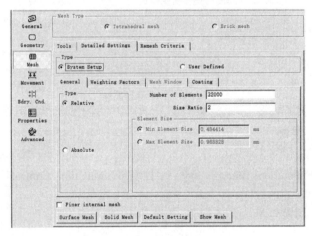

图7.8　工件网格详细参数

7.1.3.5　材料属性

本例为室温条件下的变形模拟，由于刚性体无网格划分，无须设置材料属性，仅对划分网格的变形体 Workpiece 设置材料属性。

（1）在模型树中，单击"Workpiece"，单击 ●，简化模型显示。

（2）在前处理主界面 General 通用属性标签下进行变形体材料属性设置。单击"Material Lab 🎲"进入材料库，Category 类型选择"Aluminum"，在 Material label 选择牌号 AL‑6062，COLD［70F（20C）］，如图7.9所示。单击 `Load` 载入材料属性，模型树对象右侧显示 AL-6062, COLD[70F(20C)]。

注：本例为室温下变形，选择铝合金6062冷变形材料属性。

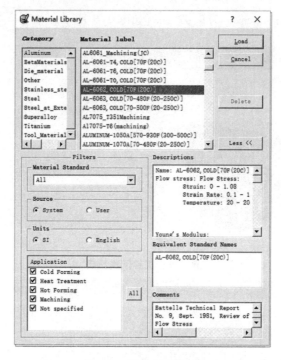

图7.9 工件材料属性

7.1.3.6 模拟控制

（1）单击"Simulation Controls ![icon]"，打开"Simulation Controls"对话框，单击

![icon] Step Increment，切换至步长设置标签，如图7.10所示。

（2）默认处于 General 二级标签栏，无须修改。在"Solution step definition"标签栏下，选中 ⊙ Die displacement，以凸模位移为步长控制单元。

（3）在 Step increment control 标签栏下，选择"Constant"，即以恒定步长方式变形，输入0.16 sec/step。

（4）单击 ![icon] Stop 进入停止控制标签，默认处于 Process Parameters 二级标签栏，无须修改。在 General 标签栏下，根据实际挤压运动 Movement 方向选择 Z 方向，在 Primary Z 方向输入15 mm。即本次挤压总位移为 Z 方向15 mm，如图7.11所示。

（5）单击 ![icon] Simulation Steps 进入步长控制标签，在"Number of simulation steps"输入100，总步长为100步；在"Step increment to save"输入10，每10步保存结果，如图7.12所示。

（6）单击 Iteration，切换至求解器迭代控制标签，默认处于 Deformation 二级标签栏，无须修改。在 Solver 二级标签栏下，选择 ⊙ Sparse 求解器；在 Method 二级标签栏下，选择 ⊙ Newton-Raphson 迭代算法。

（7）单击 OK，完成控制参数设置。

注：本例记录 Min Element Size 为 0.48 mm，步长按其 1/3 计算为 0.16 mm。按 15 mm 总位移计算，总计算步约为 100 步。

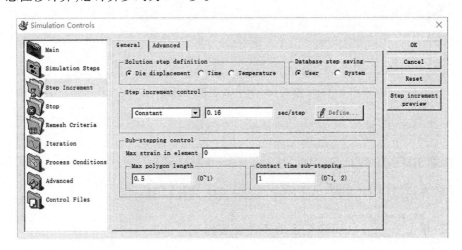

图 7.10　步长设置对话框

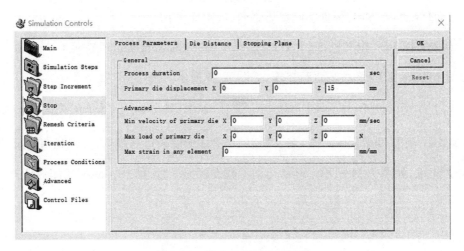

图 7.11　停止条件设置对话框

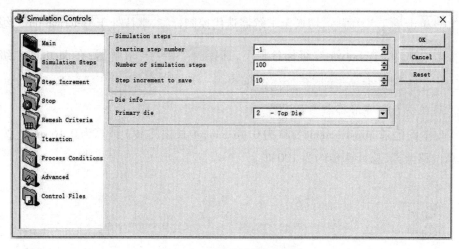

图 7.12　总步长设置对话框

7.1.3.7　运动条件

DEFORM‐3D 默认 Top Die 为主模具,负责挤压动作。

(1)在模型树中,单击"Top Die",单击 ⬤ ,简化模型显示。

(2)单击 $\boxed{\text{Movement}}$,切换至运动条件设置标签。单击 $\boxed{\text{Translation}}$,在平移运动二级标签栏下进行设置。

(3)Direction 方向:根据实际挤压方向,选中 Z 方向。

(4)在 Defined 定义栏,选中 ⊙ Constant ,在"Constant value"输入 1 mm/sec。即以恒定挤压速度 1 mm/sec 进行挤压,如图 7.13 所示。

(5)单击"Preview Object Movement ⬤ ",弹出"Movement Preview"对话框。选中 ⊙ x 10 ,点击 Play Forward ▶ ,即以 10 倍加速度预览凸模运行,直观判断运动设置是否正确,如图 7.14 所示。确认运动参数设置无误后,单击"Close"关闭对话框。

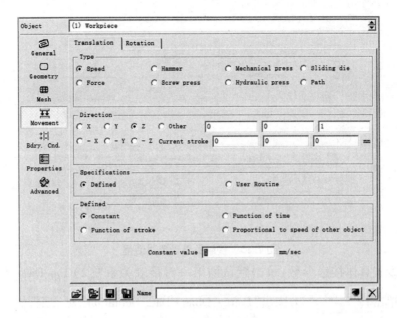

图 7.13 运动条件设置

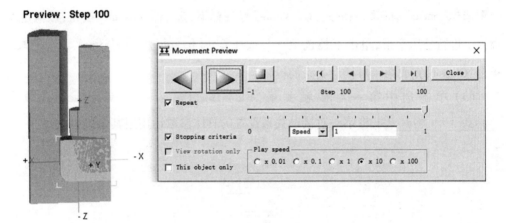

图 7.14 预览运动条件

7.1.3.8 接触关系

（1）单击"Inter – Object ⌂"，弹出"Add Default Inter – Object Relationships"对话框，提示当前对象之间无接触关系存在，是否由系统添加默认接触关系，点击"Yes"进行确认。弹出已默认添加接触关系的对话框，如图 7.15 所示。检查对象之间接触关系是否合理。

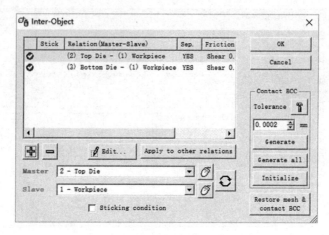

图 7.15　接触关系设置对话框

（2）设置具体接触参数：单击默认的第一对接触关系"（2）Top Die － （1）Work-piece"。单击 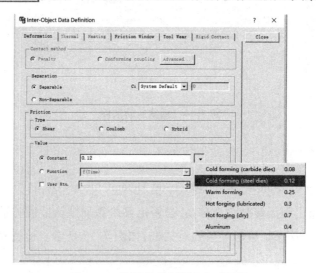，弹出"Inert － Object Data Definition"对话框，如图 7.16 所示。默认处于 Deformation 二级标签栏，无须修改。在"Fiction"标签栏下，"Type"摩擦类型选择"Shear"剪切摩擦形式；在"Value"标签栏下，选中"Constant"按钮，以恒定摩擦因子进行挤压变形，单击下拉选项 ▼，选择 Cold forming (steel dies)　0.12。单击"Close"，完成第一对接触关系的设置。

（3）单击选中第一对接触关系"（2）Top Die － （1）Workpiece"。单击 Apply to other relations，将第一对接触关系设置的具体参数运用至其余接触关系。

图 7.16　接触关系参数定义对话框

（4）在接触关系设置对话框，Contact BCC 接触关系边界条件标签栏下，单击 Tolerance ⚙ "Use system default value for contact generatation tolerance"，采用系统默认的

接触关系生成容差值,在下方输入框即会显示默认容差。单击 `Generate all`,将接触容差应用至全部接触面。此时,模具与工件之间的接触点采用不同的颜色进行高亮显示,接触点分布情况如图7.17所示。凸模与工件端面全部接触,接触点呈绿色点分布;凹模部分与工件端面接触,接触点呈蓝色点分布。

(5)单击OK,完成接触关系设置。

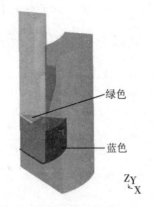

图7.17　接触点分布情况

7.1.3.9　数据与运算

单击"Database Generation　",单击"Check"检查数据库文件,绿色高亮显示"Database can be generated"表明数据库无问题,如图7.18所示,单击"Generate"生成数据库文件,保存Key文件,退出前处理主界面,返回至DEFORM-3D软件主界面。单击"Run"按钮,提交运算。

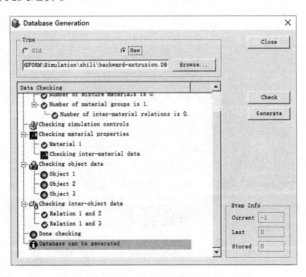

图7.18　生成数据库文件

7.1.3 后处理分析

在 DEFORM – 3D 软件主界面,单击"backward – extrusion. DB"文件,单击"DEFORM Post"按钮,进入后处理主界面。单击"Workpiece",单击 ,简化模型显示。

(1)单击快捷菜单区 Step 工具栏的"Last step ",观察反挤压变形结束后的变形情况。单击快捷菜单的"Mirror Symmetry "镜像对称按钮,弹出"Symmetry Definition"对话框,如图 7.19 所示。选中 Add 添加按钮,点击七次工件对称面,添加完整的筒形件结构,如图 7.20 所示。

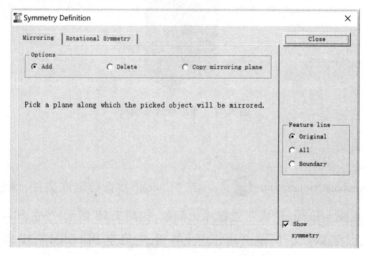

图 7.19　Symmetry Definition 对话框

图 7.20　反挤压变形工件宏观变形情况

(2)流动速度分析。单击快捷菜单的状态变量"State Variables ",弹出状态变量对话框,如图 7.21 所示。在状态变量模型树下,选中"Deformation→Velocity→Z（⊙ **Z** ）"选项,Display 显示标签栏下选中 ⊙ **Solid**,"Scaling"缩放标签下选中 ⊙ **Local**,单击"Apply",结果如图7.22 所示。

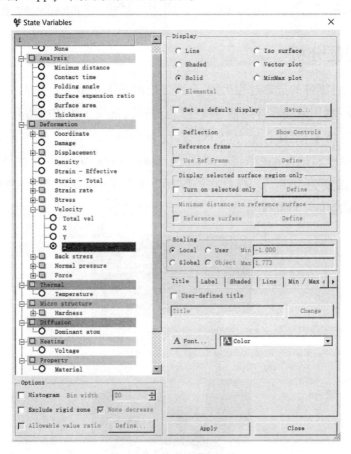

图 7.21 状态变量对话框

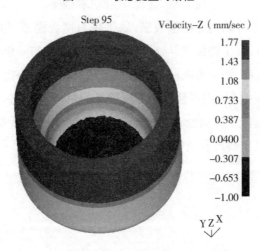

图 7.22 反挤压变形金属质点流动速度情况

7.2　热模锻成形

【热模锻电子资源】

7.2.1　问题分析

本节以道钉零件的成形过程为例,介绍热模锻有限元模拟分析具体步骤。

问题背景:利用轴类零件的轴对称性进行简化,选取 1/4 建模仿真。工件与上下模具如图 7.23 所示,工件直径为 55 mm,高度为 60 mm,工件、上模和下模三维模型文件分别为:Sipke.STL、Spike_TopDie.STL 与 Spike_BottomDie.STL。锻造工艺参数如下:工件初始温度为 1000 ℃,模具初始温度为 120 ℃,模具与工件间的摩擦系数为 0.3,上模锻压速度为 1mm/s。

图 7.23　工件与模具几何模型

工艺分析:道钉零件采用热模锻成形,属于热力耦合模拟,包括工件变形、工件与环境及模具的热传递,由于热传递导致工件和模具温度场的变化会影响工件的流动行为、场量分布、成形载荷,从而影响锻件质量以及模具寿命。将模拟分成三个工序:

(1)环境传热:模拟 8 s 内工件从炉子到模具的热传递,与空气的热交换。

(2)模具传热:模拟工件放置在下模 4 s 与模具和空气的热传递。

(3)热锻成形:模拟锻造和热传递的耦合过程。

7.2.2 热模锻工序一:环境传热

7.2.2.1 创建新问题

(1)打开 DEFORM 主程序,单击"Home 🏠"打开工作目录。

(2)单击"New Problem 📄",选择"Deform – 2D/3D Preprocessor",单位选择"SI国际单位制";单击"Next",设置存储路径,选择"Under Problem Home Directory"。

(3)单击"Next",创建新问题,名称设置为"HotDieForging",单击"Finish"。

7.2.2.2 模拟控制

(1)在前处理主界面,单击"Simulation Controls 👆",在"📚 Main"选项卡进行主控制参数设置。在"Simulation title"输入名称"Hot die forging",在"Operation name"中输入操作名称"Cooling"。

(2)勾选"SI 国际单位制",选择"Lagrangian incremental"迭代方式,"Mode"标签栏下,关闭"Deformation"模式,勾选"Heat transfer",如图 7.24 所示。

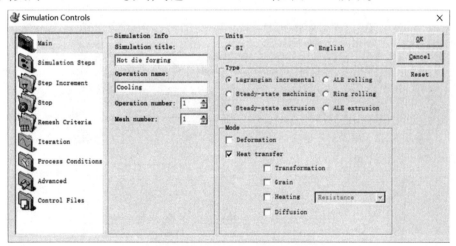

图 7.24 设置主控制参数

7.2.2.3 创建模拟对象

在前处理主界面模型树中,选中 Workpiece。

● **工件通用参数设置:**

在前处理主界面 General 通用属性标签下进行通用参数设置。

①对象名称(Object Name):输入"Spike",单击 Change 确认更改。

②对象类型:选择 Plastic(塑性变形体)。

③变形温度:单击 `Assign temperature...` ,输入温度为1000 ℃。

● 工件几何参数设置:

单击 `Geometry` ,单击 `Import Geo...` 导入几何模型,选择"Spike. STL",载入工件模型。

7.2.2.4 网格划分

(1)在模型树中,单击"Spike"。

(2)单击 Mesh `Mesh` ,选择 `Detailed Settings` ,在 `General` 二级标签栏下,勾选类型(Type)中的 `Absolute` ,在"Element"标签,尺寸比(Size Ratio)改为3,最小单元尺寸(Min Element Size)改为0.5 mm,如图7.25所示。

(3)点击 `Surface Mesh` 生成表面网格,点击 `Solid Mesh` 生成实体网格,在弹出的窗口中单击 `No` 。

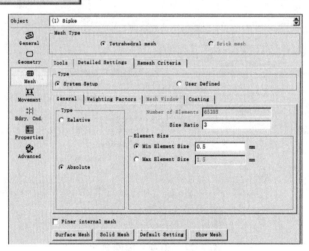

图7.25 网格划分设置

注:弹出的窗口中是系统询问用户是否需要定义边界条件,如果选择 Yes,系统会自动定义工件的所有面均为热交换面导致计算错误;而在这个模拟中后续会对工件的热交换面进行定义,因此在弹出的窗口中选择 No 即可。

7.2.2.5 材料属性

(1)在模型树单击 Spike。

（2）在 General 通用属性标签下，单击"Material Lab ⬡"进入材料库，在 Category 类型一栏选择"Steel"，在"Material label"选择牌号 AISI – 1035［1300 – 2000F（700 – 1100 ℃）］，单击 ⬚Load⬚ 载入材料。

7.2.2.6　边界条件

模拟对象已进行 1/4 对称性简化，应区分热边界面的选取与对称约束边界面的选取。

（1）选中"Spike"，单击 撒Bdry. Cnd.，在 BCC Type 下选择 Thermal 中的"Heat Exchange with Environment"，单击"Environment"，在弹出的对话框中，设置环境温度为 20 ℃（默认），热交换系数 0.02 N/sec/mm/C，如图 7.26 所示。

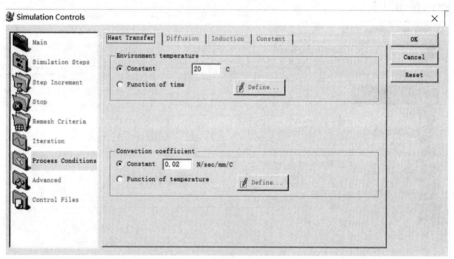

图 7.26　设置环境温度

（2）单击工件上、下表面和圆柱面，单击 撒➕ 完成设置，如图 7.27 所示。

图 7.27　工件热交换面

注：工件与外界环境的热传导边界条件仅仅针对工件暴露在环境中的外表面，对于工件的两个非暴露对称面是不需要设置热传导边界条件的。

7.2.2.7　模拟控制

（1）在前处理主界面，单击"Simulation Controls 👆"，打开"Simulation Controls"对话框，单击 📁 Simulation Steps，在"Number of Simulation Steps"输入40，设置总步长40步；在"Step Increment to Save"输入4，每4步保存结果。

（2）单击 📁 Step Increment，如图7.28所示。在"Solution step definition"标签栏下，选中 ⊙ Time，在"Step increment control"标签栏下，勾选"Constant"选项，输入0.2 sec/step，单击"OK"。

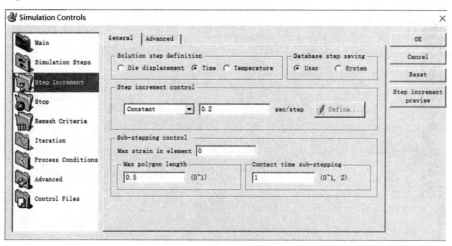

图7.28　设置模拟步长

注：工件空冷时间为8 s，即与外界环境的热传导时间为8 s，因此采用时间控制方式来设置模拟参数。模拟总步数为40步，则模拟计算步长为8 s/40 step = 0.2 sec/step。

7.2.2.8　数据与运算

单击"Database Generation 🛢"，检查并生成数据库文件，保存 Key 文件，返回至 DEFORM 主界面。单击"Run"按钮，提交运算。

7.2.2.9　后处理

在 DEFORM – 3D 软件主界面，单击"HotDieForging. DB"文件，单击 DEFORM –

2D/3D Post 按钮,进入后处理主界面。单击"Spike",单击 。

（1）单击快捷菜单的步长控制"Step"下拉按钮 ，选中第 40 步"Step 40"。

（2）温度场分析。单击"State Variable "，在状态变量模型树下,选中 Temperature ,Display 标签栏下选中 Solid ,"Scaling"标签栏下选中 Local ,单击"Apply",模拟结果如图 7.29 所示。点击 Close 按钮关闭窗口。

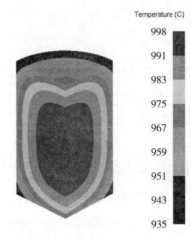

图 7.29　工件温度场分布情况

7.2.3　热模锻工序二:模具传热

7.2.3.1　打开前处理文件

在 DEFORM – 3D 软件主界面,单击"HotDieForging. DB"文件。在主菜单中点击 "Deform – 2D/3D Preprocessor"选项,在弹出的窗口中选择第 40 步,如图 7.30 所示,单击 OK 进入前处理界面。

图7.30　选择前处理步数

7.2.3.2　模拟控制

（1）在前处理主界面，单击"Simulation Controls 👆"，在"🗂 Main"选项卡进行主控制参数设置。在"Operation name"输入名称"Transfer"，将"Operation number"改为2，模式仅勾选"Heat transfer"，如图7.31所示。

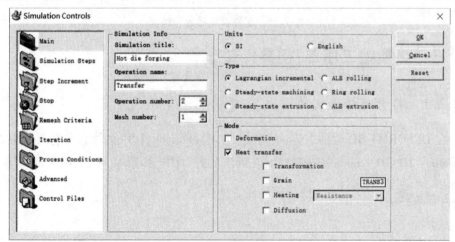

图7.31　定义模拟名称

（2）单击 🗂 Simulation Steps 进入步长控制标签，在"Number of Simulation Steps"输入20，总步长为20步；在"Step Increment to Save"输入2，每2步保存一次。

（3）单击 ⏳ Step Increment，切换至步长设置标签。在"Solution step definition"标签栏下，选中 ⦿ Time，以时间为步长控制单元。在"Step increment control"标签栏下，

勾选"Constant"选项,输入 0.2 sec/step。

(4)单击"OK",完成控制参数设置。

7.2.3.3 创建模拟对象

(1)导入凸模(Top Die)

在模型树内创建(Insert ⬛)Top Die(凸模),单击选中凸模。

在前处理主界面 General 通用属性标签下进行通用参数设置。

● **凸模通用参数设置:**

①对象名称(Object Name):输入栏默认为 Top Die。

②对象类型:选择 Rigid(刚性体)。

③变形温度:单击 `Assign temperature...`,输入变形温度为 120 ℃。

④DEFORM – 2D/3D 默认勾选"Top Die"为主模具 ☑ **Primary Die**,主模具负责锻压动作。

● **凸模几何参数设置:**

单击 `⬛ Geometry`,单击 `📂 Import Geo...`导入几何模型,选择"Spike_TopDie.STL"文件,单击打开并载入。

(2)导入凹模(Bottom Die)

在模型树内创建(Insert ⬛)Bottom Die,单击选中凹模。

在前处理主界面 General 通用属性标签下进行通用参数设置。

● **凹模通用参数设置:**

①对象名称(Object Name):默认 Bottom Die,无须更改。

②对象类型:选择 Rigid(刚性体)。

③变形温度:单击 `Assign temperature...`,输入变形温度为 120 ℃。

● **凹模几何参数设置:**

单击 `⬛ Geometry`,单击 `📂 Import Geo...`导入几何模型,选择 Spike_BottomDie.STL 文件,单击打开并载入。

7.2.3.4 空间位置关系

单击工具栏"Object Positioning 🔧",弹出"Object Positioning"对话框,如图 7.32

所示。方法（Method）选择自动干涉（Interference），通过下拉按钮 ▼ 选中

1 - Spike。参考物体（Reference）选择"Bottom Die"，定位方向（Approach direction）选择 $-Z$，干涉值（Interference）采用默认的 0.0001，单击"Apply"按钮，单击"OK"关闭对话框，工件将从上往下靠拢下模，如图 7.33 所示。

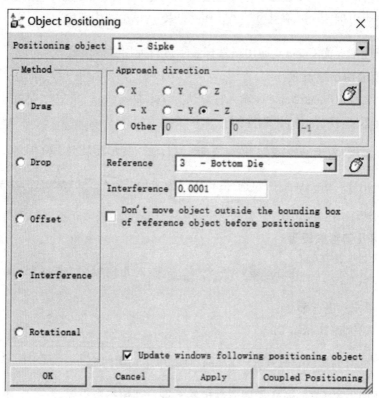

图 7.32　Object Positioning 对话框

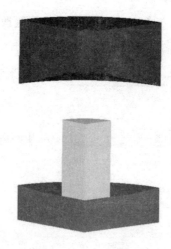

图 7.33　定位后物体

7.2.3.5 网格划分

（1）在模型树中，单击"Top Die"选中上模，单击 ●，隐藏无关模型。

（2）单击 ⊞Mesh 按钮，修改网格总数为10000，单击 Generate Mesh 按钮，完成网格数目设置。同理按照上述操作对下模进行网格划分。

7.2.3.6 材料属性

（1）在模型树中，单击"Top Die"选中上模，单击 ●，隐藏无关模型。

（2）在前处理主界面 General 通用属性标签下进行变形体材料属性设置。单击"Material Lab ⊟"进入材料库，在"Category"类型一栏选择对应材料类型"Die material"，在"Material label"选择牌号 AISI – H – 13，单击 Load 载入材料属性。

（3）同理按上述操作完成对下模 Bottom Die 的材料属性定义，材料与上模相同。

7.2.3.7 边界条件

在模型树中，单击"Top Die"选中上模。单击 ⊞Bdry. Cnd 按钮，在"BCC Type"中选择"Thermal"中的"Heat Exchange with Environment"选项，选中上模的上、下面和圆柱面，选中的面会以绿色高亮显示，然后单击 ⊞ 完成热交换面的设置。下模的设置与上模设置相同，重复上述步骤即可，设置完成后的模具如图7.34所示。

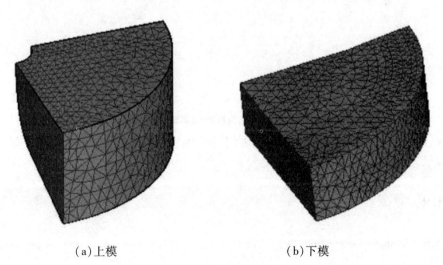

（a）上模 （b）下模

图7.34 模具的热交换面

7.2.3.8 接触关系

(1)单击"Inter - Object ",弹出"Add Default Inter - Object Relationships"对话框,提示当前对象之间无接触关系存在,是否由系统添加默认接触关系,点击 Yes 确认。

(2)选择"(3)Bottom Die - (1)Spike"关系,单击 Edit... ,弹出"Inert - Object Data Definition"对话框,如图 7.35 所示,单击"Themal"选项卡中的 ▼ 按钮,单击"Free resting"按钮,系统会自动设置热交换系数为 1,单击 Close 关闭该窗口。

(3)在接触关系设置对话框,Contact BCC 接触关系边界条件标签栏下,单击 Tolerance 🔧 "Use system default value for contact generatation tolerance",采用系统默认的接触关系生成容差值,在下方输入框即会显示默认容差。单击 Generate all ,单击 "OK"完成接触关系设置。

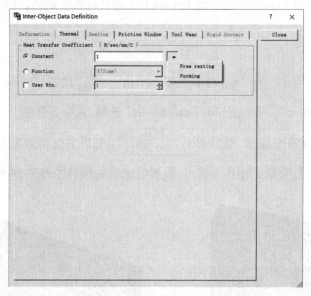

图 7.35 热交换系数设置对话框

注:第二步工序只涉及工件与下模之间的热传递,因此只需定义工件与下模之间的接触关系,无须定义工件与上模的接触关系。

7.2.3.9 数据与运算

单击"Database Generation 🗄 ",检查并生成数据库文件,保存 Key 文件,返回至 DEFORM 主界面。单击"Run"按钮,提交运算。

7.2.3.10 后处理分析

在 DEFORM - 3D 软件主界面,点击"HotDieForging. DB"文件,单击 DEFORM - 2D/3D Post 按钮,进入后处理主界面。单击"Spike",单击 ●。

(1)单击快捷菜单的步长控制"Step"下拉按钮 ▼,选中第 60 步"Step 60"。

(2)温度场分析。单击"State Variable δε/T",在状态变量模型树下,选中 **⊙ Temperature**,"Display"标签栏下选中 **⊙ Solid**,"Scaling"标签栏下选中 **⊙ Local**,单击"Apply",模拟结果如图 7.36(a)所示。点击 **Close** 按钮关闭窗口。

(3)同理,单击"Botoom Die"选中下模,单击 ●,单击"State Variable δε/T",在状态变量模型树下,选中 **⊙ Temperature**,"Display"标签栏下选中 **⊙ Solid**,"Scaling"标签栏下选中 **⊙ Local**,单击"Apply",模拟结果如图 7.36(b)所示。点击 **Close** 按钮关闭窗口。

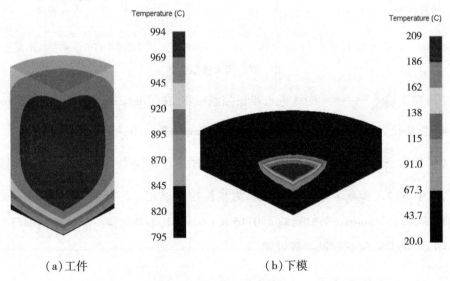

(a)工件 （b)下模

图 7.36 温度场分布情况

7.2.4 热模锻工序三:热锻成形

7.2.4.1 打开前处理文件

在 DEFORM - 3D 软件主界面,单击"HotDieForging. DB"文件。在主菜单中点击

"DEFORM - 2D/3D Pre"选项,在弹出的窗口中选择第60步(工序二最后一步),单击

OK 进入前处理界面。

7.2.4.2 模拟控制

(1)在前处理主界面,单击"Simulation Controls 👆",在" Main"选项卡进行主控制参数设置。在"Operation name"输入名称"Forging",将"Operation Number"改为3,同时勾选"Heat transfer"与"Deformation"模式,如图7.37所示。

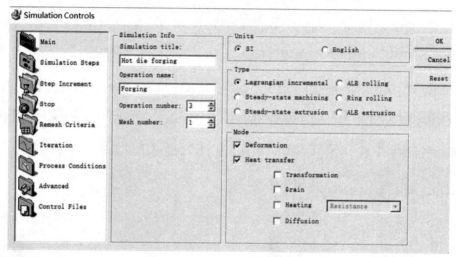

图7.37 定义模拟名称

(2)单击 Simulation Steps 进入步长控制标签,在"Number of Simulation Steps"输入240,总步长为240步;在"Step Increment to Save"输入10,每10步保存一次。

(3)单击 Step Increment,切换至步长设置标签。在"Solution step definition"标签栏下,选中 ⊙ Die displacement ,以位移为步长控制单元。在"Step increment control"标签栏下,勾选"Constant"选项,输入0.15 mm/step,其余参数保持默认数值即可。

(4)单击OK,完成控制参数设置。

7.2.4.3 空间位置关系

在主界面工具栏中单击"Object Positioning 📦",在弹出的"Object Positioning"对话框中选择自动干涉(Interference),需要定位的物体(Positioning object)选择 Top Die,参考物体(Reference)选择 Spike,定位方向(Approach direction)选择 - Z,干涉值(Interference)采用默认的0.0001,如图7.38所示。单击"Apply",单击"OK",关闭对

话框。

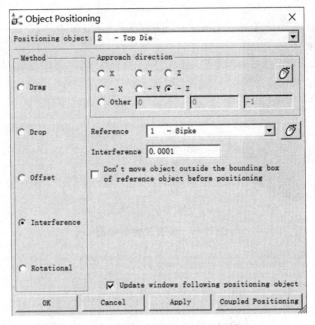

图7.38　Object Positioning 对话框

7.2.4.4　边界条件

（1）定义工件（Spike）对称面

在模型树中，单击"Spike"。单击 _Bdry. Cnd._ 按钮，在"BCC Type"中选择"Symmetry"中的"Symmetry plane"选项，分别点击工件的对称面，然后点击 按钮，完成添加（-1,0,0）和（0,-1,0）两个对称面。设置完成后如图7.39所示。

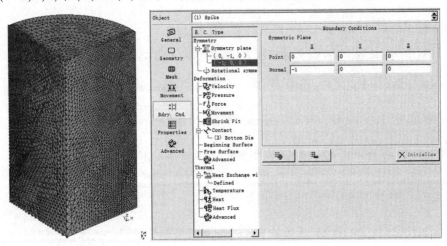

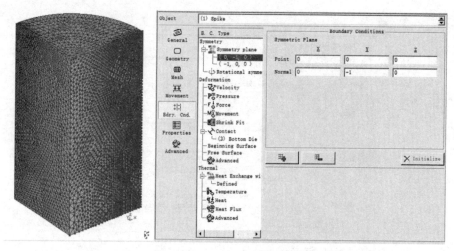

图 7.39　设置工件对称面

（2）定义模具对称面

在模型树中，单击"Top Die"选中上模。单击 ⬜ Geometry ，点击"Symmetric Surface"选项卡，分别点击上模的两个对称面，点击"Add"。同理设置下模（Bottom Die）对称面。

7.2.4.5　运动条件

DEFORM−3D 默认勾选"Top Die"为主模具 ☑ **Primary Die**。

（1）在模型树中，单击"Top Die"，单击 ●，隐藏无关模型。

（2）单击 Movement ，切换至运动条件设置标签。单击 **Translation**，在平移运动标签栏下进行设置，Type 标签栏下选择 ◉ Speed。

（3）Direction 方向：根据实际挤压方向，选中 −Z 方向。

（4）在 Defined 定义栏，选中 ◉ Constant，在"Constant Value"输入 1 mm/sec。

（5）单击"Preview Object Movement ●"，弹出"Movement Preview"对话框。选中 ◉ x 10，点击 Play Forward ▷，判断运动设置是否正确。

7.2.4.6　对象特性

本例仅针对已进行单元离散的工件进行网格重划分过程中的体积补偿。

（1）在模型树中，单击 Spike，单击 ●，隐藏无关模型。

（2）单击 Properties，默认处于 Deformation 二级标签栏，无须修改。在"Target Vol-ume"栏下，单击 **Active in FEM + meshing**，如图 7.40 所示，激活体积补偿功能。单击"Calculate Volume"自动计算工件模型初始体积，弹出"Target Volume"对话框，单击"Yes"进行确认，此时"Volume"输入栏显示自动计算的初始体积。后续网格重划分过程中，将按照该数值进行体积补偿，确保整个模拟过程中工件体积基本保持不变。

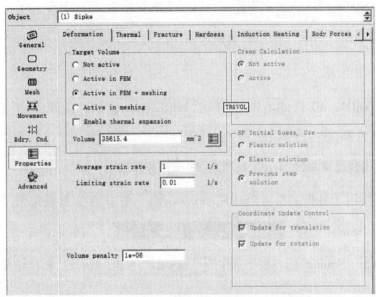

图 7.40　设置工件体积补偿

7.2.4.7　接触关系

（1）单击"Inter – Object"，单击第一对接触关系"（2）Top Die – （1）Spike"。单击 **Edit...**，弹出"Inert – Object Data Definition"对话框，默认处于 Deformation 二级标签栏，无须修改。在"Friction"二级标签栏下，Type 摩擦类型选择"Shear"剪切摩擦形式；在"Value"标签栏下，选中"Constant"按钮，以恒定摩擦因子进行变形，单击输入框右侧下拉选项 ▼，选择 **Hot forging (lubricated)　0.3**。

（2）单击 Themal 选项卡中的 ▼ 按钮，单击 **Forming**，系统会自动设置热交换系数为 11，单击 **Close** 关闭该窗口。

（3）单击 **Apply to other relations**，将第一对接触关系设置的具体参数运用至其余接触关系。

（4）在接触关系设置对话框，Contact BCC 接触关系边界条件标签栏下，单击 Tolerance 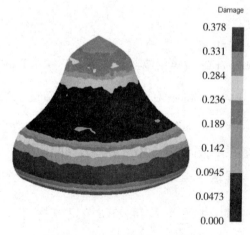"Use system default value for contact generatation tolerance",采用系统默认的接触关系生成容差值,在下方输入框即会显示默认容差。单击 `Generate all` ,单击"OK"完成接触关系设置。

7.2.4.8 数据与运算

单击"Database Generation ",检查并生成数据库文件,保存 Key 文件,返回至 DEFORM 主界面。单击"Run"按钮,提交运算。

7.2.4.9 后处理

在 DEFORM – 3D 软件主界面,单击"HotDieForging. DB"文件,单击 DEFORM – 2D/3D Post 按钮,进入后处理主界面。单击"Spike",单击 。

(1)单击快捷菜单区 Step 工具栏的 ▶ 按钮选择最后一步。

(2)损伤因子分析。单击"State Variable ",在状态变量模型树下,选中 Deformation → Damage (`Damage`),Display 标签栏下选中 `Solid`,"Scaling"标签栏下选中 `Local`,单击"Apply",模拟结果如图 7.41 所示。点击 `Close` 按钮关闭窗口。

图 7.41　工件损伤因子分布情况

7.3 楔横轧成形

【楔横轧电子资源】

7.3.1 问题分析

问题背景:楔横轧是利用装有楔形模具的轧辊,以横轧方法生产变断面阶梯状轴类制品或毛坯的金属塑性加工工艺,如图 7.42 所示。

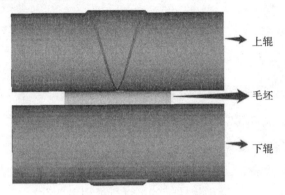

图 7.42 工件及模具三维图

工艺分析:圆棒毛坯置于两个装有圆弧状楔形模、同向旋转的轧轮中,毛坯轴线与轧轮轴线平行,依靠摩擦力驱动毛坯旋转并沿楔形模的型面减径和轴向延伸。圆棒毛坯在楔形模具的辗压下一边旋转一边变形,直径减小而长度增加,加工成变断面阶梯状轴。

问题分析:本例为 45 碳钢圆棒中部成形台阶的热楔横轧成形。具体工作条件为:棒材 1050 ℃,上下辊温度 100 ℃,摩擦因子 0.3,上辊和下辊相对转速 60 r/min。

7.3.2 建立几何模型

采用三维造型软件建立三维几何模型,并将工件、上辊、下辊和托板模型按实际轧制位置进行装配。从装配体中分别导出各部件,分别为:billet. STL、shang. STL、xia. STL 与 dangban. STL。

7.3.3 建立仿真模型

7.3.3.1 创建新问题

(1)打开 DEFORM 主程序,单击"Home 🏠"打开工作目录。

（2）单击"New Problem ▤"，项目类型选择"Deform - 2D/3D Preprocessor"，单位选择"SI 国际单位制"，单击"Next"，设置存储路径，选择"Under Problem Home Directory"。

（3）单击"Next"，名称设置为"wedgecorss"，单击"Finish"进入前处理界面。

7.3.3.2　设置控制参数

（1）单击"Simulation Controls ✍"，在"▨ Main"选项卡进行主控制参数设置。在"Simulation title"输入模拟名称"wedgecross"。

（2）勾选"SI 国际单位制"，选择"Lagrangian incremental"迭代方式，同时勾选"Deformation"变形和"Heat transfer"传热模式。单击"OK"，完成主控制参数设置。

7.3.3.3　创建模拟对象

（1）导入工件（Workpiece）

在模型树内已默认存在 Workpiece（工件），单击选中 Workpiece。

● **工件通用参数设置：**

在前处理主界面 General 通用属性标签下进行通用参数设置。

①对象名称（Object Name）：默认 Workpiece，无须更改。

②对象类型：选择 Plastic（塑性变形体）。

③变形温度：单击 `Assign temperature...` ，输入变形温度为 1050 ℃。

● **工件几何参数设置：**

单击 `Geometry` ，单击 `Import Geo...` 导入几何模型，选择 billet. STL 文件，单击打开并载入。

（2）导入上辊（Top Die）

在模型树内创建（Insert ▨）上辊 Top Die，单击选中 Top Die。

在前处理主界面 General 通用属性标签下进行通用参数设置。

● **上辊对象通用参数设置：**

①对象名称（Object Name）：默认 Top Die，无须更改。

②对象类型：选择 Rigid（刚性体）。

③变形温度：单击 `Assign temperature...` ，输入变形温度为 100 ℃。

④DEFORM - 3D 默认勾选 Top Die 为主模具 `✔ Primary Die` 。

● **上辊对象几何参数设置：**

单击 Geometry，单击 Import Geo... 导入几何模型，本例中上辊即为主模

具，选择 shang. STL 文件，单击打开并载入。

（3）导入下辊（Bottom Die）

在模型树内创建（Insert ）Bottom Die（下辊），单击选中"Bottom Die"。

在 General 通用属性标签下进行通用参数设置。

● **下辊对象通用参数设置：**

①对象名称（Object Name）：默认 Bottom Die，无须更改。

②对象类型：选择 Rigid（刚性体）。

③变形温度：单击 Assign temperature...，输入变形温度为 100 ℃。

● **下辊对象几何参数设置：**

单击 Geometry，单击 Import Geo... 导入几何模型，选择 xia. STL 文件，单

击打开并载入。

（4）导入挡板（dangban）

在模型树内创建（Insert ）Object 4，单击选中 Object 4。

在前处理主界面 General 通用属性标签下进行通用参数设置。

● **挡板通用参数设置：**

①对象名称（Object Name）：输入 dangban，单击 Change 确认更改。

②对象类型：选择 Rigid（刚性体）。

③变形温度：单击 Assign temperature...，输入温度为 20 ℃。

● **挡板对象几何参数设置：**

单击 Geometry，单击 Import Geo... 导入几何模型，选择 dangban. STL 文

件，单击打开并载入。

7.3.3.4 空间位置关系

Object Positioning 对象位置功能设置方法：

单击任务栏"Object Positioning "，弹出"Object Positioning"对话框，如图 7.43

所示。

（1）位置对象选择

选择设置位置对象，通过下拉按钮 ▾ 框选所需调整位置的对象"3 – Bottom Die"，此时，仅可针对下辊进行位置功能操作。

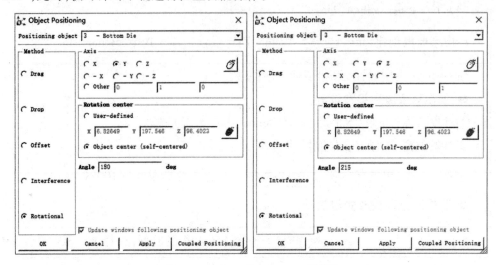

图 7.43　Object Positioning 对话框

（2）旋转 Rotational 功能

在"Method"位置方式类型框内选中"Rotational"按钮。

①根据图形显示窗口坐标方向与对象间的实际关系，选中 Y 方向；"Rotation center"选择"object center"，角度 180°。

②根据图形显示窗口坐标方向与对象间的实际关系，选中 Z 方向；"Rotation center"选择"object center"，角度 215°。

7.3.3.5　网格划分

本例为加热条件下的楔横轧变形模拟，仅对变形体进行网格划分。

（1）在模型树中，单击"Workpiece"，单击 ●，隐藏无关模型。

（2）单击 ⊞ Mesh，拖动进度条至 32000，完成网格数目设置。

（3）单击 Preview，预览网格尺寸及分布情况。单击 Detailed Settings 切换进入网格详细设置标签，在 General 二级标签栏下，选择网格类型为 ⊙ Relative，即采用相对网格。

7.3.3.6　材料属性

本例为加热棒料的楔横轧变形模拟，选择 45 钢（20 ~ 1100 ℃）为变形材料，对划分网格的变形体 Workpiece 设置材料属性。

（1）在模型树中，单击"Workpiece"，单击 ⬤ ，简化模型显示。

（2）在前处理主界面 General 通用属性标签下进行变形体材料属性设置。单击"Material Lab 📦"进入材料库，"Category"类型选择"Steel"，在"Material label"选择牌号 **DIN-C45[70-2000F(20-1100C)]**，单击 Load 载入材料属性，模型树对象右侧显示 DIN-C45[70-2000F(20-1100C)] 。

7.3.3.7　模拟控制

（1）击"Simulation Controls 👆"，打开"Simulation Controls"对话框，单击 📁 Step Increment，切换至步长设置标签。

（2）默认处于 General 二级标签栏，无须修改。在"Solution step definition"标签栏下，选中 ⦿ Time，以时间为步长控制单元。

（3）在"Step increment control"标签栏下，选择"Constant"，即以恒定步长方式变形，输入 0.001 sec/step。

（4）单击 📁 Stop 进入停止控制标签，默认处于 Process Parameters 二级标签栏；在"General"标签栏下，在"Process duration"输入 0.2 sec，即本次楔横轧总时间为 0.2 sec。

（5）单击 📁 Simulation Steps 进入步长控制标签，在"Number of Simulation Steps"输入 200，总步长为 200 步；在"Step Increment to Save"输入 10，每 10 步保存结果。

（6）单击"OK"，完成控制参数设置。

7.3.3.8　运动条件

分别对上辊 Top Die 和下辊 Bottom Die 定义旋转运动条件。

（1）定义上辊运动条件

①在模型树中，单击"Top Die"，单击 ⬤ ，简化模型显示。

②单击 Movement ，切换至运动条件设置标签。单击 Translation ，在平移运动二级标签栏下进行设置。

③Direction 方向：根据实际进给方向，选中 −Z 方向。

④单击 Rotation ，在旋转运动二级标签栏下进行设置。

⑤上辊旋转定义：在"Rotation1"定义栏中，在 Axis 选项中根据实际进给方向，点击 ，软件自动识别物体轴线方向和中心点；选中 ⊙ Angular velocity ，默认选择 Constant ▼ ，输入 6.28318 rad/sec，即以恒定角速度进行绕自身轴线旋转。

（2）定义下辊运动条件

①在模型树中，单击"Bottom Die"，单击 ，简化模型显示。

②单击 Movement ，切换至运动条件设置标签。单击 Translation ，在平移运动二级标签栏下进行设置。

③Direction 方向：根据实际进给方向，选中 $-Z$ 方向。

④单击 Rotation ，在旋转运动二级标签栏下进行设置。

⑤下辊旋转定义：在"Rotation1"定义栏中，在 Axis 选项中根据实际进给方向，点击 ，软件自动识别物体轴线方向和中心点；选中 ⊙ Angular velocity ，默认选择 Constant ▼ ，输入 -6.28318 rad/sec，即以恒定角速度进行绕自身轴线旋转。

（3）运动预览

单击"Preview Object Movement "，弹出"Movement Preview"对话框。选中 ⊙ x 0.1 ，点击"Play Forward ▷"，确认运动参数设置无误后，单击"Close"按钮关闭对话框。

7.3.3.9 对象特性

（1）在模型树中，单击"Workpiece"，单击 ，隐藏无关模型。

（2）单击 Properties ，切换至对象特性设置标签。默认处于 Deformation 二级标签栏，无须修改。在"Target Volume"栏下，单击 ⊙ Active in FEM + meshing ，单击"Calculate Volume"计算工件模型初始体积，弹出"Target Volume"对话框，单击"Yes"确认。

7.3.3.10 接触关系

（1）单击"Inter - Object "，弹出"Add Default Inter - Object Relationships"对话框，提示当前对象之间无接触关系存在，是否由系统添加默认接触关系，点击"Yes"进行确认。

（2）弹出已默认添加接触关系的对话框，检查对象之间接触关系是否合理。

（3）设置具体接触参数：单击默认的第一对接触关系"（2）Top Die－（1）Work-piece"。单击 **Edit...** ，弹出"Inert－Object Data Definition"对话框，如图 7.44 所示。默认处于 Deformation 二级标签栏，无须修改。在 Friction 二级标签栏下，"Type"摩擦类型选择"Hybrid"混合摩擦形式；在"Value"标签栏下，选中"Constant"按钮，以恒定摩擦因子进行楔横轧变形，输入摩擦因子为 0.3。单击"Close"，完成第一对接触关系的参数设置。

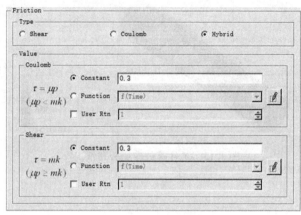

图 7.44 接触关系设置对话框

（4）单击 **Apply to other relations** ，将第一对接触关系参数运用至其余接触关系。

（5）在接触关系设置对话框，Contact BCC 接触关系边界条件标签栏下，单击 Tolerance **⚏** "Use system default value for contact generatation tolerance"，采用系统默认的接触关系生成容差值。单击 **Generate all** ，将接触关系全部生成。

（6）单击"OK"，完成接触关系设置。

7.3.3.11 数据与运算

单击"Database Generation **🛢**"，检查并生成数据库文件，保存 Key 文件，返回至 DEFORM 主界面。单击"Run"按钮，提交运算。

7.3.4 后处理分析

在 DEFORM－3D 软件主界面，单击"wedgecross. DB"文件，单击"DEFORM Post"按钮，进入后处理主界面。单击"Workpiece"，单击 **●**，简化模型显示。

（1）单击快捷菜单的步长控制"Step"下拉按钮 **▼**，选中第 200 步"Step 200"。

（2）等效应变分析。单击快捷菜单的状态变量"State Variables "，在状态变量模型树下，选中"Deformation→Strain － Effective（◎ Strain － Effective）"选项，Display 显示标签栏下选中 ◉ Solid，"Scaling"标签栏下选中 ◉ Local，单击"Apply"，结果如图 7.45 所示。

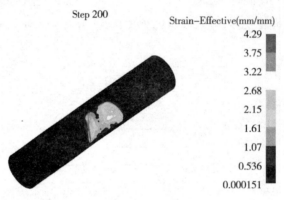

图 7.45　工件等效应变分布情况

第8章 大塑性变形有限元模拟

本章以等通道转角挤压、反复镦压、高压扭转等三种典型大塑性变形工艺为例,介绍大塑性变形有限元模拟的基本操作方法。

8.1 等通道转角挤压(ECAP)

【ECAP 电子资源】

8.1.1 问题分析

ECAP 变形过程与挤压变形类似,如图 8.1 所示,此案例为冷挤压成形工艺。工艺参数如下:坯料材料为工业纯铝 1100;挤压速度为 2 mm/s;凸模行程为 35 mm;摩擦系数为 0.12。

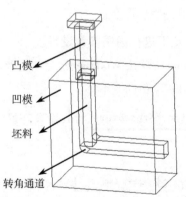

凸模
凹模
坯料
转角通道

图 8.1 ECAP 几何建模

8.1.2 建立几何模型

采用三维造型软件 Creo 建立几何模型,工件尺寸 10 mm × 10 mm × 45 mm,通道截面尺寸 10 mm × 10 mm,90°转角。将工件、凸模与凹模模型按实际挤压位置进行装配,分别为 billet. STL、punch. STL 与 die. STL。

8.1.3 建立仿真模型

8.1.3.1 创建新问题

(1)打开 DEFORM 主程序,单击 Home 🏠 打开工作目录。

(2)单击 New Problem 📑 ,项目类型选择"DEFORM - 2D/3D Pre",单位选择"SI 国际单位制",单击"Next",设置存储路径,选择"Under Problem Home Directory"。

(3)单击"Next",新项目名称为"ECAP",单击"Finish"进入前处理主界面。

8.1.3.2 设置控制参数

(1)在前处理主界面,单击 Simulation Controls 🖐️ ,在 📒 Main 选项卡进行主控制参数设置。在"Simulation Title"输入模拟名称"ECAP"。

(2)勾选"SI 国际单位制",选择"Lagrangian Incremental"迭代方式,勾选"Deformation"变形模式。单击"OK"按钮,完成主控制参数设置。

8.1.3.3 创建模拟对象

(1)导入工件(Workpiece)

在前处理主界面的模型树内,单击 Workpiece。

● **工件通用参数设置**

在 General 通用属性标签下进行通用参数设置。

①对象名称(Object Name):默认 Workpiece,无须更改。

②对象类型:选择"Plastic"(塑性变形体)。

③变形温度:单击 `Assign temperature...` ,输入变形温度 20 ℃(室温)。

● **工件几何参数设置**

单击 `Geometry` ,单击 `Import Geo...` 导入几何模型,选择"billet. STL"文件,单击打开并载入,模型树内显示几何模型 ◯ Geo - Poly 268 。

(2)导入凸模(Top Die)

在模型树内创建(Insert 📦)Top Die,单击选中 Top Die。

在 General 通用属性标签下进行通用参数设置。

● **凸模通用参数设置**

①对象名称(Object Name):默认 Top Die,无须更改。

②对象类型:选择"Rigid"(刚性体)。

③变形温度:单击 `Assign temperature...`,输入变形温度 20 ℃(室温)。

④DEFORM－3D 默认勾选 Top Die 为主模具 `☑ Primary Die`,主模具负责挤压动作。

● **凸模几何参数设置**

单击 `Geometry`,单击 `Import Geo...` 导入几何模型,选择"punch. STL"文件,单击打开并载入。

(3)导入凹模(Bottom Die)

在模型树内创建(Insert ⬛)Bottom Die,单击选中 Bottom Die。

在 General 通用属性标签下进行通用参数设置。

● **凹模通用参数设置**

①对象名称(Object Name):默认 Bottom Die,无须更改。

②对象类型:选择"Rigid"(刚性体)。

③变形温度:单击 `Assign temperature...`,输入变形温度 20 ℃(室温)。

● **凹模几何参数设置**

单击 `Geometry`,单击 `Import Geo...` 导入几何模型,选择"die. STL"文件,单击打开并载入。

8.1.3.4 网格划分

本例为室温条件下的变形模拟,不涉及热传导,仅对变形体进行网格划分。

(1)在模型树中,单击 Workpiece,单击 ⚫,隐藏无关模型。

(2)单击 `Mesh`,拖动进度条至 10 000,完成网格数目设置。

(3)单击 `Preview`,预览网格尺寸及分布情况。单击 `Detailed Settings`,切换进入网格详细设置标签,在`General`二级标签栏下,选择网格类型`◉ Relative`,即采用相对网格。在 Element 标签栏下,灰色图标显示 Min Element Size 为 0.95 mm,

Max Element Size 为 1.90 mm。单击 $\boxed{\text{Tools}}$ 返回，单击 $\boxed{\text{Generate Mesh}}$，直接生成网格。

8.1.3.5　材料属性

本例为室温条件下的变形模拟，仅对划分网格的变形体 Workpiece 设置材料属性。

（1）在模型树中，单击 Workpiece，单击 ⬤，简化模型显示。

（2）在 General 通用属性标签下设置材料属性。单击 Material Lab ⬚ 进入材料库，Category 类型选择 Aluminum，在 Material Label 选择牌号 AL‑1100,COLD[70F(20C)]，单击 $\boxed{\text{Load}}$ 载入材料属性，模型树对象右侧显示 ▩ AL-1100, COLD[70C(20C)]。

注：本例为室温下变形，选择工业纯铝 1100 冷变形材料属性。

8.1.3.6　模拟控制

（1）单击 Simulation Controls ⬚，打开 Simulation Controls 对话框，单击 ⬚ Step Increment，切换至步长设置标签。

（2）默认处于 General 二级标签栏，无须修改。在 Solution Step Definition 标签栏下，选中 ⦿ Die displacement，以凸模位移为步长控制单元。

（3）在 Step Increment Control 标签栏下，选择"Constant"，即以恒定步长方式变形，输入 0.32 mm/step。

（4）单击 ⬚ Stop 进入停止控制标签，默认处于 Process Parameters 二级标签栏，无须修改。在 General 标签栏下，根据实际挤压运动 Movement 方向选择 X 轴方向，在 Primary X 轴方向输入 35 mm，即本次挤压总位移为 X 轴方向 35 mm。

（5）单击 ⬚ Simulation Steps 进入步长控制标签，在"Number of Simulation Steps"输入 110，总步长为 110 步；在"Step Increment to Save"输入 10，每 10 步保存结果。

（6）单击 ⬚ Iteration，切换至求解器迭代控制标签，默认处于 Deformation 二级标签栏，无须修改。在 Solver 二级标签栏下，选择 ⦿ Sparse 求解器；在 Method 二级标签栏下，选择 ⦿ Newton-Raphson 迭代算法。

（7）单击"OK"，完成控制参数设置。

注:最小单元网格尺寸为0.95 mm,步长按其1/3计算为0.32 mm。按35 mm总位移计算,总计算步约为110步。

8.1.3.7 运动条件

DEFORM–3D默认勾选Top Die为主模具 ✔ **Primary Die**,主模具负责挤压动作。

(1)在模型树中,单击Top Die,单击 ⬤ ,简化模型显示。

(2)单击 **Movement** ,单击 **Translation** ,在平移运动二级标签栏下进行设置。

(3)Direction方向:根据实际挤压方向,选中–X轴方向。

(4)在Defined定义栏,选中 ⦿ **Constant** ,在"Constant Value"输入2 mm/s,即以恒定挤压速度2 mm/s进行挤压。

(5)单击Preview Object Movement ,弹出"Movement Preview"对话框。选中 ⦿ **x 10** ,点击Play Forward ▶ ,确认无误单击"Close"。

注:为简化计算,DEFORM–3D软件采用虚拟凸模形式,即凸模被认为是与凹模无干涉接触的刚性体,对实际模拟结果基本无影响,但可以大大简化模型设计与模拟运算时间,提高模拟效率。

8.1.3.8 对象特性

(1)在模型树中,单击Workpiece,单击 ⬤ ,隐藏无关模型。

(2)单击 **Properties** ,默认处于Deformation二级标签栏,无须修改。在Target Volume栏下,单击 ⦿ **Active in FEM + meshing** ,激活有限元网格重划分过程中的体积补偿功能,单击"Calculate Volume"自动计算工件模型初始体积,弹出"Target Volume"对话框,如图8.2所示。单击"Yes",此时Volume输入栏显示自动计算的初始体积。

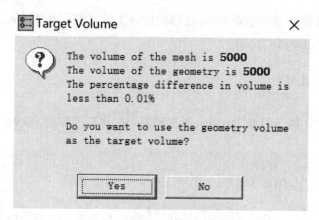

图 8.2　"Target Volume"对话框

8.1.3.9　接触关系

（1）单击 Inter－Object ，弹出"Add Default Inter－Object Relationships"对话框，提示当前对象之间无接触关系存在，是否由系统添加默认接触关系，点击"Yes"进行确认。

（2）弹出已默认添加接触关系的对话框。检查对象之间的接触关系是否合理。

（3）设置接触参数：单击默认的第一对接触关系（2）Top Die－（1）Workpiece。单击 Edit... ，弹出"Inter－Object Data Definition"对话框。默认处于 Deformation 二级标签栏，无须修改。在 Friction 二级标签栏下，Type 摩擦类型选择 Shear 剪切摩擦形式；在 Value 标签栏下，选中"Constant"按钮，以恒定摩擦因子进行挤压变形，单击输入框右侧下拉选项 ，选择 Cold forming (steel dies)　0.12 。单击"Close"，完成第一对接触关系的具体接触参数设置。

（4）单击 Apply to other relations ，将第一对接触关系参数运用至其余接触关系。

（5）在接触关系设置对话框，Contact BCC 接触关系边界条件标签栏下，单击 Tolerance "Use system default value for contact generatation tolerance"，采用系统默认的接触关系生成容差值，在下方输入框即会显示默认容差。单击 Generate all ，将接触容差应用至全部接触面。

（6）单击"OK"，完成接触关系设置。

8.1.3.10　数据与运算

单击 Database Generation ，检查并生成数据库文件，保存 KEY 文件，返回至

DEFORM 主界面。单击"Run"按钮,提交运算。

8.1.4 后处理分析

在 DEFORM – 3D 软件主界面,单击 ECAP. DB 文件,单击"DEFORM – 2D/3D Post"按钮,进入后处理主界面。单击 Workpiece,单击 ⬤,简化模型显示。

(1)单击快捷菜单的步长控制"Step"下拉按钮 ▼,选中第 80 步"Step 80"。

(2)等效应变分析。单击快捷菜单的状态变量 State Variable $\frac{\delta\varepsilon}{\tau}$,在状态变量模型树下,选中 Deformation→Strain – Effective(⬤ **Strain – Effective**)选项,Display 显示标签栏下选中 ⬤ **Solid**,Scaling 缩放标签栏下选中 ⬤ **Local**,单击"Apply",结果如图 8.3 所示。

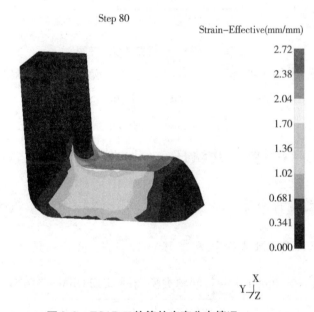

图 8.3 ECAP 工件等效应变分布情况

8.2 反复镦压(CCDC)

【CCDC电子资源】

8.2.1 问题分析

反复镦压原理如图 8.4 所示,凹模中开设有一个通道,其垂直于 Z 轴的截面尺寸

为 $H \times H = 30$ mm $\times 30$ mm,将尺寸为 $H \times H \times W = 30$ mm $\times 30$ mm $\times 15$ mm 的试样竖直放入凹模通道内(试样 X 轴方向尺寸为 H),试样左右两侧留有空隙。压头下压,材料沿 Y 轴方向流动,直至充满型腔。试样材料为纯铜,压头下压速度为 0.5 mm/s,变形温度为20 ℃,试样和模具之间摩擦系数为 0.15;模拟时每步压下量为 0.1 mm,镦压后的试样先绕 X 轴旋转 $90°$,再绕 Y 轴旋转 $90°$,然后进入下一道次镦压,即沿试样三个方向交替进行镦压。

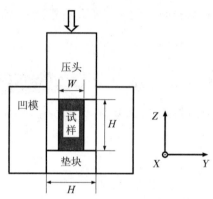

图8.4 反复镦压原理图

三维建模:采用三维造型软件 Creo 建立几何模型,并按实际镦压位置装配。从装配体中分别导出各部件,分别为 sample. STL、plunger. STL、die. STL 与 padding block. STL。

8.2.2 工序一:第一次镦压

8.2.2.1 创建新问题

(1)打开 DEFORM 主程序,单击 Home 打开工作目录。

(2)单击 New Problem ,问题类型选择"DEFORM - 2D/3D Pre",单位选择"SI 国际单位制";单击"Next",设置存储路径,选择"Under Problem Home Directory"。

(3)单击"Next",名称设置为"CCDC",单击"Finish",进入前处理主界面。

8.2.2.2 设置控制参数

在前处理主界面,单击 Simulation Controls ,在 Main 选项卡进行主控制参数设置。在"Simulation Title"输入名称"CCDC",在"Operation Name"中输入操作名称"Pass1";勾选"SI 国际单位制"选项,选择"Lagrangian Incremental"迭代方式,选择"Deformation"变形模式。

8.2.2.3 创建模拟对象

（1）导入试样（Workpiece）

在模型树中，选中 Workpiece。

● **试样通用参数设置**

在 General 通用属性标签下进行通用参数设置。

①对象名称（Object Name）：输入"Sample"，单击 Change 确认更改。

②对象类型：选择"Plastic"（塑性变形体）。

● **试样几何参数设置**

单击 Geometry ，单击 Import Geo... 导入几何模型，选择"sample. STL"

文件，单击打开并载入。

（2）导入压头（Top Die）

在模型树内创建（Insert ）Top Die，单击 Top Die 选中压头。

在前处理主界面 General 通用属性标签下进行通用参数设置。

● **压头通用参数设置**

①对象名称（Object Name）：输入"Plunger"，单击 Change 确认更改。

②对象类型：选择"Rigid"（刚性体）。

③DEFORM –3D 默认 Top Die 为主模具 ✓ Primary Die ，主模具负责锻压

动作。

● **压头几何参数设置**

单击 Geometry ，点击 Import Geo... 导入几何模型，选择"plunger. STL"

文件，单击打开并载入。

（3）导入凹模（Bottom Die）

在模型树内创建（Insert ）Bottom Die，单击选中 Bottom Die。

在 General 通用属性标签下进行通用参数设置。

● **凹模通用参数设置**

①对象名称（Object Name）：输入"Die"，单击 Change 确认更改。

②对象类型：选择"Rigid"（刚性体）。

● 凹模几何参数设置

单击 Geometry ,点击 Import Geo... 导入几何模型,选择 die. STL 文件,单击打开并载入。

(4)导入垫块(Object 4)

在模型树内创建(Insert) Object 4,单击"Object 4"选中垫块。

在 General 通用属性标签下进行通用参数设置。

● 垫块通用参数设置

①对象名称(Object Name):输入"Padding block",单击 Change 确认更改。

②对象类型:选择"Rigid"(刚性体)。

● 垫块几何参数设置

单击 Geometry ,点击 Import Geo... 导入几何模型,选择"padding block. STL"文件,单击打开并载入。

8.2.2.4 网格划分

(1)在模型树中,单击 Sample。

(2)单击 Mesh ,定义网格总数为 25 000,点击 Generate Mesh 生成实体网格,在弹出的窗口中单击 No 。

8.2.2.5 材料属性

(1)在模型树中,单击 Sample。

(2)在 General 通用属性标签下,单击 Import Material from DB or Keyword Files 导入材料 KEY 文件,单击 Browse... ,选择 pure copper. KEY 文件,在 Material List 中会显示 Import Geo... ,单击选中纯铜材料,单击右侧 Load 载入材料模型,如图 8.5 所示,同时,在模型树中显示 Sample 的材料属性 Pure Copper 。

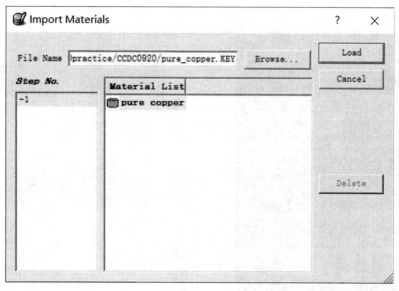

图8.5　导入材料

（3）单击 ■ 按钮，在弹出的"Material"窗口中点击"Flow stress"输入框右侧的 ✎
按钮，弹出的"Function"窗口显示材料的应力－应变曲线，如图8.6所示，确认
 Current Data 标签栏中材料的设定温度为 20 ℃（室温），如图8.7所示，单击
 OK 关闭窗口。

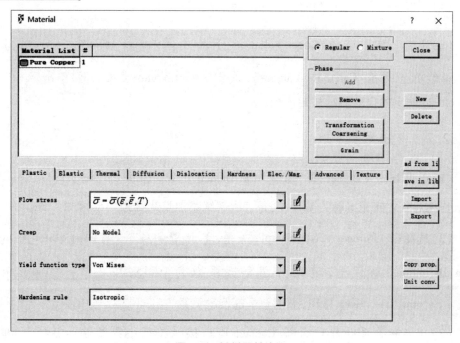

图8.6　材料属性窗口

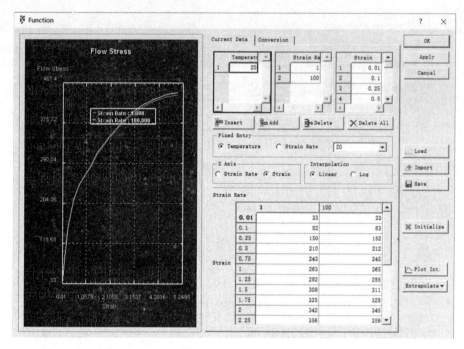

图8.7　定义材料温度

8.2.2.6　对象特性

（1）在模型树中，单击 Sample，单击 　　，简化模型显示。

（2）单击 Properties，在 Target Volume 栏下，单击 Active in FEM + meshing，激活体积补偿功能，单击"Calculate Volume"，弹出"Target Volume"对话框，单击"Yes"，此时 Volume 输入栏自动显示初始体积。

8.2.2.7　接触关系

（1）单击 Inter – Object　，弹出"Add Default Inter – Object Relationships"对话框，提示当前对象之间无接触关系存在，是否由系统添加默认接触关系，点击"Yes"确认。

（2）选择（2）Plunger –（1）Sample 关系，单击 Edit...，弹出"Inter – Object Data Definition"对话框，定义剪切摩擦系数为 0.15，单击 Close，单击 Apply to other relations 按钮，应用至全部接触关系。

（3）在接触关系设置对话框，Contact BCC 接触关系边界条件标签栏下，单击 Tolerance　"Use system default value for contact generatation tolerance"，采用系统默认

的接触关系生成容差值,单击 Generate all ,单击"OK"。Plunger 与 Sample 上表面接触,接触点呈绿色分布;Die 与 Sample 侧表面接触,接触点呈蓝色分布;Padding block 与 Sample 下表面接触,接触点呈黄色分布,如图 8.8 所示。

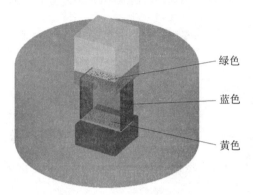

绿色

蓝色

黄色

图 8.8　接触点分布情况

8.2.2.8　模拟控制

(1)单击 Simulation Controls ,打开 Simulation Controls 对话框,单击 Simulation Steps,在 Number of Simulation Steps 输入 2 000,总步长为 2 000 步;在 Step Increment to Save 输入 10,每 10 步保存结果。

(2)单击 Step Increment,在 Solution Step Definition 标签栏下,选中 ⊙ Die displacement,以位移为步长控制单元,勾选"Constant"选项,输入 0.12 mm/step。

(3)单击 Stop,切换至停止条件标签,在 Primary 中的 Z 轴方向输入框中输入 15,即定义主模具在 Z 轴正方向的位移为 15 mm 时停止模拟。

(4)单击"OK",完成控制参数设置。

8.2.2.9　运动条件

(1)在模型树中,单击 Plunger 选中压头,单击 ,简化模型显示。

(2)单击 Movement,切换至运动条件设置标签。单击 Translation ,在平移运动二级标签栏下进行设置,Type 标签栏下选择 ⊙ Speed 。

(3)Direction 方向:选中实际挤压 Z 轴方向。

(4)在 Defined 定义栏,选中 ⊙ Constant,在"Constant Value"输入 0.5 mm/s,即以恒定挤压速度 0.5 mm/s 进行镦压。

(5)单击 Preview Object Movement ，弹出"Movement Preview"对话框。选中 ⊙ x 10，点击 Play Forward ▷，确认运动参数设置无误后,单击"Close"关闭对话框。

8.2.2.10　数据与运算

单击 Database Generation ，检查并生成数据库文件,保存 KEY 文件,返回至 DEFORM 主界面。单击"Run"按钮,提交运算。

8.2.2.11　后处理

在 DEFORM – 3D 软件主界面,单击 CCDC. DB 文件,单击"DEFORM – 2D/3D Post"按钮,进入后处理主界面。单击 Sample,单击 ●。

(1)单击快捷菜单区 Step 工具栏的 ▷ 按钮选择最后一步。

(2)等效应变分析。单击 State Variable ，在状态变量模型树下,选中 Deformation→Strain – Effective (⊙ Strain – Effective),Display 标签栏下选中 ⊙ Solid,Scaling 标签栏下选中 ⊙ Local,单击"Apply",模拟结果如图 8.9 所示。点击 Close 按钮关闭窗口。

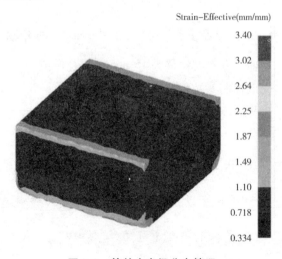

Strain−Effective(mm/mm)

| 3.40 |
| 3.02 |
| 2.64 |
| 2.25 |
| 1.87 |
| 1.49 |
| 1.10 |
| 0.718 |
| 0.334 |

图 8.9　等效应变场分布情况

8.2.3 工序二:第二次镦压

8.2.3.1 打开前处理文件

在 DEFORM-3D 软件主界面,单击"CCDC.DB"文件。在主菜单中点击"DE-FORM-2D/3D Pre"选项,在弹出的窗口中选择最后一步,单击 OK 进入前处理界面。

8.2.3.2 模拟控制

(1)单击 Simulation Controls,进入 Main 选项卡,在"Operation Name"中输入名称"Pass2",将"Operation Number"改为2,Mode 标签栏下,仅勾选"Deformation"。

(2)单击 Stop,在 Primary 中的 Z 轴方向输入框中输入"30"。

(3)单击"OK",完成控制参数设置。

注:原试样高度为30 mm,每次镦压时压头压下距离为15 mm,即主模具在 Z 轴方向上位移为15 mm;同理,第二次镦压压头压下距离也为15 mm,则主模具在 Z 轴方向上的位移累积为15 mm+15 mm=30 mm。

8.2.3.3 空间位置关系

单击 按钮,在对话框中,方法(Method)选择旋转"Rotational","Positioning Object"选择"Sample",在轴(Axis)标签栏下勾选 X,旋转中心(Rotational Center)中勾选物体中心"Object Center"(Self-Centered),在角度(Angle)输入框中输入"90",单击 Apply;勾选轴(Axis)标签栏中的 Y,单击 Apply,完成对试样的旋转设置。

方法(Method)选择自动干涉(Interference),"Positioning Object"选择"Sample",参考物体(Reference)选择"Padding block",定位方向(Approach direction)选择-Z,干涉值(Interference)采用默认的0.000 1,如图8.10(a)所示,单击 Apply;采用同样的方法对压头 Plunger 进行定位,"Positioning Object"选择"Plunger",参考物体(Reference)选择"Sample",定位方向(Approach direction)选择-Z,干涉值(Interference)采用默认的0.000 1,如图8.10(b)所示,单击 Apply,单击"OK"。

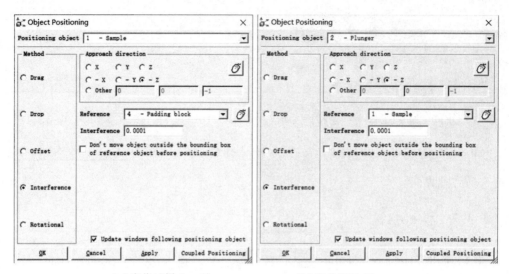

(a)定位试样 Sample　　　　　　　　(b)定位压头 Plunger

图 8.10　"Object Positioning"对话框

注:必须先对试样进行定位,再定位压头,两者顺序不可颠倒。

8.2.3.4　接触关系

单击 Inter – Object ⬚,弹出"Add Default Inter – Object Relationships"对话框,在接触关系设置对话框,Contact BCC 接触关系边界条件标签栏下,单击 Tolerance 📍 "Use system default value for contact generatation tolerance",采用系统默认的接触关系生成容差值,在下方输入框即会显示默认容差,单击 `Generate all`,单击"OK"完成接触关系设置。

8.2.3.5　数据与运算

单击 Database Generation 🗄,检查并生成数据库文件,保存 KEY 文件,返回至 DEFORM 主界面。单击"Run"按钮,提交运算。

8.2.4　工序三:第三次镦压

8.2.4.1　打开前处理文件

在 DEFORM –3D 软件主界面,单击 CCDC. DB 文件。在主菜单中点击"DEFORM –2D/3D Pre"选项,在弹出的窗口中选择最后一步,单击 `OK` 进入前处理界面。

8.2.4.2 模拟控制

（1）单击 Simulation Controls ![icon]，进入 ![icon] Main 选项卡，在"Operation Name"中输入名称"Pass3"，将"Operation Number"改为 3。

（2）单击 ![icon] Stop，在 Primary 中的 Z 轴方向输入框中输入 45，第三次压下 15 mm。

（3）单击"OK"，完成控制参数设置。

8.2.4.3 空间位置关系

单击 ![icon] 按钮，在对话框中，方法（Method）选择旋转"Rotational"，"Positioning Object"选择"Sample"，在轴（Axis）标签栏下勾选 ![icon] X，旋转中心（Rotational Center）中勾选物体中心"Object Center"（Self – Centered），在角度（Angle）输入框中输入"90"，单击 ![icon] Apply；勾选轴（Axis）标签栏中的 ![icon] Y，单击 ![icon] Apply，完成对试样的旋转设置。

方法（Method）选择自动干涉（Interference），"Positioning Object"选择"Sample"，参考物体（Reference）选择"Padding block"，定位方向（Approach direction）选择 – Z，干涉值（Interference）采用默认的 0.000 1，单击 ![icon] Apply；采用同样的方法对压头 Plunger 进行定位，"Positioning Object"选择"Plunger"，参考物体（Reference）选择"Sample"，定位方向（Approach direction）选择 – Z，干涉值（Interference）采用默认的 0.000 1，在弹出的对话框中单击"OK"。

8.2.4.4 接触关系

单击 Inter – Object ![icon]，弹出"Add Default Inter – Object Relationships"对话框，在接触关系设置对话框，Contact BCC 接触关系边界条件标签栏下，单击 Tolerance ![icon] "Use system default value for contact generatation tolerance"，采用系统默认的接触关系生成容差值，在下方输入框即会显示默认容差，单击 ![icon] Generate all，单击"OK"完成接触关系设置。

8.2.4.5 数据与运算

单击 Database Generation ![icon]，检查并生成数据库文件，保存 KEY 文件，返回至

DEFORM 主界面。单击"Run"按钮,提交运算。

8.2.4.6 后处理

在 DEFORM – 3D 软件主界面,单击 CCDC. DB 文件,单击"DEFORM – 2D/3D Post"按钮,进入后处理主界面。单击 Sample 选中试样,单击 。

(1)单击快捷菜单区 Step 工具栏的 ▶ 按钮选择最后一步。

(2)剖面设置。单击快捷菜单中的切片(Slicing) 按钮,在弹出的窗口中拖动灰色滑块调整剖面位置,在该例中我们通过修改 X 轴的 P 值调整切片位置,以中心剖面为例,P 值为 0,即试样宽度的 1/2 处,如图 8.11 所示,单击"OK"完成设置。

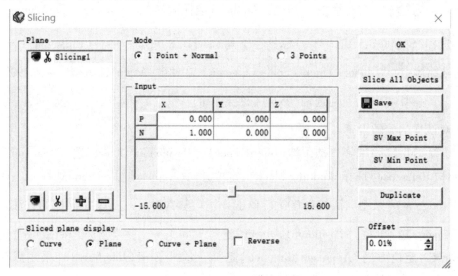

图 8.11　设置剖面位置

(3)等效应变分析。单击 State Variable ，在状态变量模型树下,选中 Deformation→Strain – Effective(Strain – Effective)选项,Display 显示标签栏下选中 Solid,Scaling 缩放标签栏下选中 Local,单击"Apply",模拟结果如图 8.12所示。点击 Close 按钮关闭窗口。

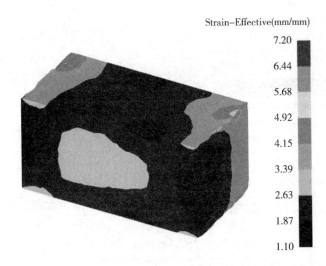

Strain-Effective(mm/mm)

7.20
6.44
5.68
4.92
4.15
3.39
2.63
1.87
1.10

图 8.12 等效应变场分布情况

注:切片平面的默认模式是通过平面所在的点和垂直于切片平面的向量定义的。选择平面后,可以通过选择与平面法线方向相对应的点值并拖动滑块来更改其位置。其中,Slicing 窗口中 Input 标签栏下的表格中,左侧字母 P 表示剖面在轴上的位置,字母 N 表示选择的轴,即当 X 轴对应 N 值为 1 时,则表示此时在 X 轴方向上进行切片。用户既可以通过调整滑块确定切片位置,也可以修改 P 值确定切片位置。

(4)载荷-行程曲线分析。单击 ▥ ,在弹出窗口中选择 Plunger RIGID ,在"X - axis"下,选中行程 ◉ Stroke ,Smoothing 标签栏下选中 ◉ Second order ,如图 8.13 所示。单击 Apply ,曲线结果如图 8.14所示,点击 OK 关闭窗口。

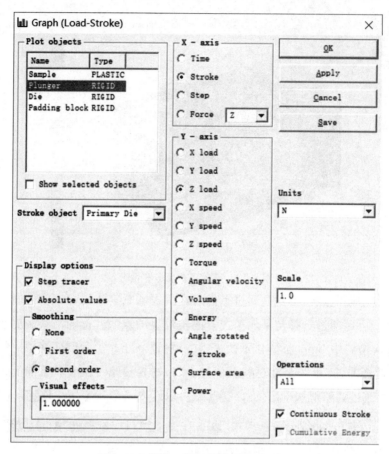

图 8.13　载荷－行程曲线设置对话框

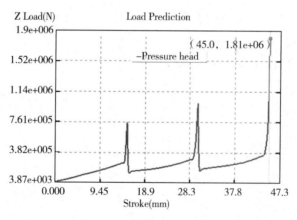

图 8.14　载荷－行程曲线

8.3　高压扭转(HPT)

【HPT 电子资源】

本节以圆盘形工件高压扭转成形过程为例,介绍高压扭转有限元模拟分析具体步骤。

8.3.1　问题分析

凸模向下运动,挤压工件,形成载荷;凹模旋转运动,对工件产生剪切作用,使工件发生较大的剪切塑性变形;工件在成形过程中直径增大,厚度减小。

某退火态 7075 铝合金圆盘形工件(直径 5 mm,厚度 2 mm),如图 8.15 所示,高压扭转工艺参数:室温(20 ℃)条件下成形,工件与模具之间摩擦系数设置为 0.4,凹模内径为 10 mm,凹模旋转速度 1 r/min。

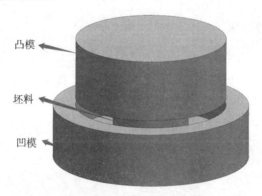

图 8.15　工件及模具三维图

8.3.2　建立几何模型

采用 Creo 软件建立几何模型,将工件、凸模与凹模模型按实际高压扭转工艺位置进行装配。从装配体中分别导出各部件,分别为 billet. STL、punch. STL 与 die. STL。

8.3.3　建立仿真模型

8.3.3.1　创建新问题

(1)打开 DEFORM 主程序,单击 Home 打开工作目录。

(2)单击 New Problem ,项目类型选择"DEFORM - 2D/3D Pre",单位选择"SI

国际单位制",单击 Next > ,设置存储路径,选择"Under Problem Home Directory"。

（3）单击"Next",名称设置为"HPT",单击"Finish"进入前处理界面。

8.3.3.2 设置控制参数

（1）单击 Simulation Controls ，在 Main 选项卡进行主控制参数设置。在"Simulation Title"输入名称"HPT"。

（2）勾选"SI 国际单位制",选择"Lagrangian Incremental"迭代方式,勾选"Deformation"变形模式。单击"OK"按钮,完成主控制参数设置。

8.3.3.3 创建模拟对象

（1）导入工件(Workpiece)

在模型树中,单击 Workpiece。

● **工件通用参数设置**

在 General 通用属性标签下进行通用参数设置。

①对象名称(Object Name)：默认 Workpiece,无须更改。

②对象类型：选择"Plastic"(塑性变形体)。

③变形温度：单击 Assign temperature... ,输入变形温度 20 ℃。

● **工件几何参数设置**

单击 Geometry ,单击 Import Geo... 导入几何模型,选择"billet. STL"文件,单击打开并载入。

（2）导入凸模(Top Die)

在模型树内创建(Insert) Top Die,单击"Top Die"选中。

在 General 通用属性标签下进行通用参数设置。

● **凸模通用参数设置**

①对象名称(Object Name)：默认 Top Die,无须更改。

②对象类型：选择"Rigid"(刚性体)。

③变形温度：单击 Assign temperature... ,输入变形温度 20 ℃。

④DEFORM－3D 默认勾选 Top Die 为主模具 ✓ Primary Die 。

● **凸模几何参数设置**

单击 | Geometry |,单击 | Import Geo... |导入几何模型,选择 punch. STL 文件,单击打开并载入。

(3)导入凹模(Bottom Die)

在模型树内创建(Insert ⬚)Bottom Die,单击 Bottom Die 选中。

在 General 通用属性标签下进行通用参数设置。

● **凹模通用参数设置**

①对象名称(Object Name):默认 Bottom Die,无须更改。

②对象类型:选择"Rigid"(刚性体)。

③变形温度:单击 | Assign temperature... |,输入变形温度 20 ℃。

● **凹模几何参数设置**

单击 | Geometry |,单击 | Import Geo... |导入几何模型,选择 die. STL 文件,单击打开并载入。

8.3.3.4 网格划分

本例为室温条件变形,不涉及热传导,仅需对变形体进行网格划分。

(1)在模型树中,单击 Workpiece,单击 ⬤,隐藏无关模型。

(2)单击 | Mesh |,拖动进度条至 20 000,完成网格数目设置。

(3)单击 | Preview |,预览网格尺寸及分布情况。单击 | Detailed Settings |,切换进入网格详细设置标签,在 General 二级标签栏下,选择网格类型为 ◉ Relative,即采用相对网格。在 Element 标签栏下,显示最小单元网格尺寸为 0.12 mm,最大单元网格尺寸为 0.24 mm。如果网格划分达到预期,单击 | Tools |,单击 | Generate Mesh |,直接生成网格。

8.3.3.5 材料属性

本例为室温变形,仅对划分网格的变形体 Workpiece 设置材料属性。

(1)在模型树中,单击 Workpiece,单击 ⬤,简化模型显示。

（2）在 General 通用属性标签下进行变形体材料属性设置。单击 Material Lab [图标] 进入材料库，在 Category 类型一栏选择 Aluminum 类型，在 Material Label 选择牌号 ALUMINUM-7075，COLD［70F（20C）］，单击 [Load] 载入材料属性，模型树对象右侧显示 [图标] ALUMINUM-7075, COLD[70F(20C)] 。

8.3.3.6　模拟控制

（1）单击 Simulation Controls [图标]，打开 Simulation Controls 对话框，单击 [图标] Step Increment，切换至步长设置标签。

（2）General 二级标签栏下，在 Solution Step Definition 标签栏，选中 [图标] Time，以时间为步长控制单元。

（3）在 Step Increment Control 标签栏下，选择"Constant"，即以恒定时间步长方式变形，输入 0.01 s/step。

（4）单击 [图标] Simulation Steps 进入步长控制标签，在"Number of Simulation Steps"输入 2 000，总步长为 2 000 步；在"Step Increment to Save"输入 200，每 200 步保存结果。

（5）单击"OK"，完成控制参数设置。

8.3.3.7　运动条件

凸模下压运动的设置：

（1）在模型树中，单击 Punch，单击 [图标]，简化模型显示。

（2）单击 [图标 Movement]，单击 [Translation]，在平移运动二级标签栏进行设置。

（3）类型选择 [Type ⊙ Speed]。

（4）根据实际挤压方向，选中 $-Z$ 轴方向。

（5）在 Defined 定义栏，默认选中时间函数 [⊙ Function of time]，点击定义凸模下压速度（随时间变化函数），定义内容如图 8.16 所示。

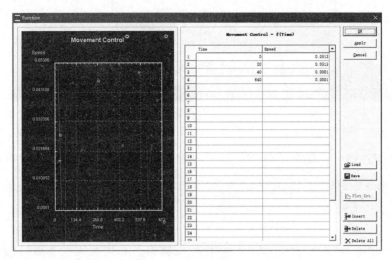

图 8.16 函数条件定义

凹模回转运动的设置：

(1)在模型树中,单击 Die 选中凹模,单击 ![icon],简化模型显示。

(2)单击 ![Movement],切换至运动条件设置标签。单击回转 **Rotation**,以 Z 轴为旋转轴进行旋转,在回转运动二级标签栏下进行设置。

(3)在 Rotation1 中的角速度选择为定值,大小为 0.104 72 rad/s。

(4)单击 Preview Object Movement ![icon],弹出"Movement Preview"对话框。选中 ![x 10],点击 Play Forward ![▷],确认运动参数设置无误后,单击"Close"关闭对话框。

8.3.3.8 对象特性

(1)在模型树中,单击 Workpiece,单击 ![icon],隐藏无关模型。

(2)单击 ![Properties],切换至对象特性设置标签。默认处于 Deformation 二级标签栏,无须修改。单击 **Active in FEM + meshing**,激活体积补偿功能,单击"Calculate Volume"自动计算工件模型初始体积,弹出"Target Volume"对话框,单击"Yes"确认,此时 Volume 输入栏显示初始体积。

8.3.3.9 接触关系

(1)单击 Inter – Object ![icon],弹出"Add Default Inter – Object Relationships"对话框,

提示当前对象之间无接触关系存在,是否由系统添加默认接触关系,点击"Yes"进行确认。

(2)弹出已默认添加接触关系的对话框,检查对象之间的接触关系是否合理。

(3)设置接触参数:单击默认的第一对接触关系(2)Punch-(1)Workpiece。单击 Edit... ,弹出"Inter-Object Data Definition"对话框,默认处于 Deformation 二级标签栏,无须修改。在摩擦二级标签栏下,选择剪切摩擦类型;选中 Constant,单击右侧下拉选项 ▼ ,选择 Aluminum 0.4 ,单击"Close",完成参数设置。

(4)单击 Apply to other relations ,将第一对接触关系参数运用至其余接触关系。

(5)在接触关系设置对话框,Contact BCC 接触关系边界条件标签栏下,单击 Tolerance ⱦ "Use system default value for contact generatation tolerance",采用系统默认的接触关系生成容差值。单击 Generate all ,将接触关系全部生成。

(6)单击"OK",完成接触关系设置。

8.3.3.10　数据与运算

单击 Database Generation ⬚,检查并生成数据库文件,保存 KEY 文件,返回至 DEFORM 主界面。单击"Run"按钮,提交运算。

8.3.4　后处理分析

在 DEFORM-3D 软件主界面,单击 HPT.DB 文件,单击"DEFORM-2D/3D Post"按钮,进入后处理主界面。单击 Workpiece,单击 ⬤,简化模型显示。

(1)单击快捷菜单的步长控制"Step"下拉按钮 ▼ ,选中第 2 000 步"Step 2000"。

(2)平均应力分析。单击快捷菜单的状态变量 State Variable ⬚,在状态变量模型树下,选中 Deformation→Stress-Total→Mean(⬤ Mean)选项,Display 显示标签栏下选中 ⬤ Solid,Scaling 缩放标签栏下选中 ⬤ Local,单击"Apply",结果如图 8.17 所示。

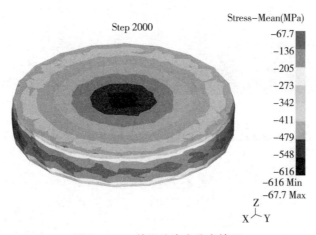

图 8.17　工件平均应力分布情况

第9章 DEFORM‑3D 工程应用实例

9.1 实例1:某汽车零件热锻成形

【实例1电子资源】

9.1.1 问题分析

    此例为某汽车铝合金零件热锻成形过程的模拟分析,如图9.1所示,分四个工序完成:(1)环境传热:加热工件从马弗炉取出移至模具的过程,与空气的热传递;(2)模具传热:工件移动至下模,压力机工作前短暂停留的过程,与下模的热传递;(3)预锻成形:工件在预锻模具上进行第一次锻压成形;(4)终锻成形:工件在终锻模具上进行终锻成形。

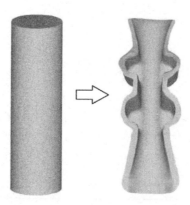

图9.1 某铝合金零件热锻成形过程

9.1.2 工序一:环境传热

9.1.2.1 创建新问题

    (1)打开 DEFORM 主程序,单击 Home 🏠 打开工作目录。

（2）单击 New Problem ![]，项目类型选择"DEFORM - 2D/3D Pre"，单位选择"SI 国际单位制"，单击"Next"，设置存储路径，选择"Under Problem Home Directory"。

（3）单击"Next"，问题名称为"Al - Forging"，单击"Finish"进入前处理界面。

9.1.2.2　设置控制参数

（1）单击 Simulation Controls ![]，在 ![] Main 选项卡进行主控制参数设置。在"Simulation Title"输入名称"Al - Forging"。

（2）勾选"SI 国际单位制"选项，选择"Lagrangian Incremental"迭代方式，勾选"Heat Transfer"热传递模拟模式，取消勾选"Deformation"变形模拟模式。单击"OK"，完成主控制参数设置。

9.1.2.3　创建模具对象

在前处理主界面，单击 Workpiece。

● **工件通用参数设置**

在 General 通用属性标签下进行通用参数设置。

①对象名称（Object Name）：默认 Workpiece，无须更改。

②对象类型：选择"Plastic"（塑性变形体）。

③变形温度：单击 `Assign temperature...` ，输入变形温度 485 ℃（工件已在马弗炉加热至 485 ℃）。

● **工件几何参数设置**

单击 `Geometry` ，单击 `Import Geo...` 导入几何模型，选择"billet. STL"文件，单击打开并载入。

9.1.2.4　网格划分

（1）在模型树中，单击 Workpiece。

（2）单击 `Mesh` ，在网格基本工具 `Tools` 标签下，输入单元网格数目为"40000"，完成网格数目设置。

（3）单击 **Detailed Settings** ，切换至详细设置标签。单击 **Weighting Factors** ，切换进入网格权重因子二级设置标签，将权重因子按图 9.2 所示比例设置。单击 `Preview` ，预览网格尺寸及分布情况。

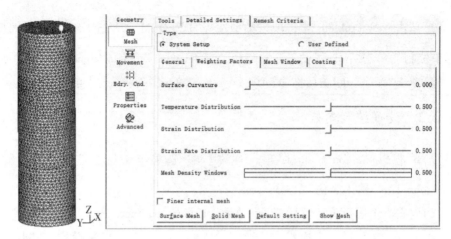

图9.2　工件网格权重因子设置

（4）单击 General，切换进入通用设置标签，选择网格类型为 ⊙ Relative，采用相对网格。在 Element 标签栏下，显示最小单元网格尺寸为 2.18 mm，最大单元网格尺寸为 6.53 mm。如果网格划分达到预期，单击 Tools 返回，单击 Generate Mesh，直接生成网格。

注：Weighting Factors 网格权重因子，可设置网格尺寸比例的分布情况。

9.1.2.5　材料属性

（1）在模型树中，单击 Workpiece，单击 ⚫ ，简化模型显示。

（2）在 General 通用属性标签下进行变形体材料属性设置。单击 Material Lab 📦 进入材料库，Category 类型选择 Aluminum，在 Material Label 选择牌号 ALUMINUM – 7075[480 – 930F(250C – 500C)]，单击 Load 载入材料属性。

注：本例为热锻成形，选择 7075 铝合金(250 ~ 500 ℃热变形区间)的热变形材料属性。

9.1.2.6　模拟控制

（1）单击 Simulation Controls ，打开 Simulation Controls 对话框，单击 Step Increment，切换至步长设置标签，如图9.3所示。

（2）默认处于 General 二级标签栏，在 Solution Step Definition 标签栏下，选中"Time"按钮，以时间为步长控制单元。

（3）在 Step Increment Control 标签栏下，选择"Constant"，即以恒定时间方式变形，

输入 1 s/step。

（4）单击 Simulation Steps 进入步长控制标签，在"Number of Simulation Steps"输入 15，总步长为 15 步；在"Step Increment to Save"输入 5，每 5 步保存结果。

（5）单击 Process Conditions，切换至工序状态设置标签，检查 Heat Transfer 二级标签栏下参数设置是否正确，环境温度"Environment temperature"恒定"20"℃，对流系数"Convection coefficient"恒定"0.2"N/sec/mm/℃，如图9.3所示。

（6）单击"OK"，完成控制参数设置。

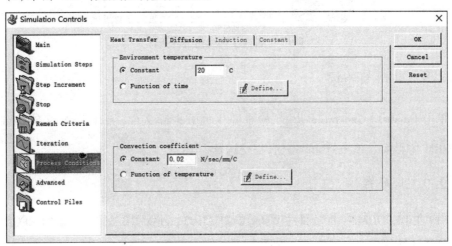

图9.3 热传递参数设置

9.1.2.7 边界条件

在模型树中，单击 Workpiece，单击边界条件 Bdry. Cnd，进入边界条件设置标签栏。在 Thermal 传热标签栏下单击"Heat exchange with environment"，弹出"Pick Surface Elements"对话框，如图9.4所示，单击"All"，选中所有面为传热面。单击 Add Boundary Condition，添加边界条件，显示"Defined"，选中接触面以绿色显示，如图9.5所示。

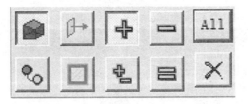

图9.4 "Pick Surface Elements"对话框

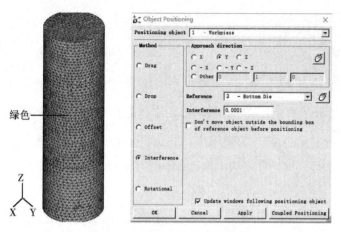

绿色

图9.5　设置工件传热边界条件

9.1.2.8　数据与运算

单击 Database Generation ⬢，检查并生成数据库文件,保存 KEY 文件,返回至 DEFORM 主界面。单击"Run"按钮,提交运算。

9.1.2.9　后处理

(1)在 DEFORM – 3D 软件主界面,单击 Al – Forging. DB 文件,单击"DEFORM – 2D/3D Post"按钮,进入后处理主界面。

(2)单击快捷菜单区 Step 工具栏的 Last step ▶| 按钮,选中最后的 Step 模拟步。

(3)在状态变量栏"State Variable"下拉菜单选择温度"Temperature",观察传热模拟结束后工件的温度分布情况。

(4)在快捷菜单区,单击剖切 Slicing 🔷 按钮,沿纵向剖开工件,观察传热模拟结束后工件内部温度分布情况,如图9.6 所示。

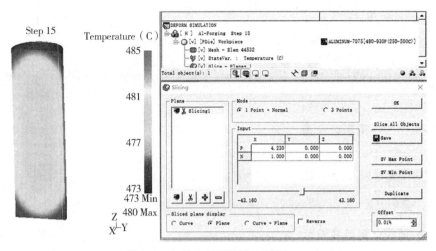

图9.6　工件内部温度分布情况

9.1.3　工序二:模具传热

本节在工序一环境传热模拟结果的基础上,进行模具传热模拟分析步骤的介绍。

在 DEFORM-3D 软件主界面,单击 Al-Forging. DB 文件。在 Preprocessor 标签栏下单击"DEFORM-2D/3D Pre"按钮,在弹出的窗口中选择最后一步,进入前处理主界面。对象、几何模型、网格等信息均由单道次模拟结果传递,无须重复设置。

9.1.3.1　设置控制参数

"Operation Name"输入 Al-Forging 2,"Operation Number"设置为 2,单击"OK"完成设置。变形模式"Mode"由工序一传递而来,仅点选"Heat Transfer"传热模式。

9.1.3.2　创建模具对象

(1)导入凸模(Top Die)

在模型树内创建(Insert )ToP Die,单击选中 ToP Die。在 General 通用属性标签下进行通用参数设置。

● **凸模通用参数设置**

①对象名称(Object Name):默认 Top Die,无须更改。

②对象类型:选择"Rigid"(刚性体)。

③变形温度:单击 `Assign temperature...` ,输入变形温度 170 ℃。

● **凸模几何参数设置**

单击 `Geometry` ,单击 `Import Geo...` 导入几何模型,选择 topdie-a. STL

文件,单击打开并载入。

(2)导入凹模(Bottom Die)

在模型树内创建(Insert ），Bottom Die,单击选中 Bottom Die。在 General 通用属性标签下进行通用参数设置。

● **凹模通用参数设置**

①对象名称(Object Name):默认 Bottom Die,无须更改。

②对象类型:选择"Rigid"(刚性体)。

③变形温度:单击 Assign temperature... ,输入变形温度 170 ℃。

● **凹模几何参数设置**

单击 Geometry ,单击 Import Geo... 导入几何模型,选择 bottomdie - a. STL 文件,单击打开并载入。

9.1.3.3 网格划分

(1)在模型树中,单击 Bottom Die 选中,单击 ,简化模型显示。

(2)单击 Mesh ,在网格基本工具 Tools 标签下,拖动进度条至 32 000,完成网格数目设置。

(3)单击 Preview ,预览网格尺寸分布情况。单击 Generate Mesh ,直接生成网格。相同方法设置凸模,网格数目为 32 000。

9.1.3.4 材料属性

(1)在模型树中,单击 Bottom Die 选中凹模。

(2)在 General 通用属性标签下进行凹模材料属性设置。单击 Material Lab 进入材料库,在 Category 类型选择 Die Material 类型,在 Material Label 选择牌号 AISI - H - 13,单击 Load 载入材料属性,选中材料会显示在 Material 右侧显示框中。

(3)在模型树中,单击 Top Die 选中凸模。

(4)在 Material 右侧下拉菜单 ,点选已有牌号 AISI - H - 13。

9.1.3.5 空间位置关系

单击任务栏 Object Positioning ,弹出"Object Positioning"对话框。

（1）模具位置关系调整

选择设置对象，Positioning object 下拉按钮 ▼，点选调整对象 `2    - Top Die`；在 Method 位置方式类型框内选中"Interference"按钮，进行接触设置；Approach direction 根据实际情况点选 Y 轴方向；Reference 下拉按钮 ▼，点选参照对象 `3    - Bottom Die`，单击"Apply"，完成接触设置，如图9.7所示。

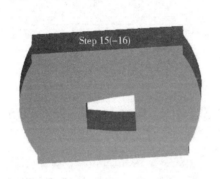
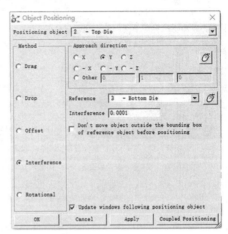

图9.7　凸模与凹模进行接触设置

在 Method 位置方式类型框内选中"Offset"按钮，在"Offset type"点选"Distance vector(mm)"位移平移类型，在 Y 轴方向输入"－15"，沿－Y 轴方向平移15 mm，单击"Apply"，完成凸模平移操作，如图9.8所示。

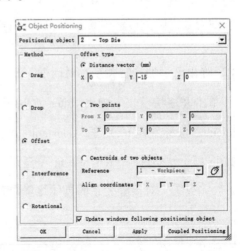

图9.8　凸模与凹模平移设置

（2）工件位置关系调整

选择设置位置对象，Positioning object 下拉按钮 ▼，点选所需调整位置的对象

；在 Method 位置方式类型框内选中"Interference"按钮,进行接触设置;Approach direction 根据实际情况点选 Y 轴方向;Reference 下拉按钮 ▼ ,点选参照对象为 3 - Bottom die,单击"Apply",完成接触设置,如图 9.9 所示。

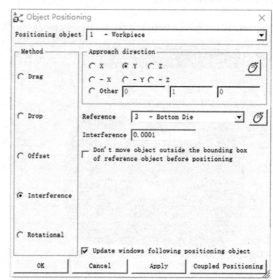

图 9.9　工件位置调整

单击"OK"完成模具与工件相对位置关系设置。

9.1.3.6　接触关系

(1)单击 Inter - Object ⬚ ,弹出"Add Default Inter - Object Relationships"对话框,提示当前对象之间无接触关系存在,是否由系统添加默认接触关系,点击"Yes"进行确认。

(2)弹出已添加接触关系的对话框,单击第一对接触关系(2)Top Die - (1)Workpiece。单击 ✏ Edit... ,弹出"Inter - Object Data Definition"对话框,在 Heat Transfer Coefficient 二级标签栏下,点选"Constant",以恒定传热系数进行模拟,单击输入框右侧下拉选项 ▼ ,选择"Free resting",显示传热系数为 1,如图 9.10 所示。单击"Close",完成第一对接触关系的具体接触参数设置。

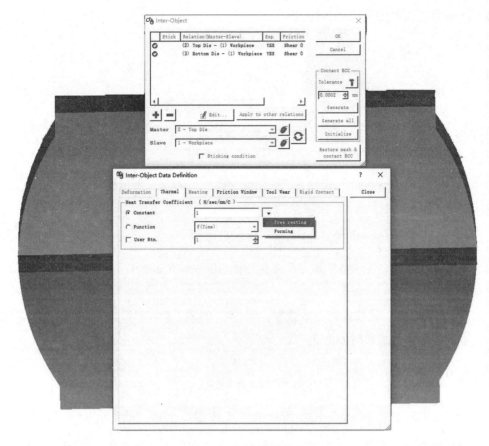

图 9.10　传热系数设置

（3）单击 Apply to other relations ，将第一对接触关系设置的具体参数运用至其余接触关系。

（4）在接触关系设置对话框，Contact BCC 标签栏下，单击 Tolerance ，"Use system default value for contact generatation tolerance"，采用系统默认的接触关系生成容差值，显示默认容差。单击 Generate all ，将接触容差应用至全部接触面。

（5）单击"OK"，完成接触关系设置。

9.1.3.7　边界条件

在模型树中，单击"Bottom Die"选中凹模，单击边界条件 Bdry. Cnd. ，切换至边界条件设置标签栏。在 Thermal 传热标签栏下单击"Heat exchange with environment"，弹出"Pick Surface Elements"对话框，单击"All"，选中所有面为传热面。单击 Add Boundary Condition ，添加边界条件，显示"Defined"，选中的接触面以绿色显示。同样方法设置凸模的传热边界条件。

9.1.3.8 模拟控制

（1）单击 Simulation Controls ![icon]，打开 Simulation Controls 对话框，单击 ![icon] Step Increment；在 Solution Step Definition 标签栏下，默认 ⊙ Time，以时间为步长控制单元。

（2）在 Step Increment Control 标签栏下，选择"Constant"，即以恒定步长方式模拟，输入 1 s/step。

（3）单击 ![icon] Simulation Steps 进入步长控制标签，在"Number of Simulation Steps"输入 5，总步长为 5 步，热传递时间为 5 s；在"Step Increment to Save"输入 1，每 1 步保存结果。

（4）单击"OK"，完成控制参数设置。

本次模拟热传递总时间为 5 s。

9.1.3.9 数据与运算

单击 Database Generation ![icon]，检查并生成数据库文件，保存 KEY 文件，返回至 DEFORM 主界面。多道次是多工序变形，在原工序 DB 文件基础上，再进行变形，DB 文件未发生变化。因此，点击项目栏中新生成的 Al – Forging. DB 文件，在 Simulator 标签栏下单击"Run"按钮，提交运算。

9.1.3.10 后处理

在 DEFORM – 3D 软件主界面，单击 Al – Forging. DB 文件，单击"DEFORM – 2D/3D Post"按钮，进入后处理主界面。单击快捷菜单区 Step 工具栏的 Last step ![icon] 按钮，观察工序二结束后的模拟情况。单击 Bottom Die，单击 ![icon]。

单击快捷菜单的状态变量"State Variable ![icon]"，打开状态变量对话框，在状态变量模型树下，选中 Deformation→Strain – Temperature 选项，Display 显示标签栏下选中 ⊙ Solid，Scaling 缩放标签栏下选中 ⊙ Local，单击"Apply"，结果如图 9.11 所示。

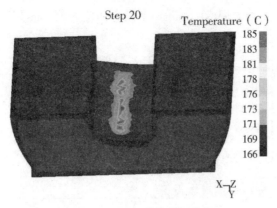

图9.11　工序二传热模拟结果

9.1.4　工序三:预锻成形

本节在工序二模具传热模拟结果基础上,在预锻模具中进行预锻成形过程模拟分析。

在DEFORM-3D软件主界面,单击Al-Forging.DB文件。在Preprocessor标签栏下单击"DEFORM-2D/3D Pre"按钮,在弹出的窗口中选择最后一步,进入前处理主界面。

9.1.4.1　设置控制参数

单击Simulation Controls，在Main选项卡进行主控制参数设置。在"Operation Name"输入Al-Forging 3,"Operation Number"设置为3,本阶段为工序三(预锻成形)的模拟。Mode模式栏下勾选"Deformation"变形模拟与"Heat Transfer"传热模式,单击"OK",完成主控制参数设置。

9.1.4.2　模拟控制

(1)单击Simulation Controls，打开Simulation Controls对话框,单击Step Increment,切换至步长设置标签。

(2)默认处于General二级标签栏,在Solution Step Definition标签栏下,选中 Die displacement,以凸模位移为步长控制单元。

(3)在Step Increment Control标签栏下,选择"Constant",即以恒定步长方式变形,输入0.73 mm/step。

(4)单击 Stop 进入停止控制标签,在General标签栏下,根据实际挤压运动

Movement 方向选择 Y 轴方向,在 Primary Y 轴方向输入 15 mm,即本次挤压总位移为 Y 轴方向 15 mm。

(5)单击 Simulation Steps 进入步长控制标签,在"Number of Simulation Steps"输入 25,总步长为 25 步;在"Step Increment to Save"输入 5,每 5 步保存结果。

(6)单击 Iteration,切换至求解器迭代控制标签,在 Solver 二级标签栏下,选择 Sparse 求解器;在 Method 二级标签栏下,选择 Newton-Raphson 迭代算法。

(7)单击"OK",完成控制参数设置。

9.1.4.3 运动条件

DEFORM-3D 默认勾选 Top Die 为主模具 Primary Die,主模具负责挤压动作。

(1)在模型树中,单击 Top Die,单击,简化模型显示。

(2)单击 Movement,切换至运动条件设置标签。单击 Translation,在平移运动二级标签栏下进行设置。

(3)Direction 方向:根据实际挤压方向,选中 Y 轴方向。

(4)在 Defined 定义栏,选中 Constant,在"Constant Value"输入 10 mm/s,即以恒定速度 10 mm/s 进行预锻成形。

(5)单击 Preview Object Movement,弹出"Movement Preview"对话框。选中 x 10,点击 Play Forward,确认运动参数设置无误后,单击"Close"关闭对话框。

9.1.4.4 接触关系

(1)单击 Inter-Object,弹出"Add Default Inter-Object Relationships"对话框。

(2)设置接触参数:单击默认的第一对接触关系(2)Top Die-(1)Workpiece。单击 Edit...,弹出"Inter-Object Data Definition"对话框。在 Friction 二级标签栏下,选择 Shear 剪切摩擦形式;在 Value 标签栏下,选中"Constant",以恒定摩擦因子进行挤压变形,单击下拉选项,选择"Aluminum 0.4",显示摩擦因子为 0.4,如图 9.12 所示。

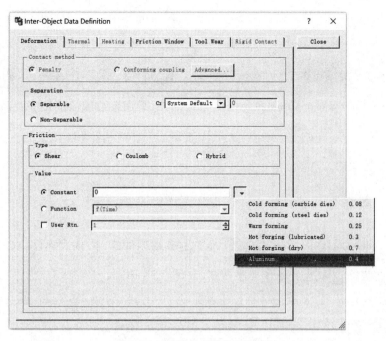

图9.12 接触关系设置对话框

（3）单击"Thermal"切换至传热设置二级标签栏。在 Heat Transfer Coefficient 二级标签栏下，点选"Constant"，以恒定传热系数进行模拟，输入传热系数为5，如图9.13所示。单击"Close"，完成第一对接触关系的具体接触参数设置。

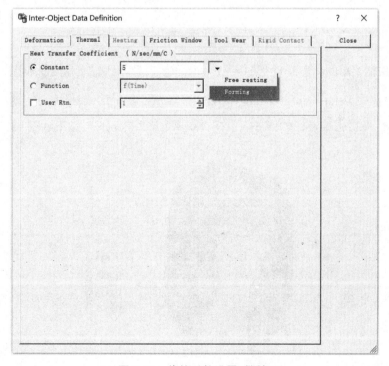

图9.13 传热系数设置对话框

（4）单击选中第一对接触关系（2）Top Die－（1）Workpiece。单击 Apply to other relations ，将第一对接触关系设置的具体参数运用至其余接触关系。

（5）在接触关系设置对话框，Contact BCC 标签栏下，单击 Tolerance 🔖 "Use system default value for contact generatation tolerance"，采用系统默认的接触关系生成容差值，显示默认容差。单击 Generate all ，将接触容差应用至全部接触面。

（6）单击"OK"，完成接触关系设置。

9.1.4.5　数据与运算

单击 Database Generation 🛢，检查并生成数据库文件，保存 KEY 文件，返回至 DEFORM 主界面。多道次是多工序变形，在原工序 DB 文件基础上，再进行变形，DB 文件未发生变化。因此，点击项目栏中新生成的 Al－Forging. DB 文件，在 Simulator 标签栏下单击"Run"按钮，提交运算。

9.1.4.6　后处理

在 DEFORM－3D 软件主界面，单击 Al－Forging. DB 文件，单击"DEFORM－2D/3D Post"按钮，进入后处理主界面。单击快捷菜单区 Step 工具栏的 Last step ▶|，观察工序三预锻成形结束后的模拟情况。单击 Workpiece，单击 🔵 。

单击快捷菜单的状态变量"State Variable 🌡"，打开状态变量对话框，在状态变量模型树下，选中 Deformation→Strain－Strain Effective 选项，Display 显示标签栏下选中 ⊙ Solid ，Scaling 缩放标签栏下选中 ⊙ Local ，单击"Apply"，结果如图 9.14 所示。

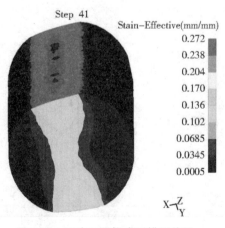

图 9.14　工序三预锻成形模拟结果

9.1.5　工序四：终锻成形

9.1.5.1　问题分析

本节在工序三预锻成形模拟结果基础上,进行工序四终锻成形过程模拟分析步骤的介绍。在 DEFORM-3D 软件主界面,单击 Al-Forging.DB 文件,单击"DEFORM-2D/3D Pre"按钮,在弹出的窗口中选择最后一步,进入前处理主界面。

9.1.5.2　设置控制参数

单击 Simulation Controls,在 Main 选项卡进行主控制参数设置。在"Operation Name"输入 Al-Forging 4,"Operation Number"设置为4,单击"OK"。Mode 模式栏下勾选"Deformation"变形模拟与"Heat Transfer"传热模式,单击"OK",完成主控制参数设置。

9.1.5.3　设置模拟对象

(1)更换凸模(Top Die)

在模型树内,单击 Top Die 选中凸模。在 General 通用属性标签下进行通用参数设置。

● 凸模通用参数设置

①变形温度:单击 Assign temperature...,输入变形温度 170 ℃。

②DEFORM-3D 默认勾选 Top Die 为主模具 ☑ Primary Die,主模具负责挤压动作。

● 凸模几何参数设置

单击 Geometry,单击 Import Geo... 导入几何模型,选择 Top Die-b. STL 文件,单击打开并载入,弹出"Delete Mesh"对话框,单击"Yes",删除前道工序凸模已存在的网格,在前处理窗口中会显示新导入的凸模模型。

(2)更换凹模(Bottom Die)

在模型树内,单击 Bottom Die 选中凹模。在 General 通用属性标签下进行通用参数设置。

● 凹模通用参数设置

变形温度:单击 Assign temperature...,输入变形温度 170 ℃。

● 凹模几何参数设置

单击 [Geometry]，单击 [Import Geo...] 导入几何模型，选择 Bottom Die – b. STL 文件，单击打开并载入，弹出"Delete Mesh"对话框，单击"Yes"，删除前道工序凹模已存在的网格，在前处理窗口中会显示新导入的凹模模型。

9.1.5.4 空间位置关系

更换模具后，需要重新调整终锻模具与工件之间的空间位置关系，将工件放入终锻凹模型腔内。

在对象显示菜单，单击 Uesr Defined Object Mode 🦋，在模型树内，右键单击 Top Die，单击"Turn Off"，隐藏 Top Die 的显示。

在应用菜单栏，按以下路径 Display→Viewpoint→（单击）– Z ，将图形显示区模型按 – Z 轴方向放置。

单击任务栏 Object Positioning ，弹出"Object Positioning"对话框。

选择设置位置对象，通过下拉按钮 ▼ 选取所需调整的对象 1 – Workpiece，此时，仅可针对 Workpiece 进行位置功能操作。

（1）在 Method 位置方式类型框内选中"Rotational"按钮。

（2）Direction 方向：根据图形显示窗口坐标方向与对象间的实际关系，选中 – Z 轴方向。

（3）在 Rotation Center 标签栏，点选"User – Defined"，单击鼠标图标，在图形显示窗口工件横截面圆心附近单击（或输入坐标数据 X 191.475 Y 18.6156 Z -42.1268 ），确定以此坐标为中心进行旋转。

（4）"Angle"栏输入 270°，单击"Apply"应用。此时，工件已沿 – Z 轴方向旋转 270°，如图 9.15 所示。

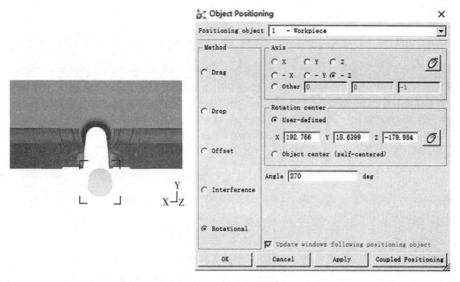

图9.15　工件旋转操作

（5）在 Method 类型框内选中"Offset"，在"Offset type"平移类型模式下，选择"Distance vector(mm)"位移模式，在 X 轴方向输入"12"，沿 X 轴方向平移 12 mm，单击"Apply"，如图9.16所示。

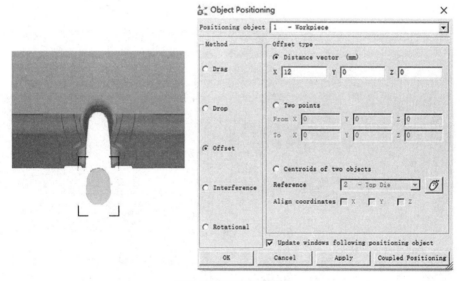

图9.16　工件平移操作

（6）在 Method 类型框内选中"Interference"按钮，进行接触设置；"Approach direction"根据实际情况点选 Y 轴方向；"Reference"通过下拉按钮 ▼ 点选参照对象为 **3 - Bottom Die**，单击"Apply"，完成接触设置，如图9.17所示。

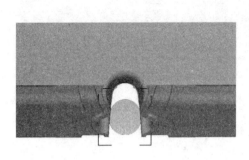

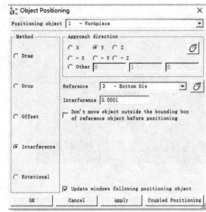

图9.17　工件接触凹模操作

（7）在模型树内，右键单击 Top Die，单击"Turn On"，显示 Top Die。

（8）选择设置对象，通过下拉按钮 ▼ 框选对象 2 　－ Top Die 。在 Method 类型框内选中"Offset"，在"Offset type"平移类型模式下，选择"Distance vector（mm）"位移模式，在 Y 轴方向输入"-7"，沿 -Y 轴方向平移 7 mm，单击"Apply"，如图9.18所示。

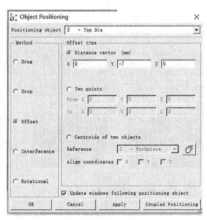

图9.18　凸模平移操作

单击"OK"，完成位置调整。位置关系变化将影响边界条件关系，触发边界条件警示，先后弹出"Initialize Boundary Conditions"与"Boundary Conditions"对话框，依次单击"Yes"与"OK"，确认初始化边界条件。

9.1.5.5　模拟控制

（1）单击 Simulation Controls 🔧，打开 Simulation Controls 对话框，单击 📁 Step Increment，切换至步长设置标签。

（2）进入 General 二级标签栏，在 Solution Step Definition 标签栏下，选中 $\odot$ Die displacement，以凸模位移为步长控制单元。

（3）在 Step Increment Control 标签栏下，选择"Constant"，即以恒定步长方式变形，输入 0.73 mm/step。

（4）单击 $\blacksquare$ Stop 进入停止控制标签，处于 Process Parameters 二级标签栏。在 General 标签栏下，根据实际挤压运动 Movement 方向选择 Y 轴方向，在 Primary Y 轴方向输入 142 mm。

（5）单击 $\blacksquare$ Simulation Steps 进入步长控制标签，在"Number of Simulation Steps"输入 200，总步长为 200 步；在"Step Increment to Save"输入 10，每 10 步保存结果。

（6）单击"OK"，完成控制参数设置。

本次终锻成形凸模总位移为 Y 轴方向 127 mm。

注：DEFORM-3D 在多工序模拟过程中，单个方向位移按累加计算，本工序在预锻成形模拟 Primary Y 轴 15mm 基础上，再运动 127 mm，累加在 Primary Y 轴方向移动 142 mm。

9.1.5.6　运动条件

运动条件由预锻工序传递而来，无须修改。在模型树中，单击 Top Die，单击 $\bullet$，简化模型显示。

（1）单击 $\boxed{\text{Movement}}$，切换至运动条件设置标签。

（2）单击 Preview Object Movement $\blacksquare$，弹出"Movement Preview"对话框。选中 $\odot$ x 10，点击 Play Forward $\blacktriangleright$，凸模与凹模呈闭模状态，确认运动参数设置无误后，单击"Close"。

9.1.5.7　接触关系

（1）单击 Inter-Object $\blacksquare$，弹出已添加接触关系的对话框。

（2）接触参数已存在，只需重新生成容差及接触关系即可。在接触关系设置对话框，Contact BCC 标签栏下，单击 Initialize 按钮，初始化接触关系。单击 Tolerance $\blacksquare$ "Use system default value for contact generatation tolerance"，单击 Generate all。

（3）单击"OK"，完成接触关系设置。

9.1.5.8 数据与运算

单击 Database Generation ，检查并生成数据库文件，保存 KEY 文件，返回至 DEFORM 主界面。

9.1.5.9 多核模拟运算

点击项目栏中新生成的 Al – Forging. DB 文件。在 Simulator 标签栏下单击"Run (option)"按钮，弹出"Run Simulation Remotely"对话框，在 Job Options 标签栏下，勾选"Multiple processor"，进行多核运算。在 Multiprocessor Options 标签栏下第 1 行，"Host Name"输入计算机名称，在"No. of processors"输入"2"，Machine 标签栏下，选择对应的 32 bit 或 64 bit，单击"Save"保存，单击"Start"提交运算，如图 9.19 所示，单击"Close"。DEFORM – 3D 软件主界面下出现高亮 Running 图标，表明模拟运算正在进行。

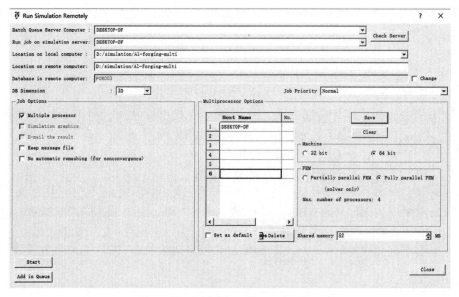

图 9.19 多核模拟运算设置对话框

9.1.5.10 后处理

在 DEFORM – 3D 软件主界面，单击 Al – Forging. DB 文件，单击"DEFORM – 2D/3D Post"按钮，进入后处理主界面。单击快捷菜单区 Step 工具栏的 Last step 按钮。

单击快捷菜单的状态变量"State Variable "，打开状态变量对话框，在状态变量模型树下,选中 Deformation→Strain - Strain effective 选项,Display 显示标签栏下选中 ⊙ Solid 模式,Scaling 缩放标签栏下选中 ⊙ Local,单击"Apply",结果如图 9.20 所示。

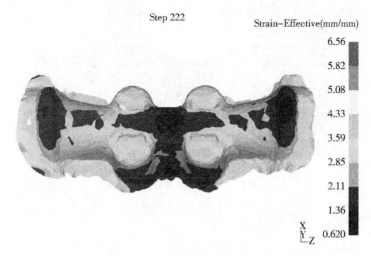

图 9.20　工序四终锻成形模拟结果

9.2　实例 2:十字轴闭塞模锻成形

【实例 2 电子资源】

9.2.1　问题分析

相比普通模锻,闭塞模锻通常需要多重动作与工作压力来完成。成形过程如下:(1)工件放入凹模型腔;(2)上下合模产生合模力,形成封闭型腔;(3)单个或多个凸模从单个或多个方向对型腔内工件进行挤压成形。

闭塞模锻的优势:(1)封闭型腔成形可产生高静水压力,提高材料极限变形能力;(2)成形成性一体化,可一次精加工出复杂形状零件;(3)减少了切削加工量,金属材料流线连续完整。

十字轴零件是广泛应用于汽车联动装置的传力部件,其形状为水平方向上呈"十"字状,是典型的枝芽类零件,如图 9.21 所示。采用闭塞模锻加工成形(十字轴),可避免传统加工如自由锻、开式模锻存在的加工余量大、组织不连续等问题。

十字轴闭塞模锻成形难点分析:(1)零件结构复杂,成形载荷较大;(2)通常采用合金结构钢,变形抗力大;(3)四小轴容易出现弯曲、变形不均匀等问题。

针对十字轴闭塞模锻的实际成形过程,分三个工序完成模拟。(1)环境传热:加热工件从马弗炉取出移动至模具的过程,与空气的热传递;(2)模具传热:工件移动至凹模型腔,压力机工作前短暂停留的过程,与凹模、凸模的热传递;(3)闭塞模锻成形:工件在模具上进行闭塞模锻成形。

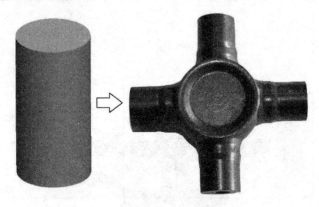

图9.21　十字轴零件成形过程

9.2.2　工序一:环境传热

9.2.2.1　创建新问题

(1)打开 DEFORM 主程序,单击 Home 打开工作目录。

(2)单击 New Problem ,项目类型选择"Deform－2D/3D Pre",单位选择"SI 国际单位制",单击"Next",设置存储路径,选择"Under Problem Home Directory"。

(3)单击"Next",问题名称设置为"Cross－shaft－forging",单击"Finish"进入前处理界面。

9.2.2.2　设置控制参数

(1)单击 Simulation Controls ,在 Main 选项卡进行主控制参数设置。在"Simulation Title"输入问题名称"Cross－shaft－forging"。

(2)勾选"SI 国际单位制"选项,选择"Lagrangian Incremental"迭代方式,勾选"Heat Transfer"热传递模式,取消勾选"Deformation"模式。单击"OK"完成设置。

9.2.2.3　创建工件

单击选中 Workpiece。在 General 通用属性标签下进行通用参数设置。

● 工件通用参数设置

①对象名称(Object Name):默认 Workpiece,无须更改。

②对象类型:选择"Plastic"(塑性变形体)。

③变形温度:单击 Assign temperature... ,输入变形温度 800 ℃(工件已在马弗炉加热至 800 ℃)。

● **工件几何参数设置**

单击 Geometry ,单击 Import Geo... ;导入几何模型,选择 billet. STL 文件,单击打开并载入,模型树内显示几何模型。

9.2.2.4　网格划分

(1)在模型树中,单击 Workpiece。

(2)单击 Mesh ,在网格基本工具 Tools 标签下,输入单元网格数目为"40000"。

(3)单击 Detailed Settings ,单击 Weighting Factors ,切换进入网格权重因子二级设置标签,将权重因子按图 9.22 所示比例设置。单击 Preview ,预览网格尺寸及分布情况。

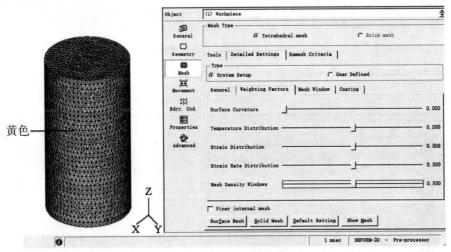

黄色

图9.22　工件网格权重因子设置

(4)在详细设置标签栏下,单击 General ,切换进入通用二级设置标签,选择网格类型为 ⊙ Relative ,即采用相对网格。在 Element 标签栏下,最小单元网格尺寸为 0.67 mm,最大单元网格尺寸为 1.348 7 mm。单击 Tools ,单击 Generate Mesh ,直接生成网格。

9.2.2.5　材料属性

(1)在模型树中,单击 Workpiece,单击 ,简化模型显示。

（2）在 General 通用属性标签下进行变形体材料属性设置。单击 Material Lab 进入材料库，Category 选择 Steel，在 Material Label 选择牌号 AISI – 4120［70 – 2200F（20C – 1200C）］，单击 Load 载入材料属性。

注：本例为热锻成形，十字轴零件材料为中国牌号 20CrMnTi，DEFORM 材料库均为美国牌号，相近牌号为 AISI – 4120（20 ~ 1 200 ℃热变形区间）。

9.2.2.6 模拟控制

（1）单击 Simulation Controls ，打开 Simulation Controls 对话框，单击 Step Increment，在 Solution Step Definition 标签栏下，选中"Time"按钮，以时间为步长控制单元。

（2）在 Step Increment Control 标签栏下，选择"Constant"，即以恒定时间方式变形，输入 1 s/step。

（3）单击 Simulation Steps 进入步长控制标签，在"Number of Simulation Steps"输入 15，总步长为 15 步；在"Step Increment to Save"输入 5，每 5 步保存结果。

（4）单击 Process Conditions，环境温度"Environment temperature"恒定"20"℃，对流系数"Convection coefficient"恒定"0.02"N/sec/mm/ ℃，如图 9.23 所示，单击"OK"。

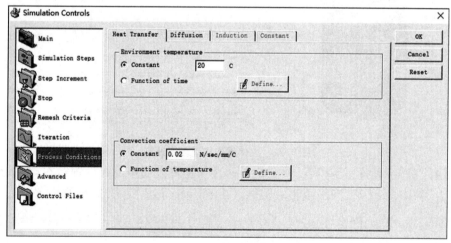

图 9.23　热传递参数设置

9.2.2.7 边界条件

在模型树中，单击 Workpiece，单击边界条件 Bdry. Cnd，进入边界条件设置标签栏。

在 Thermal 传热标签栏下单击"Heat exchange with environment",弹出"Pick Surface Elements"对话框,单击"All",选中所有面为传热面。单击 Add Boundary Condition

,添加边界条件,显示"Defined",选中的接触面以绿色显示,如图 9.24 所示。

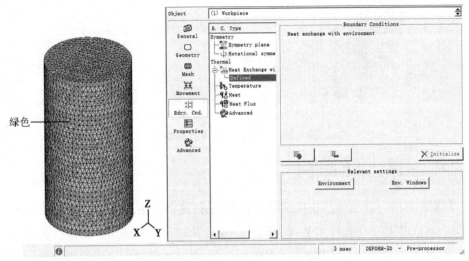

图9.24 设置工件传热边界条件

9.2.2.8 数据与运算

单击 Database Generation ,检查并生成数据库文件,保存 KEY 文件,返回至 DEFORM 主界面。单击"Run"按钮,提交运算。

9.2.2.9 后处理

(1)在 DEFORM-3D 软件主界面,单击 Cross-shaft-forging. DB 文件,单击"DEFORM-2D/3D Post"按钮,进入后处理主界面。单击快捷菜单区 Step 工具栏的 Last step 按钮。

(2)单击快捷菜单的状态变量"State Variable ",打开状态变量对话框,在状态变量模型树下,选中 Deformation→Strain-Temperature 选项,Display 显示标签栏下选中 Solid,Scaling 缩放标签栏下选中 Local,单击"Apply"。

(3)在快捷菜单区,单击剖切 Slicing 按钮,沿纵向剖开工件,观察传热模拟结束后工件内部温度分布情况,如图 9.25 所示。

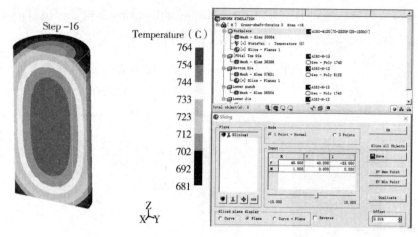

图9.25　工件内部温度分布情况

9.2.3　工序二:模具传热

本节在工序一环境传热模拟结果基础上,进行模具传热过程模拟步骤的介绍。

在 DEFORM－3D 软件主界面,单击 Cross－shaft－forging. DB 文件。在 Pre Processor 标签栏下单击"DEFORM－2D/3D Pre",在弹出的窗口中选择最后一步,进入前处理主界面。对象、几何模型、网格等信息均由单道次模拟结果传递,无须重复设置。

9.2.3.1　设置控制参数

单击 Simulation Controls ，在 Main 选项卡进行主控制参数设置。在"Operation Name"输入 Cross－shaft－forging 2,"Operation Number"设置为2,单击"OK"完成设置。变形模式"Mode"由工序一传递而来,仅点选"Heat Transfer"传热模式。本阶段为工序二(模具传热)的模拟。

9.2.3.2　创建模具对象

(1)导入凸模(Top Die)

在模型树内创建(Insert ）Top Die,单击选中 Top Die,在 General 通用属性标签下进行通用参数设置。

● 凸模通用参数设置

①对象名称(Object Name):默认 Top Die,无须更改。

②对象类型:选择"Rigid"(刚性体)。

③变形温度:单击 Assign temperature... ,输入变形温度为200 ℃。

● 凸模几何参数设置

单击 Geometry ，单击 Import Geo... 导入几何模型，选择punch – a. STL
文件，单击打开并载入。

（2）导入凹模（Bottom Die）

在模型树内创建（Insert ）Bottom Die，单击选中 Bottom Die。在 General 通用
属性标签下进行通用参数设置。

● 凹模通用参数设置

①对象名称（Object Name）：默认 Bottom Die，无须更改。

②对象类型：选择"Rigid"（刚性体）。

③变形温度：单击 Assign temperature... ，输入变形温度200 ℃。

● 凹模几何参数设置

单击 Geometry ，单击 Import Geo... 导入几何模型，选择 die – a. STL 文
件，单击打开并载入。

（3）导入下凸模（Object 4）

在模型树内创建（Insert ）Object 4（对象4）。单击"Object 4"选中对象4。在
General 通用属性标签下进行通用参数设置。

● 下凸模通用参数设置

①对象名称（Object Name）：输入"Lower punch"，单击 Change ，确认更改。

②对象类型：选择"Rigid"（刚性体）。

③变形温度：单击 Assign temperature... ，输入变形温度200 ℃。

● 下凸模几何参数设置

单击 Geometry ，单击 Import Geo... 导入几何模型，选择punch – b. STL
文件，单击打开并载入。

（4）导入下凹模（Object 5）

在模型树内创建（Insert ）Object 5（对象5）。单击"Object 5"选中对象5。在
General 通用属性标签下进行通用参数设置。

● 下凹模通用参数设置

①对象名称(Object Name):输入"Lower die",单击 Change ,确认更改。

②对象类型:选择"Rigid"(刚性体)。

③变形温度:单击 Assign temperature... ,输入变形温度 200 ℃。

● 下凹模几何参数设置

单击 Geometry ,单击 Import Geo... 导入几何模型,选择 die - b. STL 文件,单击打开并载入。

9.2.3.3　网格划分

(1)在模型树中,单击 Top Die,单击 ,简化模型显示。

(2)单击 Mesh ,在网格基本工具 Tools 标签下,拖动进度条至 32 000。

(3)单击 Preview ,预览网格,单击 Generate Mesh ,生成网格。

相同方法设置:①下凸模,网格数目为 32 000。②凹模,网格数目为 50 000;③下凹模,网格数目为 50 000。

9.2.3.4　材料属性

(1)在模型树中,单击 Bottom Die 选中凹模。

(2)在 General 通用属性标签下进行凹模材料属性设置。单击 Material Lab 进入材料库,在 Category 选择 Die Material 类型,在 Material Label 选择牌号 AISI - H - 13,单击 Load 载入材料属性,选中材料会显示在 Material 右侧显示框中。

(3)在模型树中,单击 Top Die 选中凸模。

(4)在 Material 右侧下拉菜单 ▼ ,点选已有牌号 AISI - H - 13。

(5)相同方法设置,下凸模与下凹模材料均为 AISI - H - 13。

9.2.3.5　接触关系

(1)单击 Inter - Object ,弹出"Add Default Inter - Object Relationships"对话框,提示当前对象之间无接触关系存在,是否由系统添加默认接触关系,点击"Yes"进行确认。

(2)弹出已默认添加接触关系的对话框,单击默认的第一对接触关系(2)Top Die - (1)Workpiece。单击 ，弹出"Inter - Object Data Definition"对话框；处于 Thermal 二级标签栏。在"Heat Transfer Coefficient(N/sec/mm/C)"二级标签栏下,点选"Constant",以恒定传热系数进行模拟,单击下拉选项 ▼，选择"Free resting",输入框显示传热系数为1。单击"Close",完成第一对接触关系的具体接触参数设置。

(3)单击 Apply to other relations，将第一对接触关系参数运用至其余接触关系。

(4)在接触关系设置对话框,Contact BCC 标签栏下,单击 Tolerance "Use system default value for contact generatation tolerance",采用系统默认容差值,单击 Generate all，将接触容差应用至全部接触面。单击"OK"完成设置。

9.2.3.6　边界条件

在模型树中,单击 Bottom Die 选中凹模,单击边界条件 Bdry. Cnd.，切换至边界条件设置标签栏。在 Thermal 传热标签栏下单击"Heat exchange with environment",弹出"Pick Surface Elements"对话框,单击"All",选中所有面为传热面。单击 Add Boundary Condition，添加边界条件,显示"Defined",选中的接触面以绿色显示,如图9.26所示。

同样方法设置凸模、下凸模、下凹模的传热边界条件。

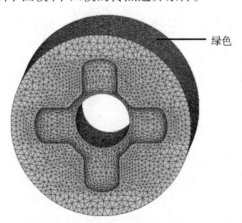

绿色

图9.26　设置工件传热边界条件

9.2.3.7　模拟控制

(1)单击 Simulation Controls，打开 Simulation Controls 对话框,单击

 Step Increment;默认处于 General 二级标签栏,无须修改;在 Solution Step Definition 标签栏下,默认 **⊙ Time**,以时间为步长控制单元。

(2)在 Step Increment Control 标签栏下,选择"Constant",即以恒定步长方式模拟,输入 1 s/step。

(3)单击 **Simulation Steps** 进入步长控制,在"Number of Simulation Steps"输入 5,总步长为 5 步,热传递时间为 5 s;在"Step Increment to Save"输入 1,每 1 步保存结果。

(4)单击"OK",完成控制参数设置。

本次模拟热传递总时间为 5 s。

9.2.3.8 数据与运算

单击 Database Generation ,检查并生成数据库文件,保存 KEY 文件,返回至 DEFORM 主界面。点击新生成的 Cross – shaft – forging. DB 文件,单击"Run"提交运算。

9.2.3.9 后处理

在 DEFORM – 3D 软件主界面,单击 Cross – shaft – forging. DB 文件,单击"DE-FORM – 2D/3D Post"按钮,进入后处理主界面。单击快捷菜单区 Step 工具栏的 Last step 按钮。

单击快捷菜单的状态变量"State Variable ",打开状态变量对话框,在状态变量模型树下,选中 Deformation→Strain – Temperature 选项,Display 显示标签栏下选中 **⊙ Solid**,Scaling 缩放标签栏下选中 **⊙ Local**,单击"Apply",结果如图 9.27 所示。

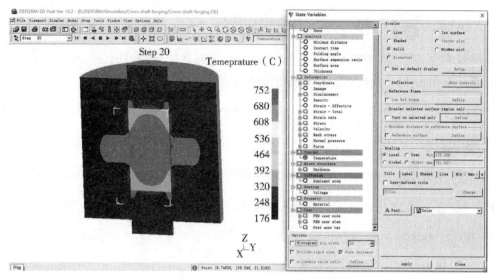

图9.27 工序二传热模拟结果

9.2.4 工序三:闭塞模锻成形

本节在工序二模具传热模拟结果基础上,在闭塞模具进行模锻成形模拟分析。

在 DEFORM-3D 软件主界面,单击 Cross-shaft-forging. DB 文件。在 Pre Processor 标签栏下单击"DEFORM-2D/3D Pre"按钮,在弹出的窗口中选择最后一步,进入前处理主界面。

9.2.4.1 设置控制参数

单击 Simulation Controls ![icon],在![icon] Main 选项卡进行主控制参数设置。在"Operation Name"输入 Cross-shaft-forging 3,"Operation Number"设置为3,本阶段为工序三(闭塞模锻成形)的模拟。"Mode"模式栏下勾选"Deformation"变形模拟与"Heat Transfer"传热模式,单击"OK",完成主控制参数设置。

9.2.4.2 模拟控制

(1)单击 Simulation Controls ![icon],打开 Simulation Controls 对话框,单击 ![icon] Step Increment,切换至步长设置标签。

(2)处于 General 二级标签栏,在 Solution Step Definition 标签栏下,选中 ![icon] Die displacement,以凸模位移为步长控制单元。

(3)在 Step Increment Control 标签栏下,选择"Constant",即以恒定步长方式变形,输入 0.23 mm/step。

（4）单击 ⊗ Stop 进入停止控制标签，处于 Process Parameters 二级标签栏。在 General 标签栏下，根据实际挤压运动 Movement 方向选择 Z 轴方向，在 Primary Z 轴方向输入 36 mm，即本次挤压总位移为 Z 轴方向 36 mm。

（5）单击 Simulation Steps 进入步长控制标签，在"Number of Simulation Steps"输入 160，总步长为 160 步；在"Step Increment to Save"输入 10，每 10 步保存结果。

（6）单击 Iteration，切换至求解器迭代控制标签，处于 Deformation 二级标签栏。在 Solver 二级标签栏下，选择 ⊙ Sparse 求解器；在 Method 二级标签栏下，选择 ⊙ Newton-Raphson 迭代算法。

（7）单击"OK"，完成控制参数设置。

9.2.4.3　运动条件

DEFORM－3D 默认勾选 Top Die 为主模具 ☑ Primary Die，主模具负责模锻动作。

● 凸模运动条件设置

（1）在模型树中，单击 Top Die，单击 ●，简化模型显示。

（2）单击 Movement，切换至运动条件设置标签。单击 Translation，在平移运动二级标签栏下进行设置。

（3）Direction 方向：根据实际挤压方向，选中 － Z 轴方向。

（4）在 Defined 定义栏，选中 ⊙ Constant，在"Constant Value"输入 10 mm/s，即以恒定速度 10 mm/s 进行预锻成形。

（5）同样方法设置凹模与下凹模，Direction 方向为 － Z 轴，Constant Value 为 5 mm/s。

（6）单击 Preview Object Movement，弹出"Movement Preview"对话框。选中 ⊙ x 10，点击 Play Forward ▶，确认运动参数设置无误后，单击"Close"关闭对话框。

9.2.4.4　对象特性

本例仅针对已进行单元离散的工件进行网格重划分过程中的体积补偿。

单击 ，切换至对象特性设置标签。处于 Deformation 二级标签栏，在 Target Volume 栏下，单击 **⊙ Active in FEM + meshing**，激活体积补偿功能，单击"Calculate Volume"自动计算工件模型初始体积，弹出"Target Volume"对话框，单击"Yes"确认，此时 Volume 输入栏自动显示初始体积。

9.2.4.5 接触关系

（1）单击 Inter - Object，弹出"Add Default Inter - Object Relationships"对话框。

（2）设置接触参数：单击默认的第一对接触关系（2）Top Die - （1）Workpiece。单击 **Edit...**，弹出"Inter - Object Data Definition"对话框。处于 Deformation 二级标签栏，在 Friction 二级标签栏下，选择 Shear 剪切摩擦形式；在 Value 标签栏下，选中"Constant"，单击下拉选项 ▼，选择"Hot forging 0.3"，输入框显示摩擦因子为 0.3。

（3）单击 Thermal，在 Heat Transfer Coefficient 二级标签栏下，点选"Constant"，以恒定传热系数进行模拟，单击下拉选项 ▼，选择"Forming"，显示传热系数为 11，如图 9.28 所示。单击"Close"关闭对话框，完成第一对接触关系设置。

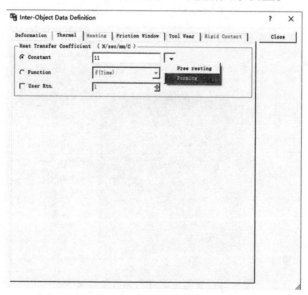

图 9.28　传热系数设置对话框

（4）单击 **Apply to other relations**，将第一对接触关系参数运用至其余接触关系。

（5）在接触关系设置对话框，Contact BCC 标签栏下，单击 Tolerance "Use system default value for contact generatation tolerance"，采用系统默认容差值，单击

,将接触容差应用至全部接触面。单击"OK"完成设置。

9.2.4.6 数据与运算

单击 Database Generation ,检查并生成数据库文件,保存 KEY 文件,返回至 DEFORM 主界面。点击新生成的 Cross – shaft – forging. DB 文件,单击"Run"提交运算。

9.2.4.7 后处理

在 DEFORM – 3D 软件主界面,单击 Cross – shaft – forging. DB 文件,单击 "DEFORM – 2D/3D Post"按钮,进入后处理主界面。单击快捷菜单区 Step 工具栏的 Last step 按钮。

(1)在快捷菜单区,单击 Slicing 剖切按钮,沿纵向剖开工件,观察工件内部的变形及温度分布情况。

(2)单击快捷菜单的状态变量"State Variable ",打开状态变量对话框,在状态变量模型树下,选中 Deformation→Strain – Temperature 选项,Display 显示标签栏下选中 Solid 模式,Scaling 缩放标签栏下选中 Local,单击"Apply",结果如图9.29所示。

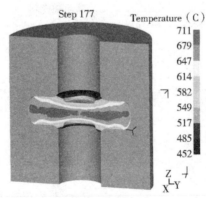

图9.29 变形后工件内部温度分布情况

(3)在状态变量模型树,选中 Deformation→Strain – Effective(Strain – Effective)选项,Display 显示标签栏下选中 Solid,Scaling 缩放标签栏下选中 Local,单击"Apply",结果如图9.30所示。

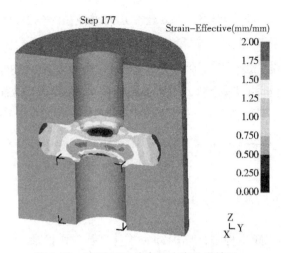

图 9.30　变形后工件内部应变分布情况

9.3　实例 3:齿轮托架温锻成形

【实例 3 电子资源】

9.3.1　问题分析

问题背景:某齿轮托架工件锻造成形过程如图 9.31 所示,工艺参数如下:工件初始温度为 1 200 ℃,模具初始温度为 100 ℃,模具与工件间的摩擦系数为 0.3。利用工件的对称性进行简化,本例选取模型的 1/12 进行建模及仿真分析。

本例中温锻成形过程可分为五个工序:

(1)环境传热:模拟 8 s 内工件从炉子到压力机的热传递,与空气进行热交换。

(2)模具传热:模拟工件放在下模的热传递过程,工件在下模的停留时间为 1 s。

(3)镦粗成形:将工件高度从 67 mm 镦至 10 mm。

(4)二次热传导:将工件放置到终锻模具的过程,时间为 4 s。

(5)终锻成形:利用终锻模具对工件进行锻造成形。

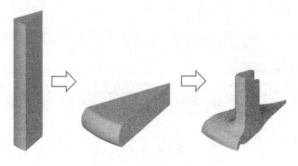

图 9.31　工件成形过程

三维模型:采用三维造型软件 Creo 建立几何模型,并按对称面重合原则对初始工件和所有模具进行预定位;将工件和上模、下模模型按实际锻造位置进行装配。从装配体中分别导出各部件,分别为:IDS_gc_billet. STL、IDS_gc_upset_top. STL、IDS_gc_upset_bot. STL、IDS_GC_Finish_Top. STL 与 IDS_GC_Finish_Bot. STL,读者也可从 DEFORM -3D 安装目录中导出,路径如下" * \SFTC\DEFORM\v11.0\3D\LABS"。

9.3.2 工序一:环境传热

9.3.2.1 创建新问题

(1)打开 DEFORM 主程序,单击 Home 打开工作目录。

(2)单击 New Problem ,项目类型选择"Deform - 2D/3D Pre",单位选择"SI 国际单位制",单击"Next",设置存储路径,选择"Under Problem Home Directory"。

(3)单击"Next",名称设置为"GearCarrierForming",单击"Finish"完成。

9.3.2.2 模拟控制

单击 Simulation Controls ,在 Main 选项卡进行主控制参数设置。在"Operation Name"中输入操作名称"Cooling";勾选"SI 国际单位制",选择"Lagrangian Incremental"迭代方式,关闭"Deformation"变形模式,勾选"Heat Transfer"传热模式。

9.3.2.3 创建模拟对象

导入工件(Workpiece):在模型树中,选中 Workpiece,在 General 通用属性标签下进行通用参数设置。

● **工件通用参数设置**

①对象名称(Object Name):输入"Gear Carrier Billet",单击 Change 更改。

②对象类型:选择"Plastic"(塑性变形体)。

③变形温度:单击 Assign temperature... ,输入变形温度 1 200 ℃。

● **工件几何参数设置**

单击 Geometry ,单击 Import Geo... 导入几何模型,选择"IDS_gc_billet. STL"文件,单击打开并载入。

9.3.2.4 网格划分

（1）在模型树中，单击 Gear Carrier Billet，单击 ⚫，隐藏无关模型。

（2）单击 ⊞ Mesh ，选择 Detailed Settings 进入网格详细设置标签，选择 Weighting Factors 选项卡进行权重因子的设置："Surface Curvature"为 0.800；"Temperature Distribution"为 0；"Strain Distribution"为 0.100；"Strain Rate Distribution"为 0.100；"Mesh Density Windows"为 0。设置完成后如图 9.32 所示。

（3）在 General 二级标签栏下，勾选 ⊙ Absolute 网格类型，在 Element 标签栏下，尺寸比（Size Ratio）改为 1，最大单元网格尺寸为 1 mm，如图 9.33 所示。点击 Surface Mesh 生成表面网格，点击 Solid Mesh 生成实体网格，在弹出的窗口中单击 No 。

（4）生成网格后设置尺寸比为 3，最小单元网格尺寸设置为 0.33 mm，但不重新生成网格，生成的网格如图 9.34 所示。

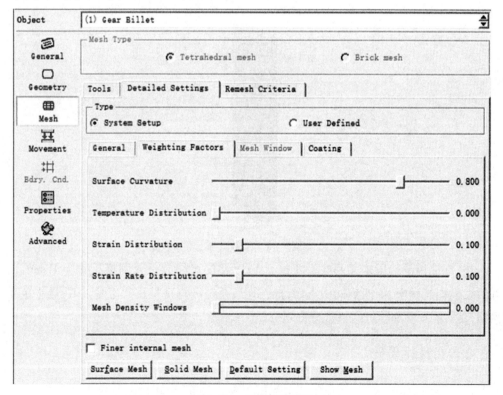

图9.32 设置权重因子

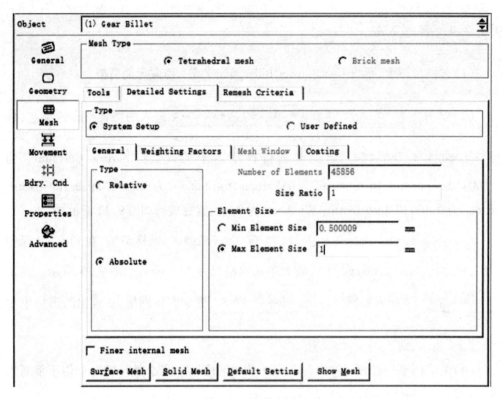

图 9.33　网格划分

图 9.34　工件网格

注:在热传导阶段定义网格尺寸比为1,以及设置最大单元网格尺寸为1 mm,而在后续模拟过程中,如遇到网格重划分的情况,系统会自动根据尺寸比为3,最小单元网格尺寸为0.33 mm 对网格进行重划分。

9.3.2.5　材料属性

(1)在模型树中,单击 Gear Carrier Billet,单击 ⬤ ,简化模型显示。

（2）在 General 通用属性标签下进行材料设置。单击 Material Lab 进入材料库，Category 选择 Steel，在 Material Label 选择牌号 DIN - C15［70 - 2200F（20 - 1200 ℃）］，单击 |　Load　| ，载入材料属性。

9.3.2.6　边界条件

本例以工件的 1/12 进行对称分析，需定义完整的边界条件。

（1）选中模型树中的 Gear Carrier Billet 对象，单击 Bdry. Cnd.，在 B. C. Type 下选择 Thermal 中的"Heat exchange with environment"选项，单击下面的"Environment"，在弹出的对话框中，设置环境温度为 20 ℃（默认），热交换系数保持默认的"0.02" N/sec/mm/℃，如图 9.35 所示。

（2）单击工件的上、下表面和圆柱面，单击 |　　　　| 完成设置，如图 9.36 所示。

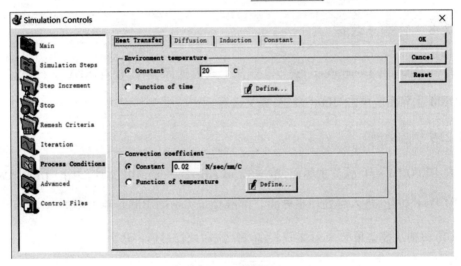

图 9.35　环境温度

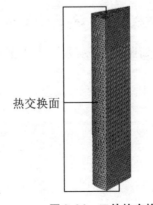

热交换面

图 9.36　工件热交换面

注:工件与外界环境的热传导边界条件仅仅针对工件暴露在环境中的外表面,对于工件的两个非暴露对称面是不需要设置热传导边界条件的。

9.3.2.7 模拟控制

(1)单击 Simulation Controls ![icon],打开 Simulation Controls 对话框,单击 Simulation Steps 进入步长控制标签,在"Number of Simulation Steps"输入 40,总步长为 40 步;在"Step Increment to Save"输入 2,每 2 步保存结果。

(2)单击 Step Increment,进入步长设置标签。在 Solution Step Definition 标签栏下,选中 ⊙ Time,以时间为步长控制单元。在 Step Increment Control 标签栏下,勾选"Constant"选项,输入 0.2 s/step。

(3)单击"OK",完成控制参数设置。

9.3.2.8 数据与运算

单击 Database Generation ![icon],检查并生成数据库文件,保存 KEY 文件,返回至 DEFORM 主界面。单击"Run"按钮,提交运算。

9.3.2.9 后处理

在 DEFORM –3D 软件主界面,单击 GearCarrierForming. DB 文件,单击"DEFORM –2D/3D Post"按钮,进入后处理主界面。单击 Gear Carrier Billet,单击 ![icon]。

(1)单击快捷菜单区 Step 工具栏的 ![icon] 按钮选择最后一步。

(2)温度场分析。单击 State Variable ![icon],在状态变量模型树下,选中 ⊙ Temperature,Display 显示标签栏下选中 ⊙ Solid,Scaling 缩放标签栏下选中 ⊙ Local,单击"Apply",模拟结果如图 9.37 所示。点击 ![Close] 按钮关闭窗口。

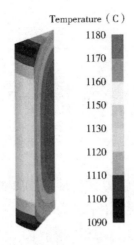

图9.37　工件温度场分布情况

9.3.3　工序二:模具传热

9.3.3.1　打开前处理文件

在 DEFORM-3D 软件主界面,单击 GearCarrierForming. DB 文件,点击"Deform-2D/3D Pre"选项,在弹出的窗口中选择最后一步,进入前处理界面。

9.3.3.2　模拟控制

(1)单击 Simulation Controls ![icon],在 ![icon] Main 选项卡进行主控制参数设置。在"Simulation Title"输入名称"Gear Carrier Forming",在"Operation Name"输入名称"Transfer through bottom die",将"Operation Number"改为2。

(2)单击 ![icon] Simulation Steps 进入步长控制标签,在"Number of Simulation Steps"输入10,总步长为10步;在"Step Increment to Save"输入1,每1步保存结果。

(3)单击 ![icon] Step Increment,切换至步长设置标签。在 Solution Step Definition 标签栏下,选中 ![icon] Time,以时间为步长控制单元。在 Step Increment Control 标签栏下,勾选"Constant"选项,输入0.1 s/step,其余参数保持默认数值。

(4)单击"OK",完成控制参数设置。

9.3.3.3　创建模拟对象

（1）导入凸模（Top Die）

在模型树内创建（Insert ）Top Die，单击选中 Top Die。在 General 通用属性标签下进行通用参数设置。

● **凸模通用参数设置**

①对象名称（Object Name）：默认 Top Die，无须更改。

②对象类型：选择"Rigid"（刚性体）。

③变形温度：单击 `Assign temperature...`，输入变形温度为 100 ℃。

④DEFORM－3D 默认 Top Die 为主模具，负责锻压动作。

● **凸模几何参数设置**

单击 `Geometry`，单击 `Import Geo...` 导入几何模型，选择 IDS_gc_upset_top. STL 文件，单击打开并载入。

（2）导入凹模（Bottom Die）

在模型树内创建（Insert ）Bottom Die，单击选中 Bottom Die。在 General 通用属性标签下进行通用参数设置。

● **凹模通用参数设置**

①对象名称（Object Name）：默认 Bottom Die，无须更改。

②对象类型：选择"Rigid"（刚性体）。

③变形温度：单击 `Assign temperature...`，输入变形温度为 100 ℃。

● **凹模几何参数设置**

单击 `Geometry`，单击 `Import Geo...` 导入几何模型，选择 IDS_gc_upset_bot. STL 文件，单击打开并载入。

在不关心模具温度时，模具也可以不划分网格和设置材料属性。

9.3.3.4　空间位置关系

单击 按钮，在弹出的对话框中，方法"Method"选择自动干涉"Interference"，定位对象"Positioning Object"选择"Gear Carrier Billet"，参考物体"Reference"选择

"Bottom Die",定位方向"Approach direction"选择"-Z",干涉值"Interference"采用
"0.0001",如图9.38所示,单击"Apply"。在弹出的对话框中,单击"OK",工件将从
上往下靠拢下模,如图9.39所示。

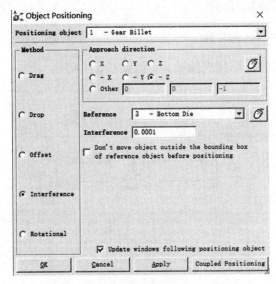

图9.38　"Object Positioning"对话框

图9.39　定位后物体

9.3.3.5　接触关系

（1）单击 Inter-Object，弹出"Add Default Inter-Object Relationships"对话框,
提示当前对象之间无接触关系存在,是否由系统添加默认接触关系,点击"Yes"确认。

（2）选择（3）Bottom Die-（1）Gear Carrier Billet 关系,单击　Edit...，弹出"In-
ter-Object Data Definition"对话框,如图9.40所示,单击"Themal"选项卡中的▼按

钮,单击"Free resting"按钮,系统会自动设置热交换系数为1,单击 Close 关闭窗口。

(3)在接触关系设置对话框,Contact BCC 标签栏下,单击 Tolerance "Use system default value for contact generatation tolerance",采用系统默认容差值,单击 Generate all ,单击"OK"完成接触关系设置。

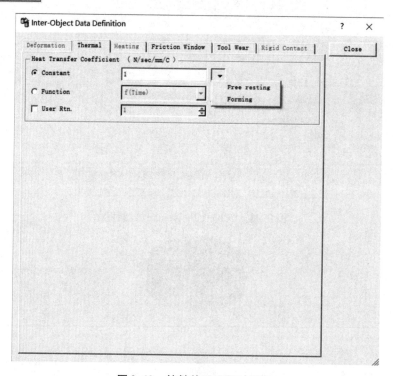

图9.40 接触关系设置对话框

9.3.3.6 数据与运算

单击 Database Generation ,检查并生成数据库文件,保存 KEY 文件,返回至 DEFORM 主界面。点击项目栏中新生成的 GearCarrierForming. DB 文件,在 Simulator 标签栏下单击"Run"按钮,提交运算。

9.3.3.7 后处理

在 DEFORM-3D 软件主界面,单击 GearCarrierForming. DB 文件,单击"DEFORM-2D/3D Post"按钮,进入后处理主界面。单击 Gear Carrier Billet,单击 。

(1)单击快捷菜单区 Step 工具栏的 按钮选择最后一步。

（2）温度场分析。单击快捷菜单的状态变量"State Variable 🕗"，在状态变量模型树下，选中"Temperature"，Display 显示标签栏下选中 ⊙ Solid，Scaling 缩放标签栏下选中 ⊙ Local，单击"Apply"，结果如图 9.41 所示。点击 Close 关闭窗口。

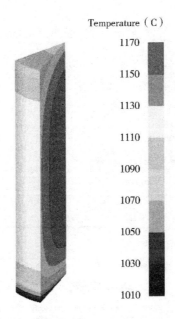

图 9.41　工件温度场分布情况

9.3.4　工序三:镦粗成形

9.3.4.1　打开前处理文件

在 DEFORM-3D 软件主界面，单击 GearCarrierForming.DB 文件，点击"DEFORM-2D/3D Pre"选项，在弹出的窗口中选择最后一步，进入前处理界面。

9.3.4.2　模拟控制

（1）单击 Simulation Controls 🔧，在 📁 Main 选项卡进行主控制参数设置。在"Operation Name"输入名称"Upsetting"，将"Operation Number"改为 3，同时勾选"Deformation"和"Heat Transfer"两种模式。

（2）单击 🎲 Simulation Steps 进入步长控制标签，在"Number of Simulation Steps"输入 300，总步长为 300 步；在"Step Increment to Save"输入 10，每 10 步保存结果。

（3）单击 Step Increment，切换至步长设置标签。在 Solution Step Definition 标签栏下，选中 ⊙ Die displacement，以位移为步长控制单元。在 Step Increment Control 标签栏下，勾选"Constant"选项，输入 0.2 mm/step。单击"OK"完成控制参数设置。

9.3.4.3 空间位置关系

单击 Object Positioning，弹出"Object Positioning"对话框，如图 9.42 所示，选择自动干涉"Interference"，定位对象"Positioning Object"选择"Top Die"，参考对象"Reference"选择"Gear Carrier Billet"，定位方向"Approach direction"选择"－Z"，干涉值"Interference"采用"0.0001"，单击"Apply"，单击"OK"，定位后物体如图 9.43 所示。

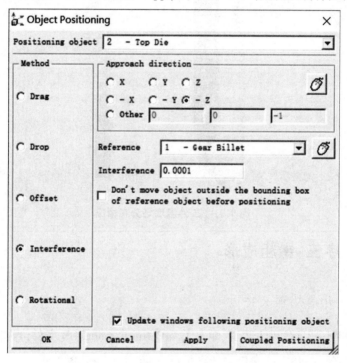

图 9.42 "Object Positioning"对话框

图9.43　定位后物体

9.3.4.4　边界条件

在模型树中,单击 Gear Carrier Billet。单击 _{Bdry. Cnd.} 按钮,在 B. C. Type 中选择 "Symmetry"中的"Symmetry Plane"选项,分别点击工件的对称面,然后点击 按钮,完成对(- 0. 5 , - 0. 866,0)和(0,1,0)两个对称面的添加,如图 9.44所示。

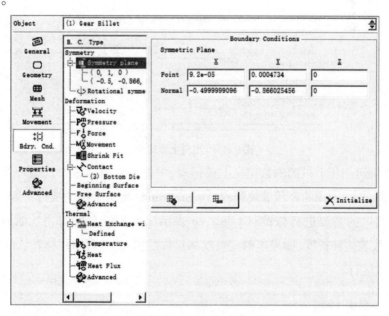

图9.44　定义工件对称面

9.3.4.5 运动条件

DEFORM－3D默认勾选 Top Die 为主模具 ☑ **Primary Die**,负责下压动作。

(1)在模型树中,单击 Top Die,单击 ⚫ ,简化模型显示。

(2)单击 ⬛ Movement ,切换至运动条件设置标签。单击 **Translation** ,在平移运动二级标签栏下进行设置。

(3)在 Type 一栏中选择机械式压力机 ⦿ **Mechanical press** ,定义上模运动方向为 $-Z$ 轴方向,定义"Total stroke"为 270 mm,"Forging stroke"为 57 mm,"Cycles/sec"为 1.4,"Connecting rod length"为 1 500 mm,如图 9.45 所示。

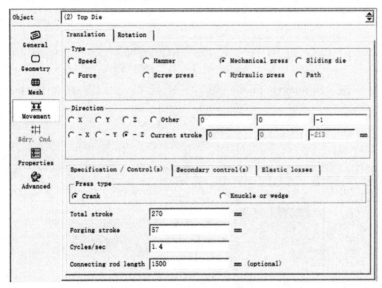

图 9.45 定义上模运动

注:本例运用压力机的参数定义上模运动,根据查询到的压力机型号及设备参数来定义运动,Total stroke 表示滑块行程;Forging stroke 表示上模的成形行程,这个数值可以根据用户的需要进行修改;Cycles/sec 表示压力机设备的打击次数;Connecting rod length 代表连杆长度,如果不确定长度的具体数值,此处可以保持默认的 0,不会影响模拟正常运行。

9.3.4.6 对象特性

本例仅针对已进行单元离散的工件进行网格重划分过程中的体积补偿。

(1)在模型树中,单击 Gear Carrier Billet,单击 ⚫ ,隐藏无关模型。

(2)单击 Properties ▣▣，切换至对象特性设置标签。在 Target Volume 栏下，单击 ⦿ Active in FEM + meshing，激活体积补偿功能，单击"Calculate Volume"计算工件初始体积，弹出"Target Volume"对话框，单击"Yes"确认，此时 Volume 输入栏自动显示初始体积。

9.3.4.7　接触关系

(1)单击 Inter – Object ▫，单击第一对接触关系(2) Top Die – (1) Gear Carrier Billet。单击 ✏ Edit...，弹出"Inter – Object Data Definition"对话框。在 Friction 二级标签栏下，选择 Shear 剪切摩擦形式；在 Value 标签栏下，选中"Constant"，以恒定摩擦因子进行变形，单击下拉选项 ▼，选择 Hot forging (lubricated)　　0.3，如图 9.46 所示。

(2)单击 Themal 选项卡下的 ▼ 按钮，单击 Forming，系统会自动设置热交换系数为 5，如图 9.47 所示，单击 Close 关闭该窗口。

(3)单击 Apply to other relations，将第一对接触关系参数运用至其余接触关系。

(4)在接触关系设置对话框，Contact BCC 接触关系边界条件标签栏下，单击 Tolerance ▮"Use system default value for contact generatation tolerance"，采用系统默认容差值。单击 Generate all，单击"OK"完成接触关系设置。

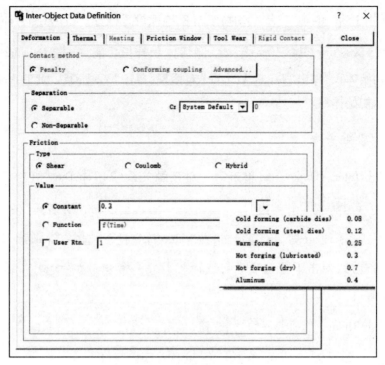

图 9.46　选择摩擦属性

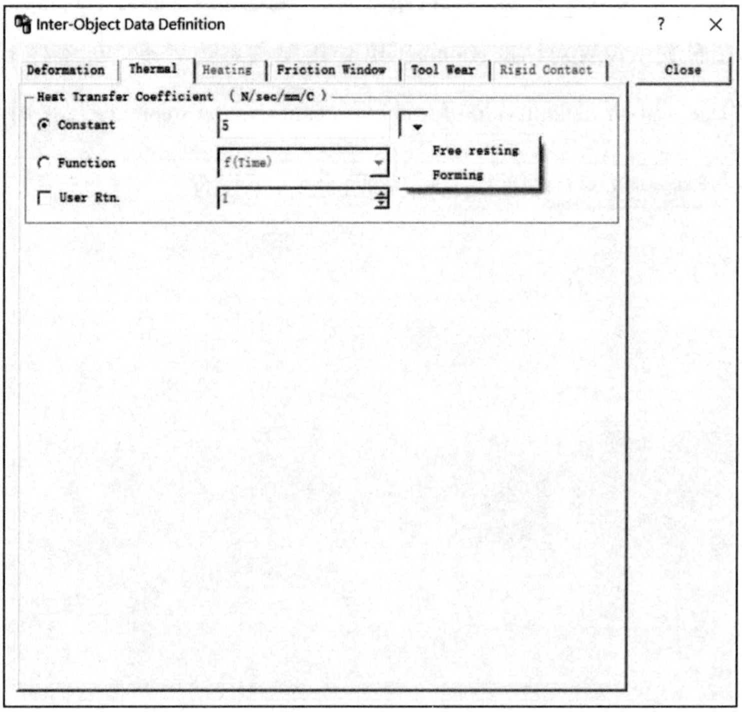

图 9.47　定义热交换系数

9.3.4.8　数据与运算

单击 Database Generation ,检查并生成数据库文件,保存 KEY 文件,返回至 DEFORM 主界面。点击项目栏中新生成的 GearCarrierForming. DB 文件,在 Simulator 标签栏下单击"Run"按钮,提交运算。

9.3.4.9　后处理

在 DEFORM-3D 软件主界面,单击 GearCarrierForming. DB 文件,单击"DEFORM-2D/3D Post"按钮,进入后处理主界面。单击 Gear Carrier Billet,单击 。

(1)单击快捷菜单区 Step 工具栏的 ▶︎ 按钮选择最后一步。

(2)温度场分析。单击快捷菜单的状态变量"State Variable ",在状态变量模型树下,选中"Temperature",Display 显示标签栏下选中 Solid,Scaling 缩放标签栏下选中 Local,单击"Apply",结果如图 9.48 所示。点击 Close 按钮关闭窗口。

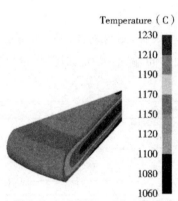

图 9.48　工件温度场分布情况

9.3.5　工序四:二次热传导

9.3.5.1　打开前处理文件

在 DEFORM-3D 软件主界面,单击 GearCarrierForming. DB 文件,点击"DEFORM-2D/3D Pre"选项,在弹出的窗口中选择最后一步,单击 OK ,进入前处理界面。

9.3.5.2　模拟控制

（1）单击 Simulation Controls ，在 Main 选项卡进行主控制参数设置。在"Operation Name"输入名称"Heat Conduction"，将"Operation Number"改为4，同时取消勾选"Deformation"模式，仅点选"Heat Transfer"传热模式。

（2）单击 Simulation Steps 进入步长控制标签，在"Number of Simulation Steps"输入8，总步长为8步；在"Step Increment to Save"输入2，每2步保存结果。

（3）单击 Step Increment，切换至步长设置标签。在 Solution Step Definition 标签栏下，选中 Time，以时间为步长控制单元。在 Step Increment Control 标签栏下，勾选"Constant"选项，输入0.5 s/step。单击"OK"，完成控制参数设置。

9.3.5.3　空间位置关系

（1）单击 Object Positioning 按钮，选择偏移"Offset"，定位对象"Positioning Object"选择"Top Die"，在"Distance vector"中"Z"轴方向输入50，如图9.49（a）所示，单击"Apply"。

（2）同样对下模进行偏移设置，定位对象"Positioning Object"选择"Bottom Die"，在"Distance vector"中"Z"轴方向输入 −50，如图9.49（b）所示，单击"Apply"，单击"OK"。

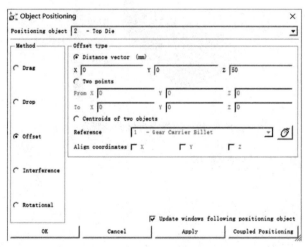

（a）定义上模位置

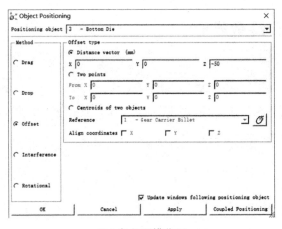

（b）定义下模位置

图9.49　"Object Positioning"对话框

9.3.5.4　数据与运算

单击 Database Generation ![图标]，检查并生成数据库文件，保存 KEY 文件，返回至 DEFORM 主界面。点击项目栏中新生成的 GearCarrierForming. DB 文件，在 Simulator 标签栏下单击"Run"按钮，提交运算。

9.3.5.5　后处理

在 DEFORM-3D 软件主界面，单击 GearCarrierForming. DB 文件，单击"DEFORM-2D/3D Post"按钮，进入后处理主界面。单击 Gear Carrier Billet，单击 ![图标]。

（1）单击快捷菜单区 Step 工具栏的 ![图标] 按钮选择最后一步。

（2）温度场分析。单击快捷菜单的状态变量"State Variable ![图标]"，在状态变量模型树下，选中"Temperature"，Display 显示标签栏下选中 **Solid**，Scaling 缩放标签栏下选中 **Local**，单击"Apply"，结果如图9.50所示。点击 Close 按钮关闭窗口。

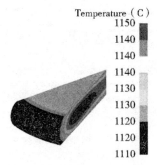

图9.50　工件温度场分布情况

9.3.6 工序五:终锻成形

9.3.6.1 打开前处理

在 DEFORM−3D 软件主界面,单击 GearCarrierForming. DB 文件,点击"DEFORM−2D/3D Pre"选项,在弹出的窗口中选择最后一步,单击 OK ,进入前处理界面。

9.3.6.2 模拟控制

(1)单击 Simulation Controls ,在 Main 选项卡进行主控制参数设置。在"Operation Name"输入名称"Forging",将"Operation Number"改为 5,同时勾选"Deformation"和"Heat Transfer"两种模式。

(2)单击 Simulation Steps 进入步长控制标签,在"Number of Simulation Steps"输入 220,总步长为 220 步;在"Step Increment to Save"输入 10,每 10 步保存结果。

(3)单击 Step Increment,切换至步长设置标签。在 Solution Step Definition 标签栏下,选中 Die displacement,以位移为步长控制单元。在 Step Increment Control 标签栏下,勾选"Constant"选项,输入 0.06 mm/step。

(4)点击"Stop",在停止条件中输入 1.5e+06,点击"Yes",如图 9.51 所示,完成模拟控制参数的设置。单击"OK",完成控制参数设置。

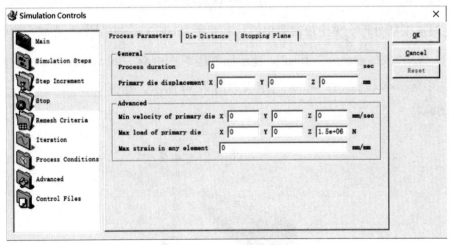

图9.51 定义停止条件

9.3.6.3　设置模具几何参数

（1）点击 Top Die，单击  Geometry 切换至几何模型管理标签，单击 Import Geo... 导入几何模型，选择"IDS_GC_Finish_Top.STL"文件，完成上模的导入。

（2）点击 Bottom Die，单击 Geometry 切换至几何模型管理标签，单击 Import Geo... 导入几何模型，选择"IDS_GC_Finish_Bot.STL"文件，完成下模的导入。

9.3.6.4　空间位置关系

（1）单击 按钮，在弹出的对话框中，方法"Method"选择自动干涉"Interference"，定位对象"Positioning Object"选择"Gear Carrier Billet"，参考物体"Reference"选择"Bottom Die"，定位方向"Approach direction"选择"－Z"，干涉值"Interference"采用"0.0001"，单击"Apply"，再单击"OK"，关闭对话框，工件将从上往下靠拢下模。

（2）定位对象"Positioning Object"选择"Top Die"，参考物体"Reference"选择"Gear Carrier Billet"，定位方向"Approach direction"选择"－Z"，干涉值"Interference"采用"0.0001"，单击"Apply"，单击"OK"，关闭对话框，定位后物体如图9.52所示。

图9.52　定位后物体

9.3.6.5　边界条件

在模型树中，单击 Top Die 选中上模。单击 Geometry 按钮，点击

Symmetric Surface 选项,点击上模的对称面,单击 ✚ Add 完成设置,如图 9.53 所示。同理按上述操作完成对下模 Bottom Die 对称面的定义,设置完成后界面如图 9.54 所示。

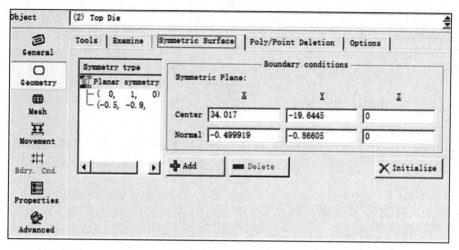

图9.53　定义上模对称面

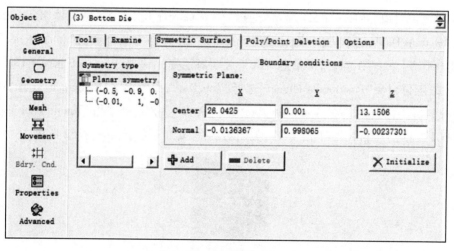

图9.54　定义下模对称面

9.3.6.6　运动条件

(1)在模型树中,单击 Top Die,单击 ⬤ ,简化模型显示。

(2)单击 [Movement] ,切换至运动条件设置标签。单击 Translation ,在平移运动二级标签栏下进行设置。

(3)单击 [Movement] ,在 Type 一栏中选择机械式压力机 ⊙ Mechanical press ,定义

上模运动方向为 $-Z$ 轴方向,定义"Total stroke"为 270 mm,"Forging stroke"为 10 mm,"Cycles/sec"为 1.4,"Connecting rod length"为 1 500 mm,如图 9.55 所示。

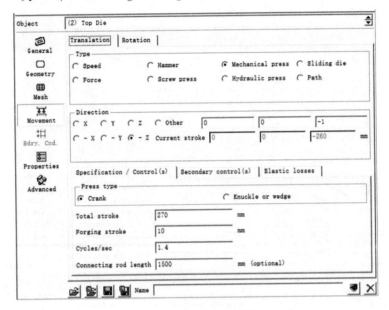

图 9.55　定义上模运动

9.3.6.7　接触关系

(1)单击 Inter – Object 🖻,单击第一对接触关系(2)Top Die – (1)Gear Carrier Billet。单击 ✐ Edit...,弹出"Inter – Object Data Definition"对话框;在 Friction 二级标签栏下,选择 Shear 剪切摩擦形式;在 Value 标签栏下,选中"Constant"选项,以恒定摩擦因子进行变形,单击下拉选项 ▼,选择 Hot forging (lubricated)　　0.3,如图 9.56 所示。

(2)单击 Thermal 选项卡下的 ▼,单击 Forming,系统会自动设置热交换系数为 5,单击 Close,关闭窗口。

(3)单击 Apply to other relations,将第一对接触关系参数运用至其余接触关系。

(4)在接触关系设置对话框,Contact BCC 标签栏下,单击 Tolerance 🔧"Use system default value for contact generatation tolerance",采用系统默认容差值即显示默认容差值。单击 Generate all,单击"OK"完成接触关系设置。

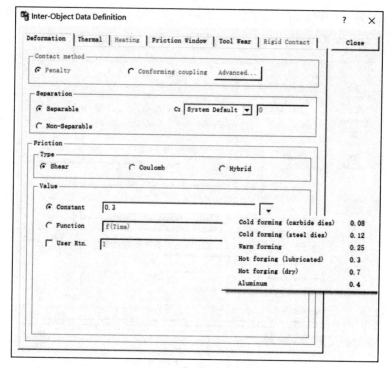

图9.56　选择摩擦属性

9.3.6.8　数据与运算

单击 Database Generation ，检查并生成数据库文件，保存 KEY 文件，返回至 DEFORM 主界面。点击项目栏中新生成的 GearCarrierForming. DB 文件，在 Simulator 标签栏下单击"Run"按钮，提交运算。

9.3.6.9　后处理

在 DEFORM - 3D 软件主界面，单击 GearCarrierForming. DB 文件，单击"DEFORM - 2D/3D Post"按钮，进入后处理主界面。单击 Gear Carrier Billet，单击 。

（1）单击快捷菜单区 Step 工具栏的 按钮选择最后一步。

（2）等效应变分析。在状态变量模型树下，选中 Deformation→Strain - Effective（ Strain - Effective ）选项，Display 显示标签栏下选中 Solid，Scaling 缩放标签栏下选中 Local，单击"Apply"，结果如图 9.57 所示。点击 Close 按钮关闭窗口。

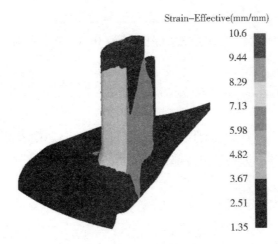

Strain-Effective(mm/mm)

10.6
9.44
8.29
7.13
5.98
4.82
3.67
2.51
1.35

图9.57　锻件等效应变场分布情况

9.4　实例4：筒形工件旋压成形

【实例4电子资源】

本节以筒形工件强力旋压成形过程为例，介绍旋压成形有限元模拟分析具体步骤。

9.4.1　问题分析

问题背景：通过旋轮做进给运动，使筒形工件连续地逐点变薄并贴靠芯模而形成所需要形状的零件，称为强力旋压，如图9.58所示。变形过程：筒形工件随芯模一起绕公共轴线旋转，而旋轮与芯模保持规定的间隙做平行于芯模母线方向的进给运动，使工件在转动中从一端开始逐点地从旋轮与模具间隙挤出；其结果是工件壁厚减薄，内径基本保持不变，而轴向延伸。

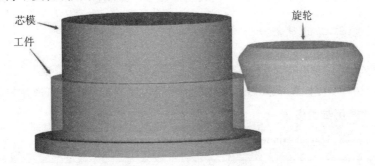

芯模

工件

旋轮

图9.58　工件及模具三维图

问题分析：本例为两端开口的筒形工件的反旋压成形。工件的一端与芯模的台肩环形面接触，而另一端被旋轮旋压，被旋出的金属向着旋轮进给的反方向流动。未旋压部分的工件处于压应力状态,而已旋压的金属处于无压应力状态。具体工作条件为:常温 20 ℃,单旋轮反旋成形,摩擦因子为 0.3,旋轮和芯模相对进给速度为 0.1 mm/s。

9.4.2　建立几何模型

采用三维造型软件建立几何模型,并将工件、旋轮与芯模零部件模型按实际位置进行装配。从装配体中分别导出各部件,分别为:billet. STL、xl. STL 与 xm. STL。

9.4.3　建立仿真模型

9.4.3.1　创建新问题

(1)打开 DEFORM 主程序,单击 Home ⌂ 打开工作目录。

(2)单击 New Problem ▤,项目类型选择"DEFORM – 2D/3D Pre",单位选择"SI 国际单位制",单击 Next ,设置存储路径,选择"Under Problem Home Directory"。

(3)单击"Next",名称设置为"spintube",单击"Finish"进入前处理主界面。

9.4.3.2　设置控制参数

(1)单击 Simulation Controls ▨,在 ▤ Main 选项卡进行主控制参数设置。在"Simulation Title"输入问题名称"spintube"。

(2)勾选"SI 国际单位制",选择"Lagrangian Incremental"迭代方式,勾选"Deformation"变形模式。单击"OK"按钮,完成主控制参数设置。

9.4.3.3　创建模拟对象

(1)导入工件(Workpiece)

在模型树中,单击 Workpiece。在 General 通用属性标签下进行通用参数设置。

● **工件通用参数设置**

①对象名称(Object Name):默认 Workpiece,无须更改。

②对象类型:选择"Plastic"(塑性变形体)。

③变形温度:单击 Assign temperature... ,输入变形温度 20 ℃。

● **工件几何参数设置**

单击 Geometry ，单击 Import Geo... 导入几何模型，选择"billet. STL"文件，单击打开并载入。

（2）导入旋轮（Top Die）

在模型树中，单击 Top Die，在 General 通用属性标签下进行通用参数设置。

● **旋轮通用参数设置**

①对象名称（Object Name）：默认 Top Die，无须更改。

②对象类型：选择"Rigid"（刚性体）。

③变形温度：单击 Assign temperature... ，输入变形温度20 ℃

④DEFORM－3D 默认勾选 Top Die 为主模具 ☑ Primary Die 。

● **旋轮几何参数设置**

单击 Geometry ，单击 Import Geo... 导入几何模型，本例中旋轮即为主模具，选择 xl. STL 文件，单击打开并载入。

（3）导入芯模（Bottom Die）

在模型树内创建（Insert 🛢 ）Bottom Die，单击 Bottom Die 选中。在 General 通用属性标签下进行通用参数设置。

● **芯模通用参数设置**

①对象名称（Object Name）：默认 Bottom Die，无须更改。

②对象类型：选择"Rigid"（刚性体）。

③变形温度：单击 Assign temperature... ，输入变形温度20 ℃。

● **芯模几何参数设置**

单击 Geometry ，单击 Import Geo... 导入几何模型，选择 xm. STL 文件，单击打开并载入。

9.4.3.4　网格划分

本例为室温条件下的旋压变形模拟，不涉及热传导，仅对变形体进行网格划分。

（1）在模型树中，单击 Workpiece，单击 🔴 ，隐藏无关模型。

（2）单击 Mesh ，拖动进度条至100 000，完成网格数目设置。

（3）单击 Preview ，预览网格尺寸分布情况。单击 Generate Mesh ，直接生成网格。

9.4.3.5　材料属性

本例为室温条件下变形模拟，仅对划分网格的变形体 Workpiece 设置材料属性。

（1）在模型树中，单击 Workpiece，单击 ● ，简化模型显示。

（2）在 General 通用属性标签下进行变形体材料属性设置。单击 Material Lab 进入材料库，Category 类型选择 Aluminum，在 Material Label 选择牌号 AL－1100，COLD［70F（20C）］，单击 Load 载入材料属性。

9.4.3.6　模拟控制

（1）单击 Simulation Controls ，打开 Simulation Controls 对话框，单击 Step Increment ，切换至步长设置标签。

（2）处于 General 二级标签栏，在 Solution Step Definition 标签栏下，选中 ⊙ Time ，以时间为步长控制单元。

（3）在 Step Increment Control 标签栏下，选择"Constant"，即以恒定步长方式变形，输入 0.25 s/step。

（4）单击 Stop 进入停止控制标签，处于 Process Parameters 二级标签栏。在 General 标签栏下，在"Process duration"输入 100 s，即本次旋压总时间为 100 s。

（5）单击 Simulation Steps 进入步长控制标签，在"Number of Simulation Steps"输入 300，总步长为 300 步；在"Step Increment to Save"输入 10，每 10 步保存结果。

（6）单击"OK"，完成控制参数设置。

9.4.3.7　运动条件

DEFORM－3D 默认勾选旋轮 Top Die 为主模具 ☑ Primary Die ，主模具负责进给。

（1）在模型树中，单击 Top Die 选中旋轮，单击 ● ，简化模型显示。

（2）单击 Ⅱ Movement ，切换至运动条件设置标签。单击 Translation ，在平移运动二级标签栏下进行设置。

（3）Direction 方向：根据实际进给方向，选中 $-Z$ 轴方向。

（4）在 Defined 定义栏，选中 ⊙ Constant，在"Constant Value"输入 0.1 mm/s。

（5）单击 Preview Object Movement ，弹出"Movement Preview"对话框。选中 ⊙ x 10，点击 Play Forward ▷，确认运动参数设置无误后，单击"Close"关闭对话框。

（6）单击 Rotation，在旋转运动二级标签栏下进行设置。

（7）旋转定义：在 Rotation1 定义栏中，根据实际旋轮轴线方向，选中 $-Z$ 轴方向；选中 ⊙ Angular velocity，选择 Constant ▼，输入"0.418879"rad/s，即以恒定角速度进行绕自身轴线旋转；在 Rotation2 定义栏中，根据实际主轴方向，选中 Z 轴方向；选中 ⊙ Angular velocity，选择 Constant ▼，输入"0.251327"rad/s，即以恒定角速度进行绕主轴旋转，如图9.59所示。

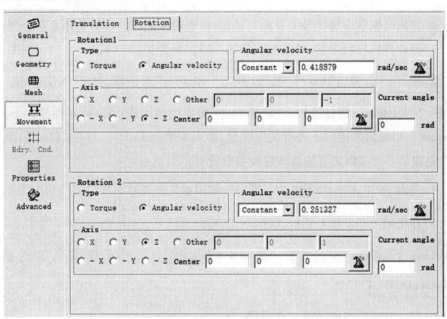

图9.59 旋轮选择运动定义

注：在实际生产中，工件固定在芯模上跟随芯模一起绕主轴旋转，工件带动旋轮绕自身轴线自转。从相对运动的角度考虑，芯模和工件与旋轮之间其实存在着相对旋转。本例把旋轮和芯模的相对旋转抽象成了旋轮绕芯模主轴的旋转，在旋轮上同时定义了两种旋转（绕自身轴线和绕主轴），而芯模不定义旋转。同样地，读者也可以自行修改，对旋轮和芯模单独定义各自的旋转条件。

9.4.3.8　对象特性

本例仅对已进行单元离散的工件进行网格重划分过程中的体积补偿。

（1）在模型树中，单击 Workpiece，单击 ![icon]，隐藏无关模型。

（2）单击 ![Properties]，切换至对象特性设置标签。处于 Deformation 二级标签栏，在 Target Volume 栏下，单击 ![Active in FEM + meshing]，激活体积补偿功能，单击"Calculate Volume"自动计算工件模型初始体积，弹出"Target Volume"对话框，单击"Yes"。

9.4.3.9　接触关系

（1）单击 Inter – Object ![icon]，弹出"Add Default Inter – Object Relationships"对话框，提示当前对象之间无接触关系存在，是否由系统添加默认接触关系，点击"Yes"进行确认。

（2）弹出已默认添加接触关系的对话框，检查对象之间的接触关系是否合理。

（3）设置具体接触参数：单击默认的第一对接触关系（2）Top Die – （1）Workpiece。单击 ![Edit...]，弹出"Inter – Object Data Definition"对话框，处于 Deformation 二级标签栏，在 Friction 二级标签栏下，选择 Shear 剪切摩擦形式；在 Value 标签栏下，选中"Constant"，以恒定摩擦因子进行旋压变形，输入摩擦因子 0.3。单击"Close"，关闭对话框，完成第一对接触关系的具体接触参数设置。

（4）单击 ![Apply to other relations]，将第一对接触关系参数运用至其余接触关系。

（5）在接触关系设置对话框，Contact BCC 标签栏下，单击 Tolerance ![icon]"Use system default value for contact generatation tolerance"，采用系统默认容差值，单击 ![Generate all]。

（6）单击"OK"，完成接触关系设置。

9.4.3.10　数据与运算

单击 Database Generation ![icon]，检查并生成数据库文件，保存 KEY 文件，返回至 DEFORM 主界面。点击项目栏中新生成的 spintube. DB 文件，在 Simulator 标签栏下单击"Run"按钮，提交运算。

9.4.4　后处理分析

在 DEFORM-3D 软件主界面,单击 spintube. DB 文件,单击"DEFORM-2D/3D Post"按钮,进入后处理主界面。单击 Workpiece,单击 ●。

(1)单击快捷菜单的步长控制"Step"下拉按钮 ▼ ,选中第 300 步"Step 300"。

(2)等效应变分析。单击快捷菜单的状态变量 State Variable 按钮,在状态变量模型树下,选中 Deformation→Strain-Effective(◉ Strain-Effective)选项,Display 标签栏下选中 Solid ,Scaling 缩放标签栏下选中 ◉ Local ,单击"Apply",结果如图 9.60 所示。

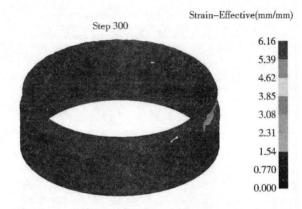

图 9.60　工件等效应变分布情况

(3)流动速度分析。在状态变量模型树下,选中 Deformation→Velocity→Total vel (◉ Total vel)选项,Display 标签栏下选中 ◉ Vector plot 矢量图模式,Scaling 缩放标签下选中 ◉ Local ,单击"Apply",结果如图 9.61 所示。

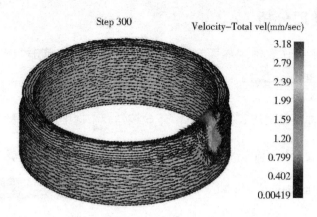

图 9.61　流动速度分布情况

第 10 章　模具应力有限元模拟

10.1　问题分析

【模具应力电子资源】

模具寿命是影响产品质量、制件精度、生产效率与制作成本的重要因素。模具应力是指受力模具截面上内力的集度,即单位面积上的内力。塑性成形过程中,模具内部自然会有应力产生,应力集中往往是造成模具局部位置出现龟裂、丝状裂纹、塌陷、变形及疲劳的主要原因。因此,有必要采取简单、高效的方法对模具受力情况进行预测分析,以便优化成形工艺并改进模具结构设计。

模具应力分析需要以已完成模拟的变形结构来开展。本例以道钉第一锻造工序为基础,分析锻造过程中模具应力分布情况。在典型的模具应力模拟中,工件将被移除,工件上的载荷被映射到工具上。

10.2　创建宏观变形模拟

10.2.1　创建新问题

(1)打开 DEFORM 主程序,单击 Home 🏠 打开工作目录。

(2)单击 New Problem 📄,项目类型选择"DEFORM - 2D/3D Pre",单位选择"SI 国际单位制",单击"Next",设置存储路径,选择"Under Problem Home Directory"。

(3)单击"Next",名称设置为"Spike_ForgingBlow1",单击"Finish"进入前处理界面。

10.2.2 创建仿真模型

10.2.2.1 导入 KEY 文件

单击应用菜单栏的"File",弹出下拉菜单,单击"Input keyword",根据路径(安装目录 * \SFTC\DEFORM\v11.0\3D\DATA\Forging)打开 Spike_ForgingBlow1. KEY 文件,如图 10.1 所示。

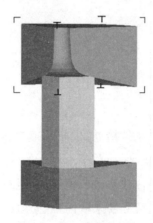

图 10.1　变形模拟模型

10.2.2.2 模拟运算

单击 Database Generation ，检查并生成数据库文件,保存 KEY 文件,返回至 DEFORM 主界面。单击"Run"按钮,提交运算。

10.2.3 宏观变形后处理分析

在 DEFORM -3D 软件主界面,单击 Spike_ForgingBlow1. DB 文件,单击"DEFORM - 2D/3D Post"按钮,进入后处理主界面。单击快捷菜单区 Step 工具栏的 Last step 。单击快捷菜单的状态变量"State Variable ",在状态变量模型树下,选中 Deformation→Strain - Effective(Strain - Effective)选项,Display 显示标签栏下选中 Solid,Scaling 缩放标签栏下选中 Local,单击"Apply",结果如图 10.2 所示。

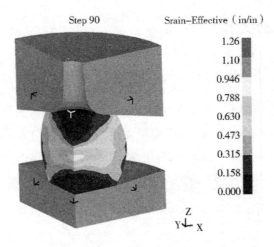

图10.2　应变分布情况

10.3　创建模具应力分析

10.3.1　创建新问题

根据路径(安装目录 ＊ SFTC＼DEFORM＼v10.2＼3D),双击打开"DEF＿GUI＿
DIESTRESS3.exe",进入模具应力分析界面,如图10.3所示。单击NewProject ,在
设置区"Project name"一栏输入新项目名称"Diestress"。

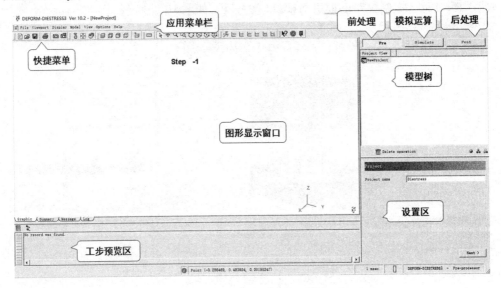

图10.3　模具应力设置主界面

10.3.2　模具应力模拟设置

10.3.2.1　导入 DB 文件

单击"Next"进入模拟工序设置,在"Project name"栏输入工序名称"Diestress"。单击"Next"进入"Deformation Database"模拟文件设置,单击"Browse"按钮,按路径找到模拟文件 Spike_ForgingBlow1.DB,选择第90工步,如图10.4所示。

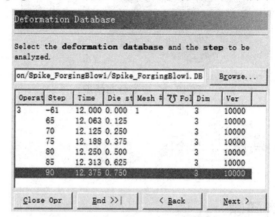

图 10.4　模具应力分析步选择

10.3.2.2　分析对象设置

单击"Next"进入分析对象"Objection Selection"设置,单击选中"Bottom Die",单击取消"Top Die",本例仅对凹模进行模具应力分析,如图10.5所示。

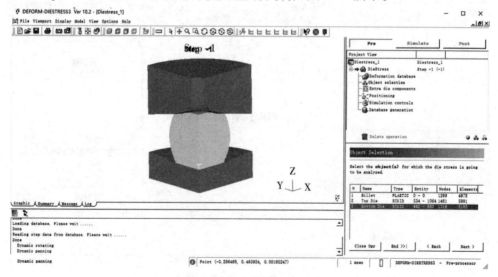

图 10.5　分析对象设置

10.3.2.3 默认参数设置

单击"Next"进入附加模具部件"Extra die components"设置,本例不做设置。

单击"Next"进入模拟模式"Simulation mode"设置,默认选择模具应力为非等温模式"Nonisothermal"。

单击"Next"进入对象属性"Object"设置,默认选择对象属性为弹性体"Elastic",名称及温度均由 DB 文件导入,无须修改。

单击"Next"进入几何体"Geometry"设置,默认设置无须修改。

10.3.2.4 模具网格设置

单击"Next"进入"Mesh"网格设置,保持变形模拟的网格数量为 8 000,单击"Preview"预览,单击"Generate mesh"生成网格,如图 10.6 所示。

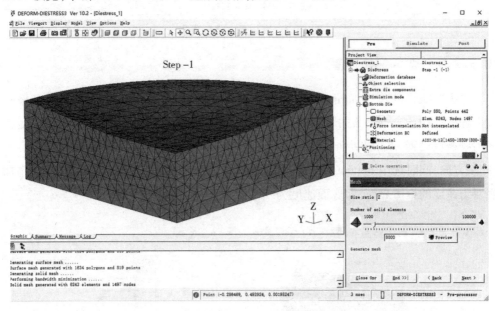

图 10.6 模具网格划分

10.3.2.5 插值作用力设置

单击"Next"进入"Force interpolation"插值作用力设置,单击"Interpolate force"按钮,完成工件对模具的反作用力插值,显示作用力范围、方向与大小,如图 10.7 所示。

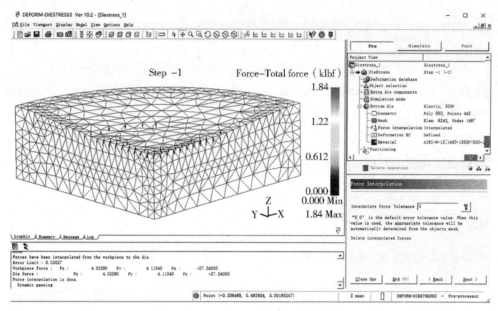

图 10.7　模具受力分布情况

10.3.2.6　边界条件设置

单击"Next"进入"Deformation BCC"边界条件设置,将变形边界条件传递至模具应力分析。在 Symmetry 栏下,已将变形模拟中设置的两个对称面默认导入,作为对称面约束条件设置,点击坐标可以查看约束面。单击"Velocity"速度约束边界条件,点选 Z 方向,同时选中 Bottom Die 底面,点击添加"Add Boundary Condition"按钮,添加底面为速度约束边界面,即底面速度为 0,保持固定不动,如图 10.8 所示。

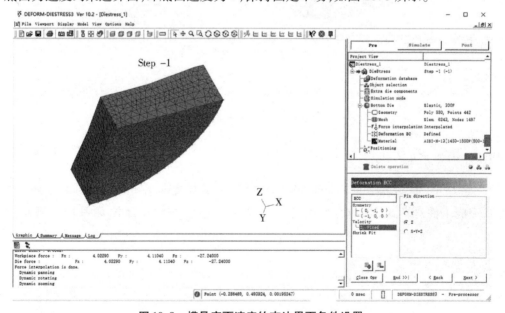

图 10.8　模具底面速度约束边界面条件设置

10.3.2.7　材料与位置设置

单击"Next"进入"Material"模具材料属性设置,模具材料属性由前一变形工序模具材料传递,默认即可。

单击"Next"进入"Positioning"模具位置关系设置,模具位置关系由前一变形工序位置关系传递,默认即可。

10.3.2.8　模拟控制参数

单击"Next"进入"Simulation Controls"模拟控制参数设置,将"Number of simulation steps"模拟总步数设置为"10"工步;"Step increment to save"设置为"1"工步,每1步保存一次;"Max elapsed process time per step"设置为"1"s,每步最大处理时间为1 s。求解器"Solver"选用共轭梯度法"Conjugate gradient",如图10.9所示。

单击"Next"进入"Generate Database"DB文件设置,单击"Check data",对DB数据文件进行检查,单击"Generate Database"生成DB文件。单击"Finish"完成设置。

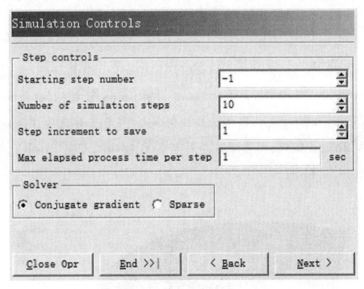

图10.9　模拟控制参数设置

10.3.2.9　模拟运算

单击 **Simulate** 进入运算控制栏。根据实际运算电脑处理器位数,本例点选 ⊙ 64 bit ,选择64位处理器进行运算,取消勾选"Use multiple processors",单击"Run simulation"提交运算,图形显示窗口显示运算过程信息,如图10.10所示。

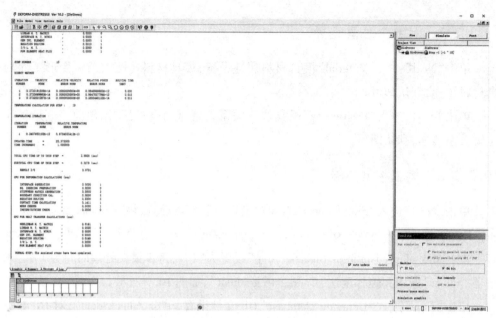

图 10.10　模拟运算界面

10.3.3　模具应力后处理分析

单击 **Post**,切换至后处理控制栏。单击步长控制 Last step 按钮,选中最后的"Step"模拟步。单击状态变量设置 Set up 按钮,打开状态变量对话框,在状态变量模型树下,选中 Deformation→Stress – Effective 选项,Display 显示标签栏下选中 **Solid** 模式,缩放标签栏下选中 **Local**,单击"Apply",模具等效应力分布情况如图 10.11 所示。

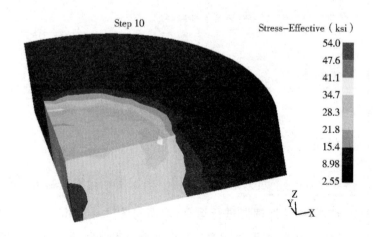

图 10.11　模具等效应力分布情况

在状态变量模型树下,选中 Deformation→Stress – Max principlal(**Max principlal**)

选项,Display 显示标签栏下选中 <!-- Solid --> Solid 模式。单击"Apply",模具最大主应力分
布情况如图 10.12 所示。

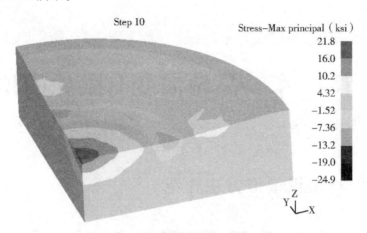

图 10.12　模具最大主应力分布情况

第11章　晶粒演变有限元模拟

11.1　微观组织模拟方法介绍

微观组织模拟方法的理论模型主要有唯象理论模型与位错模型。按尺度分类,组织模拟模型可以分为宏观组织模拟模型与介观组织模拟模型,宏观组织模拟模型主要有 JMAK 模型(Johnson – Mehl – Avrami – Kolmogorov,简称 JMAK,其数学模型为唯象理论模型);介观组织模拟模型包含几何模型、顶点模型、元胞自动机(cellular automation,简称 CA)模型和蒙特卡洛(Monte Carlo,简称 MC)模型。本章通过 JMAK 法与 CA 法介绍 DEFORM 组织模拟的设置方法。

11.1.1　JMAK 法介绍

本节基于 JMAK 法,介绍模拟锻造过程及热处理过程中微观组织的变化。再结晶度及平均晶粒尺寸是用户最关心的参数,该模型中共有 16 种晶粒变量,需要通过物理实验方法采集数据,通过 JMAK 法回复再结晶模型进行逆向参数拟合,建立材料数据模型。

JMAK 法主要用于晶化动力学、时效析出动力学与再结晶动力学等方面的研究,其关键是通过 DSC 法、电阻法或热膨胀法等方法获得相变程度随时间变化的曲线。1939 年,W. A. Johnson 和 R. F. Mehl 提出 JMAK 方程,用于描述形核类型的相变进度(再结晶体积分数)与时间之间的关系:

$$X = 1 - \exp(-kt^n)$$

其中,X 为再结晶体积分数,表示组织转变的进度;k 为与温度有关的动力学常数;n 为 Avrami 指数;t 为再结晶时间。

静态再结晶、亚动态再结晶、动态再结晶的演化机制和结晶生长都在模型中被计算。在每一个时间步里,基于时间、温度、应变、应变速率、演化历史,变形机制被定义,晶粒的变化被计算和更新。

注:由于实际锻造过程的复杂性,所以对动态再结晶的同步模拟几乎是不可能的。实际晶粒模拟过程中,中间动态再结晶、动态再结晶等的计算都是在变形完成之后再进行的。因此,首先需要进行一个变形模拟工序,然后通过设置基于前序变形模拟之后的非变形模拟工序,如热处理模拟,同时在热处理模拟过程中完成晶粒模拟。

JMAK 法模拟不同于变形或传热模拟,需要增加以下四点设置:(1)打开 Grain 晶粒尺寸模拟模式;(2)工件材料具有再结晶参数;(3)设置初始晶粒尺寸分布;(4)变形模拟后要有充足的冷却模拟。

11.1.2　CA 法介绍

元胞自动机法(CA 法),最早是由数学家 Neumann 在 1951 年提出的,用来对生物学中的自复制行为进行模拟,是时间、空间、状态都离散的动力学模型。目前已被广泛应用于医学、材料加工、交通、经济、金融研究等领域。在金属材料加工领域,CA 法依据形核的物理机制和晶体生长动力学规律,通过随机性原理安排晶核分布和结晶方向,从而模拟金属材料热变形过程的微观组织。

热变形微观组织演变模拟中,元胞自动机法通过将晶粒演变的曲率驱动机制、热力学驱动机制和能量驱动机制等转化为单个元胞及其相邻元胞的转化规律,再结合"变形 – 能量 – 位错运动 – 再结晶 – 流变应力 – 能量"之间的相互影响规律,重现了热加工过程中再结晶形核生长等物理现象,这种基于物理规律的研究方法从更加科学的视角给科研人员提供了更为直观的研究手段。将 DEFROM 与有限元方法结合,实现对复杂热加工过程进行微观组织及物理性能的实时预测。

DEFORM 后处理微观组织分析主要是预测加工硬化、回复、晶界取向差、再结晶、相变等。CA 法是后处理中一种常用的分析工具,能够预测金属热变形及热处理过程中发生再结晶时,晶粒、晶界、位错等变化。

CA 法是一种同步算法,将局部(或介观)确定性或概率变换规则应用于具有局部关联的晶格细胞,描述复杂系统的离散时空演化。由于离散晶格模型的计算量比统计模型大,所以在每个单元/节点上进行微观结构模拟是不切实际的。因此,无论是在实际工件的已知"热点"区域,还是在应变、应变速率或温度等状态变量值相差很大的区域,用户都应该谨慎地选择微观结构演化的模拟位置。

11.2　JMAK 法组织演变模拟

【JMAK 法电子资源】

JMAK 法晶粒组织演变模拟主要步骤:(1)JMAK 法回复再结晶模型逆向参数拟

合(建立材料模型);(2)高温镦粗变形模拟;(3)传热过程模拟;(4)水冷淬火模拟。

11.2.1 JMAK 法回复再结晶模型逆向参数拟合

11.2.1.1 物理实验

热模拟试验是基于动态热变形模拟试验设备,动态地模拟金属受热及变形过程。热模拟试验可以进行包括轧制锻压、连铸冶炼、焊接、金属热处理、机械热疲劳等的动态过程模拟试验,可以测定金属的高温力学性能、金属热物性及 CCT 曲线、应力应变曲线等。金属的热变形过程,变形时的力学性能参数、热塑性、显微组织及相变行为等基础研究和生产工艺过程的模拟都可以在热模拟试验机上进行。

在 Gleeble - 3500 热模拟试验机上进行材料等温热压缩变形试验,选取系列的变形温度与应变速率,控制压缩变形量,变形前后试样形状变化如图 11.1 所示,显微组织变化示意图如图 11.2 所示。通过 Gleeble 物理实验及理论推导,获得流变应力、再结晶体积分数与应变之间的关系曲线,如图 11.3 所示。

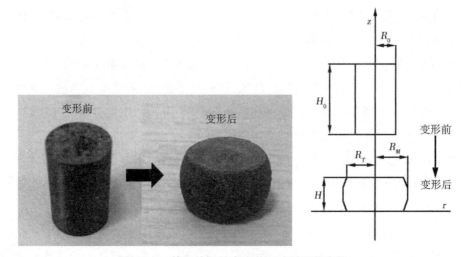

图 11.1　等温热压缩变形前后试样形状变化

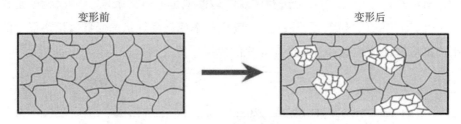

图 11.2　等温热压缩变形前后组织变化

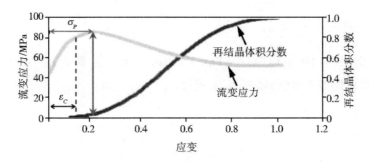

图 11.3 流变应力、再结晶体积分数与应变的变化关系

通过理论计算,获得材料所需的参数,相应的理论公式如下:

再结晶临界应变(critical strain for DRX):$\varepsilon_C = a_{10}\varepsilon_P$。

峰值应变(peak strain):$\varepsilon_P = a_1\,d_0^{n_1}\,\dot{\varepsilon}^{m_1}\,\dfrac{Q_1}{RT} + C_1$。

(1)动态再结晶(DRX)方程

①再结晶体积分数(DRX volume fraction):$X_{\mathrm{DRX}} = 1 - \exp\left[-\beta_D\left(\dfrac{\varepsilon - a_{10}\,\varepsilon_P}{\varepsilon_{0.5}}\right)^{k_d}\right]$。

②50%结晶时的应变(strain for 50% DRX):$\varepsilon_{0.5} = a_5\,d_0^{h_5}\,\dot{\varepsilon}^{m_5}\exp\left(\dfrac{Q_5}{RT}\right) + C_5$。

③完全结晶晶粒尺寸(DRX grain size):$d_{\mathrm{DRX}} = a_8\,d_0^{h_8}\,\varepsilon^{n_8}\,\dot{\varepsilon}^{m_8}\exp\left(\dfrac{Q_8}{RT}\right) + c_8$。

(2)亚动态再结晶(MRX)方程

①亚动态再结晶体积分数(MRX volume fraction):$X_{\mathrm{MRX}} = 1 - \exp\left[-\beta_m\left(\dfrac{t}{t_{0.5}}\right)^{k_m}\right]$。

②50%再结晶体积分数发生时间(time for 50% MRX):$t_{0.5} = a_4 d_0^{h_4}\varepsilon^{n_4}\dot{\varepsilon}^{m_4}\exp\left(\dfrac{Q_4}{RT}\right)$。

③再结晶尺寸(MRX grain size):$d_{\mathrm{MRX}} = a_7\,d_0^{h_7}\,\varepsilon^{n_7}\,\dot{\varepsilon}^{m_7}\exp\left(\dfrac{Q_7}{RT}\right) + c_7$。

(3)静态再结晶(SRX)方程

①静态再结晶体积分数(SRX volume fraction):$X_{\mathrm{SRX}} = 1 - \exp\left[-\beta_s\left(\dfrac{t}{t_{0.5}}\right)^{k_s}\right]$。

②50%结晶体积分数发生时间(time for 50% SRX):$t_{0.5} = a_3\,d_0^{h_3}\,\varepsilon^{n_3}\,\dot{\varepsilon}^{m_3}\exp\left(\dfrac{Q_3}{RT}\right)$。

③再结晶尺寸(SRX grain size):$d_{\mathrm{SRX}} = a_{67}\,d_0^{h_{67}}\,\varepsilon^{n_6}\,\dot{\varepsilon}^{m_6}\exp\left(\dfrac{Q_6}{RT}\right) + c_6$。

(4)晶粒生长方程(grain growth)

$\left[d_0^m + a_9 t\exp\left(\dfrac{Q_7}{RT}\right)\right]^{\frac{1}{m}}$。

11.2.1.2　建立材料模型

（1）打开 DEFORM 主程序，在"Post Processor"标签栏下单击"DEFORM Mat"按钮，进入材料后处理主界面，如图11.4 所示。

图11.4　材料后处理主界面

（2）单击工具栏 Properties ，选中 JMAK Model JMAK Model 。

（3）在模型树选中"Testing controls"，在设置区对物理实验参数进行设置，如图11.5 所示，在初始晶粒尺寸栏（Initial grain size）添加两项参数"50"、"120"；在温度栏（Temperature）添加三项参数"900"、"1100"与"1300"；在应变速率栏（Strain rate）添加两项参数"0.3"、"0.5"。通过"Save Project"进行保存，也可以通过"Import Project"导入之前创建的数据。单击"Next"，进入下一项温度组（Temperature groups）设置。

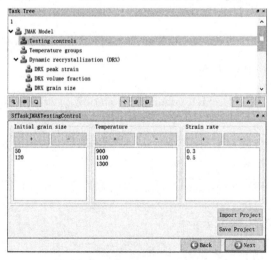

图11.5　JMAK 法测试控制参数设置

（4）通过温度组，实现材料参数变化的控制。在每个温度组内，材料的回复再结晶动力学方程系数恒定，而不同的温度组内，材料的回复再结晶动力学方程系数是变化的。在"Temperature group name"分别添加 A1 与 A2 两个组别，A1 组勾选温度范围（Temperature range）"900"与"1100"，A2 组勾选"1300"，如图 11.6 所示。

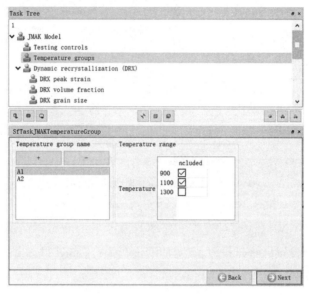

图 11.6 温度组设置

（5）单击"DRX peak strain"进入动态再结晶峰值应变设置，选择"A1"温度组，选择初始晶粒尺寸"50"，输入对应应变速率与温度下的应力 - 应变曲线，如图 11.7 所示。同时，可对参数设置区进行设置，对曲线进行拟合，如图 11.8 所示，可通过试验值与拟合值的对比，验证试验结果的可靠性。

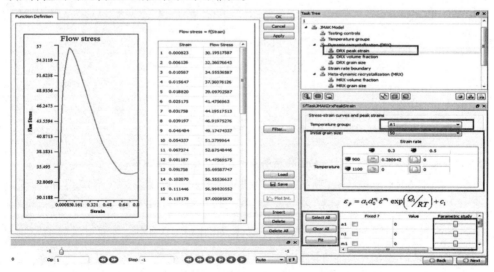

图 11.7 动态再结晶峰值应变设置

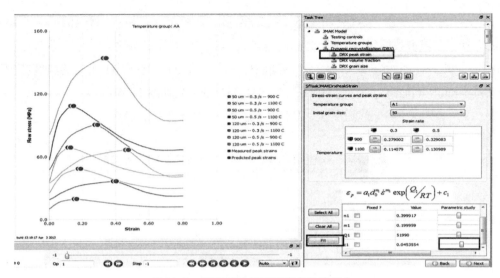

图11.8　动态再结晶峰值应变曲线拟合

（6）单击"DRX volume fraction"进入动态再结晶体积分数设置,选择"A1"温度组,选择初始晶粒尺寸"50",输入对应应变速率与温度下的动态再结晶体积分数 – 应变曲线,并通过参数设置区进行设置,且对曲线进行拟合,如图11.9所示,可通过试验值与拟合值的对比,验证试验结果的可靠性。

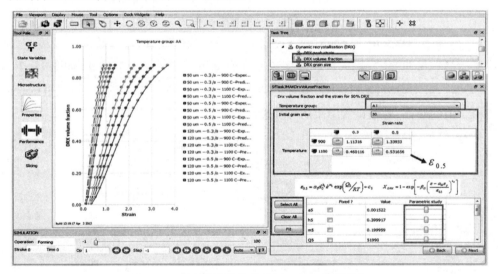

图11.9　动态再结晶体积分数 – 应变曲线拟合

（7）单击"DRX grain size"进入动态再结晶晶粒尺寸设置,选择"A1"温度组,选择初始晶粒尺寸"50",输入对应应变速率与温度下的动态再结晶晶粒尺寸 – 应变曲线,并通过参数设置区进行设置,对曲线进行拟合,如图11.10所示,可通过试验值与拟合值的对比,验证试验结果的可靠性。

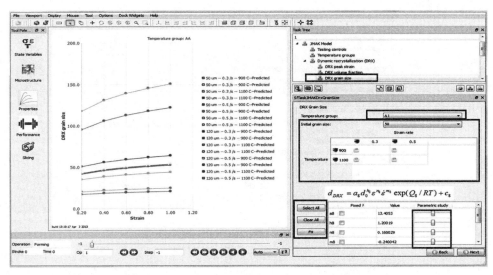

图 11.10 动态再结晶晶粒尺寸 – 应变曲线拟合

（8）单击"Strain rate boundary"进入亚动态再结晶与动态再结晶之间的应变速率边界设置，单击"Strain rate boundary"温度函数绘制按钮 ⬚，将对应温度的系数输入后，单击"Apply"完成设置，如图 11.11 所示。

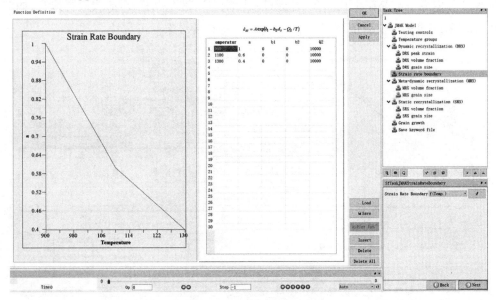

图 11.11 应变速率边界设置

（9）单击"Meta – dynamic recrystallization（MRX）"进入亚动态再结晶预变形条件设置，单击两次"Predeformed strain"栏下的添加按钮，分别输入"0.1"与"0.2"，完成预变形条件设置，如图 11.12 所示。

图 11.12　亚动态再结晶预变形条件设置

（10）单击"Grain growth"进入晶粒生长条件设置,选择"A1"温度组,输入对应晶粒尺寸与温度下的晶粒生长曲线,并通过参数设置区进行设置,对曲线进行拟合,如图11.13 所示,可通过试验值与拟合值的对比,验证试验结果的可靠性。

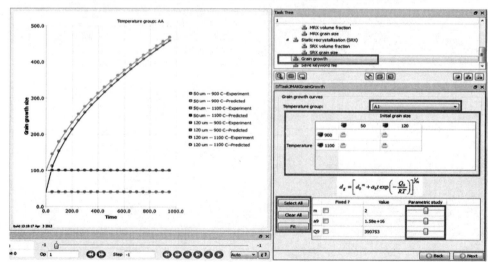

图 11.13　晶粒生长曲线拟合

（11）单击"Save keyword file"进入 KEY 文件条件设置,在"Material number"栏输入"3",在"Model number"栏输入"1",在"Inter pass strain loss coefficient"栏输入"0.03",在"Cut - off temperature"栏输入"750",选择 KEY 文件保存路径,单击"Save Keyword"进行保存,如图 11.14 所示。

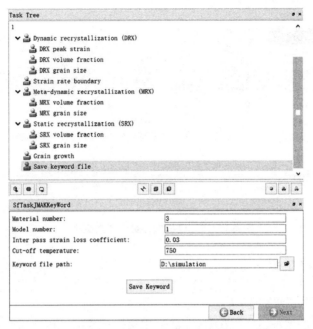

图 11.14　KEY 文件条件设置

11.2.2　工序一:高温镦粗变形

11.2.2.1　创建新问题

(1)打开 DEFORM 主程序,单击 Home ⌂打开工作目录。

(2)单击 New Problem 📋,项目类型选择"DEFORM – 2D/3D Pre",单位选择"SI 国际单位制",单击"Next",设置存储路径,选择"Under Problem Home Directory"。

(3)单击"Next",名称设置为"JMAK",单击"Finish"进入前处理主界面。

11.2.2.2　设置控制参数

(1)单击 Simulation Controls 🔽,在 📕 Main 选项卡进行主控制参数设置。在 "Simulation Title"输入名称"JMAK"。

(2)勾选"SI 国际单位制"选项,选择"Lagrangian Incremental"迭代方式,勾选 "Deformation"变形模式与"Heat transfer"传热模式,在传热模式下勾选"Grain"晶粒模式,如图 11.15 所示。单击"OK",完成主控制参数设置。

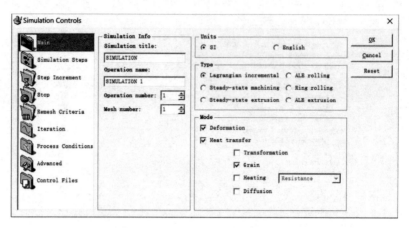

图 11.15　模拟主参数设置对话框

11.2.2.3　创建模拟对象

(1)创建工件(Workpiece)

在模型树单击 Workpiece,在 General 通用属性标签下进行通用参数设置。

● **工件通用参数设置**

①对象名称(Object Name):默认 Workpiece,无须更改。

②对象类型:选择"Plastic"(塑性变形体)。

③变形温度:单击 `Assign temperature...` ,输入变形温度 1 000 ℃。

● **工件几何参数设置**

单击 `Geometry` ,选择 `Geo Primitive ...` ,弹出几何建模对话框,如图 11.16 所

示。工件几何形状为圆柱体,尺寸为 ϕ100 mm ×45 mm,选择圆柱体"Cylinder",在尺寸栏输入数据,单击"Create"完成几何体创建,单击"Close"关闭对话框。

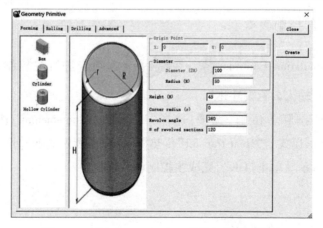

图 11.16　"Geometry Primitive"几何建模对话框

（2）创建凸模（Top Die）

在模型树内创建（Insert ![icon]）Top Die，单击选中 Top Die，在 General 通用属性标签下进行通用参数设置。

● **凸模通用参数设置**

①对象名称（Object Name）：默认 Top Die，无须更改。

②对象类型：选择"Rigid"（刚性体）。

③变形温度：单击 `Assign temperature...`，输入变形温度 665 ℃。

④DEFORM－3D 默认勾选 Top Die 为主模具 `☑ Primary Die`，负责挤压动作。

● **凸模几何参数设置**

单击 `Geometry`，选择 `Geo Primitive ...`，弹出几何建模对话框。凸模几何形状为圆柱体，尺寸为 ϕ150 mm × 10 mm，选择圆柱体"Cylinder"，在尺寸栏输入数据，单击"Create"完成几何体创建，单击"Close"关闭对话框。

（3）创建凹模（Bottom Die）

在模型树内创建（Insert ![icon]）Bottom Die，单击选中 Bottom Die，在 General 通用属性标签下进行通用参数设置。

● **凹模通用参数设置**

①对象名称（Object Name）：默认 Bottom Die，无须更改。

②对象类型：选择"Rigid"（刚性体）。

③变形温度：单击 `Assign temperature...`，输入变形温度 665 ℃。

● **凹模几何参数设置**

单击 `Geometry`，选择 `Geo Primitive ...`，弹出几何建模对话框。凹模几何形状为圆柱体，尺寸为 ϕ120 mm × 10 mm，选择圆柱体"Cylinder"，在尺寸栏输入数据，单击"Create"完成几何体创建，单击"Close"关闭对话框。注意，此时凸模与凹模几何模型重叠，需要通过空间位置调整对象之间的关系。

11.2.2.4　空间位置关系

单击任务栏 Object Positioning ![icon]，弹出"Object Positioning"对话框，如图 11.17

所示。

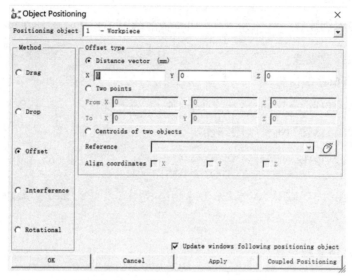

图 11.17 "Object Positioning"对话框

（1）Interference 接触功能（凹模）

设置位置对象，通过下拉按钮 ▼ 框选"3 - Bottom Die"。在"Method"位置方式类型框内选中"Interference"按钮。

①Direction 方向：根据图形显示窗口坐标方向与对象间的实际关系，选中"- Z"轴方向。

②Reference 对象：选择"1 - Workpiece"。单击"Apply"，单击 View Fit ⊕按钮，调整图形，使其最佳显示。此时，凹模已沿 - Z 轴方向移动，并与工件尾部端面发生接触。

（2）Interference 接触功能（凸模）

设置位置对象，通过下拉按钮 ▼ 框选"2 - Top Die"。在"Method"位置方式类型框内选中"Interference"按钮。

①Direction 方向：根据图形显示窗口坐标方向与对象间的实际关系，选中"Z"轴方向。

②Reference 对象：选择"1 - Workpiece"。单击"Apply"，单击 View Fit ⊕按钮，调整图形，使其最佳显示。此时，凸模已沿 Z 轴方向移动，并与工件头部端面发生接触。

单击 OK 完成位置移动操作。

11.2.2.5 网格划分

本例涉及热传导，对工件、凸模与凹模都需进行网格划分。

（1）在模型树中，单击 Workpiece，单击 ⬤，隐藏无关模型。

（2）单击 ⊞Mesh，在网格基本工具 `Tools` 标签下，拖动进度条至 45 000，完成网格数目设置。

（3）单击 `Preview`，预览网格尺寸及分布情况。单击 `Detailed Settings` 进入网格详细设置标签，在 `General` 二级标签栏下，选择 ⊙ `Relative` 网格类型。在 Element 标签栏下，灰色图标显示最小单元网格尺寸为 1.64mm，最大单元网格尺寸为 3.30 mm。如果网格划分达到预期，单击 `Tools` 返回，单击 `Generate Mesh`，直接生成网格。

（4）同样方法对凸模与凹模进行网格划分，网格数量为 15 000。

11.2.2.6 材料属性

本例为高温镦粗变形模拟，全部对象均需设置材料属性。

（1）在模型树中，单击 Workpiece，单击 ⬤，简化模型显示。

（2）在 General 通用属性标签下进行变形体材料属性设置。打开"Import Materials"对话框，单击 Browse 浏览路径，选中 11.2.1.2 创建的镍基高温合金材料模型 Nickle.key，如图 11.18 所示。单击 `Load` 载入材料属性。

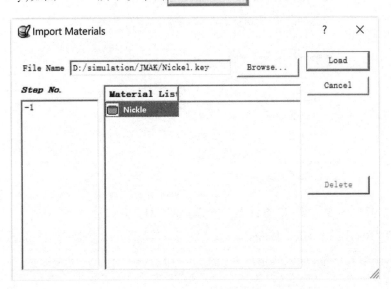

图 11.18 "Import Materials"对话框

（3）单击 Material ▨，打开"Material"对话框，如图 11.19 所示。单击"Phase"选区栏，单击"Grain"，弹出"Grain Data"对话框，如图 11.20 所示，进行再结晶组织模拟参数设置。

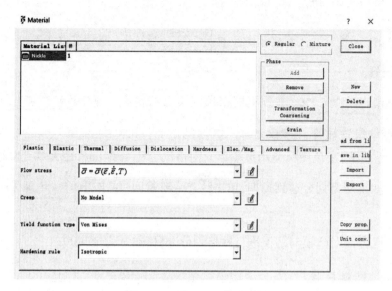

图11.19 "Material"对话框

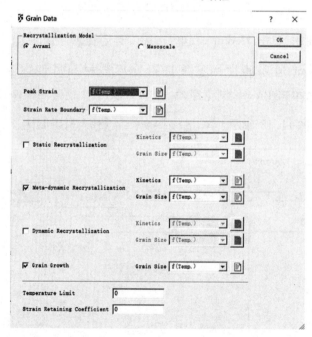

图11.20 "Grain Data"对话框

（4）在"Recrystallization Model"选择"Avrami"模型。单击新建"Peak Strain"函数关系，弹出函数对话框，输入峰值应变（图11.21），点击"Apply"完成设置。

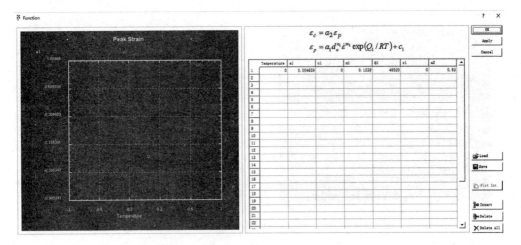

图 11.21　"Peak Strain"函数关系对话框

（5）在"Grain Data"对话框，单击新建"Strain Rate Boundary"函数关系，弹出函数对话框，输入应变速率边界条件参数（图 11.22），点击"Apply"完成设置。

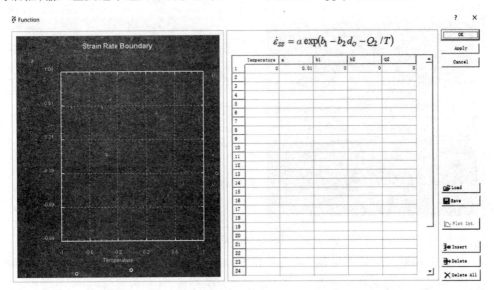

图 11.22　"Strain Rate Boundary"函数关系对话框

（6）在"Grain Data"对话框，单击新建"Meta - dynamic Recrystallization Kinetics"函数关系，弹出函数对话框，输入亚动态再结晶动力学参数（图 11.23），点击"Apply"完成设置。

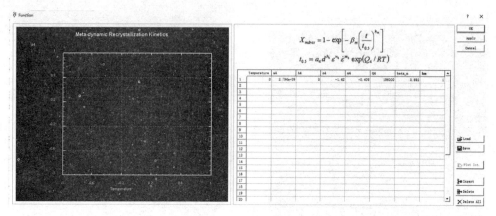

图 11.23　"Meta – dynamic Recrystallization Kinetics"函数关系对话框

（7）在"Grain Data"对话框，单击新建"Meta – dynamic Recrystallization Grain Size"函数关系，弹出函数对话框，输入亚动态再结晶晶粒度参数（图 11.24），点击"Apply"完成设置。

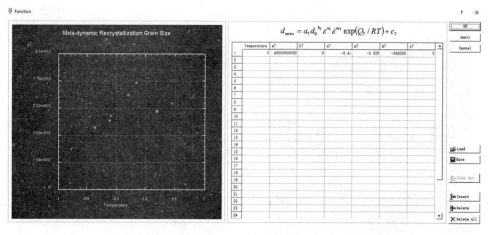

图 11.24　"Meta – dynamic Recrystallization Grain Size"函数关系对话框

（8）在"Grain Data"对话框，单击新建"Grain Growth"函数关系，弹出函数对话框（图 11.25），输入晶粒生长参数，点击"Apply"完成设置。

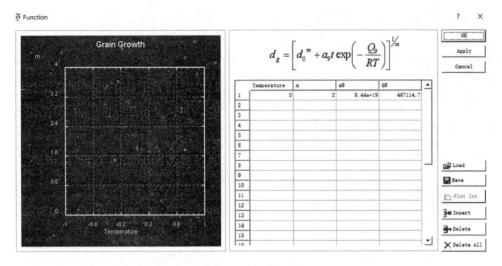

图 11.25 "Grain Growth"函数关系对话框

（9）在"Grain Data"对话框，在极限温度栏（Temperature Limit）输入 300 ℃，在应变保持系数栏（Strain Retaining Coefficient）输入 0，单击"OK"关闭"Grain Data"对话框，单击"Close"关闭"Material"对话框。完成再结晶组织模拟参数设置。

（10）在前处理主界面的应用菜单栏，单击"Input"下拉菜单，选中对象单元 ，弹出单元信息设置对话框，如图 11.26 所示。

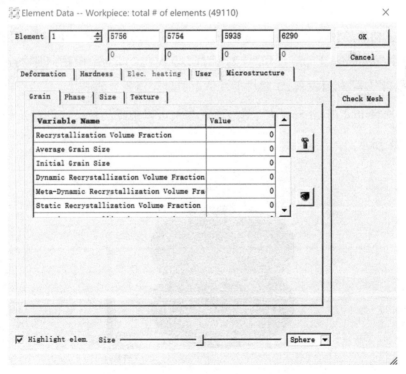

图 11.26 单元初始晶粒尺寸设置对话框

①点击"Microstructure"标签栏，单击平均晶粒尺寸"Average Grain Size"，使其高

亮显示，然后单击初始化（Initial ）按钮，弹出"Initialize Element Data"对话框，

必须在"Value"栏输入平均晶粒尺寸"120"，如图 11.27 所示，单击"OK"完成设置，才

能将单元节点信息应用至全部单元。

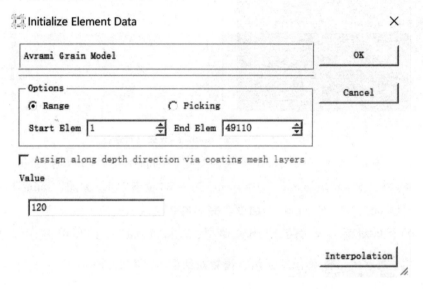

图 11.27　"Initialize Element Data"对话框

②单击初始晶粒尺寸"Initial Grain Size"，使其高亮显示，然后单击初始化"Initial"

按钮，弹出"Initialize Element Data"对话框，必须在"Value"栏输入平均晶粒尺寸

"120"，单击"OK"完成设置，才能将单元节点信息应用至全部单元。

③点选"Initial Grain Size"栏，单击预览 ，可以查看晶粒尺寸设置及分布情况，

如图 11.28 所示。

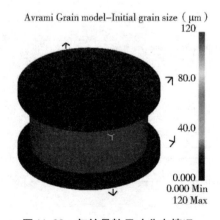

图 11.28　初始晶粒尺寸分布情况

（11）采用常规方法对凸模与凹模进行材料设置，从 Material Lab 材料库的 Category 选择"Die Material"类型，在"Material Label"选择牌号 AISI – H – 13，单击 `Load` 载入材料属性。

表 11.1　再结晶组织模拟参数表

峰值应变						
温度	a_1	n_1	m_1	Q_1	c_1	a_2
0	4.659E – 03	0	0.1238	49520	0	0.83
应变速率边界条件						
温度	a	b_1	b_2	Q_2		
0	0.01	0	0	0		
亚动态再结晶动力学参数						
温度	a_4	h_4	n_4	m_4	Q_4	β_m	k_m
0	3.794E – 09	0	– 1.42	– 0.408	196000	0.693	1
亚动态再结晶晶粒度参数						
温度	a_7	h_7	n_7	m_7	Q_7	c_7
0	4.85E + 10	0	– 0.41	– 0.028	– 240000	0
晶粒生长						
温度	m	a_9	Q_9			
0	2	9.44E + 19	467114.7			

注：①在 11.2.1.2 材料模型中仅建立了物理实验获得的热变形模拟参数，包括塑性变形参数与热参数，在本节导入的 KEY 文件仍需添加再结晶组织模拟参数，激活亚动态再结晶和晶粒生长参数，详细参数见表 11.1 所示；②单元信息必须在 Initialize Element Data 对话框的"Value"栏输入，如果仅在单元初始晶粒尺寸设置对话框输入，将不能把单元信息应用至全部单元。这是导致 JMAK 法在锻造过程中晶粒组织演变模拟不成功的常见原因。

11.2.2.7　模拟控制

（1）单击 Simulation Controls，打开"Simulation Controls"对话框，单击 `Step Increment`，切换至步长设置标签。

（2）默认处于 General 二级标签栏，在 Solution Step Definition 标签栏下，选中 `Die displacement`，以凸模位移为步长控制单元。

（3）在 Step Increment Control 标签栏下，选择"Constant"，即以恒定步长方式变形，

输入 0.55 mm/step。

（4）单击 **Stop** 进入停止控制标签,处于 Process Parameters 二级标签栏,在 General 标签栏下,根据实际镦粗运动,"Movement"方向选择 Z 轴方向,在 Primary Z 轴方向输入 15 mm,即本次镦粗总位移为 Z 轴方向 15 mm。

（5）单击 **Simulation Steps** 进入步长控制标签,在"Number of Simulation Steps"输入 30,总步长为 30 步;在"Step Increment to Save"输入 10,每 10 步保存结果。

（6）单击 **Iteration**,在 Solver 二级标签栏下,选择 **Sparse** 求解器;在 Method 二级标签栏下,选择 **Newton-Raphson** 迭代算法。

（7）单击"OK",完成控制参数设置。

11.2.2.8　运动条件

DEFORM-3D 默认勾选 Top Die 为主模具 **Primary Die**,主模具负责镦粗动作。

（1）在模型树中,单击 Top Die,单击 ●,简化模型显示。

（2）单击 **Movement**,切换至运动条件设置标签。单击 **Translation**,在平移运动二级标签栏下进行设置。

（3）Direction 方向:根据实际镦粗方向,选中 -Z 轴方向。

（4）在 Defined 定义栏,选中 **Constant**,在"Constant Value"输入 2.5 mm/s,即以恒定速度 2.5 mm/s 进行镦粗。

（5）单击 Preview Object Movement ,弹出"Movement Preview"对话框。选中 **x 10**,点击 Play Forward ▶,确认运动参数设置无误后,单击"Close"关闭对话框。

11.2.2.9　边界条件

在前处理主界面模型树中,单击 Workpiece。在前处理主界面单击边界条件 **Bdry. Cnd.**,切换至边界条件设置标签。在 Thermal 传热标签栏下单击"Heat exchange with environment",弹出"Pick Surface Elements"对话框,单击"All",选中所有面为传热面。单击 Add Boundary Condition ,添加边界条件,显示"Defined",选中的接触面以绿色显示,如图11.29所示。同样方法设置凸模与凹模的传热边界条件。

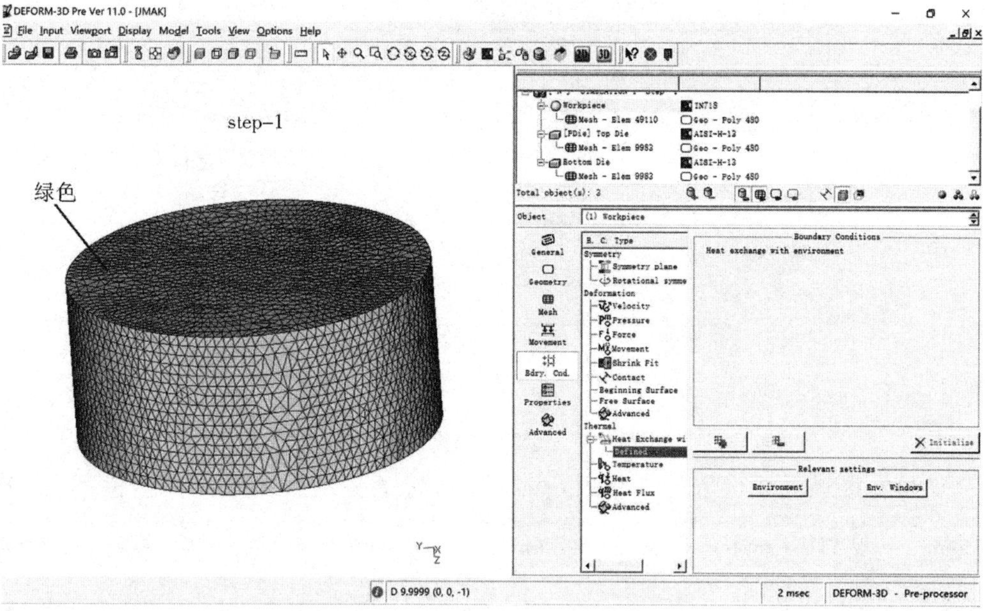

图11.29　设置工件传热边界条件

11.2.2.10　接触关系

(1)单击 Inter – Object,弹出"Add Default Inter – Object Relationships"对话框,提示当前对象之间无接触关系存在,是否由系统添加默认接触关系,点击"Yes"进行确认。

(2)弹出已默认添加接触关系的对话框。设置第一对接触关系(2)Top Die –(1)Workpiece,在 Friction 二级标签栏下,选择 Shear 剪切摩擦形式;在 Value 标签栏下,选中"Constant",以恒定摩擦因子进行镦粗变形,输入摩擦因子0.02,输入恒定传热系数0.4。设置第二对接触关系(2)Bottom Die –(1)Workpiece,在 Friction 二级标签栏下,选择 Shear 剪切摩擦形式;在 Value 标签栏下,选中"Constant",以恒定摩擦因子进行镦粗变形,输入摩擦因子0.05,输入恒定传热系数0.4,如图11.30所示。

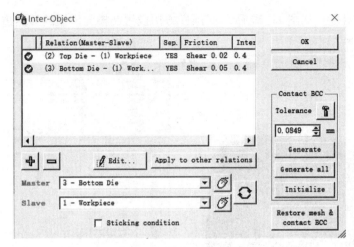

图 11.30　接触关系设置对话框

（3）在接触关系设置对话框，Contact BCC 接触关系边界条件标签栏下，单击 Tolerance 📍"Use system default value for contact generatation tolerance"，采用系统默认的接触关系生成容差值，显示默认容差。单击 Generate all ，将接触容差应用至全部接触面。此时，模具与工件之间的接触点采用不同的颜色进行高亮显示，接触点分布情况如图 11.31 所示。凸模与工件端面全部接触，接触点呈绿色点分布；凹模与工件端面全部接触，接触点呈蓝色点分布。

（4）单击"OK"，完成接触关系设置。

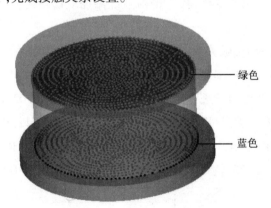

绿色

蓝色

图 11.31　接触点分布情况

11.2.2.11　数据与运算

单击 Database Generation 🗄️，检查并生成数据库文件，保存 KEY 文件，返回至 DEFORM 主界面。单击"Run"按钮，提交运算。

11.2.2.12　后处理

在DEFORM－3D软件主界面,单击JMAK.DB文件,单击"DEFORM－2D/3D Post"按钮,进入后处理主界面。单击Workpiece,单击  ,简化模型显示。

选中最后的模拟步,本例以第33步模拟步为例展开分析,变形后工件在图形显示窗口显示,如图11.32所示。

图11.32　高温镦粗变形工件宏观变形情况

11.2.3　工序二:传热过程模拟

基于镦粗成形模拟结果,介绍传热过程的模拟分析步骤。在DEFORM－3D软件主界面,单击JMAK.DB文件。在Pre Processor标签栏下单击"DEFORM－2D/3D Pre"按钮,进入前处理主界面。

11.2.3.1　设置控制参数

单击 Simulation Controls ,在 Main 选项卡进行主控制参数设置。在"Operation Name"输入"SIMULATION 2","Operation Number"设置为2,单击"OK"完成设置。本阶段为模拟工序二。"Mode"模式栏下仅勾选"Heat transfer"传热模式,取消勾选"Deformation"变形模拟,单击"OK",完成主控制参数设置。

11.2.3.2　空间位置关系

传热模拟是凸模抬起后,工件与凹模接触2 s的传热过程。

单击任务栏 Object Positioning ,弹出"Object Positioning"对话框。

(1)位置对象选择

设置位置对象,通过下拉按钮 框选对象 2　－ Top Die 。

(2)Offset 平移功能

"Method"类型选"Offset"按钮。在"Offset type"标签栏下选择

⊙ Distance vector (mm)。根据图形显示窗口坐标方向与对象间的实际关系，在 Z 轴方向输入"30"，单击"Apply"应用。单击 View Fit ✛按钮，调整图形，使其最佳显示。此时，凸模已沿 Z 轴方向偏移 30 mm，并与工件分离，如图 11.33 所示。

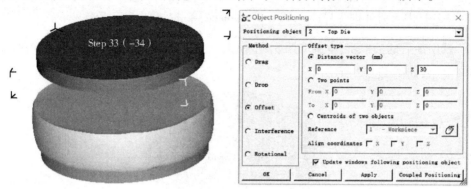

图 11.33　传热模拟凸模位置调整

单击"OK"，完成位置调整。由于位置关系变化将影响边界条件关系，触发边界条件警示，先后弹出"Initialize Boundary Conditions"与"Boundary Conditions"对话框，依次单击"Yes"与"OK"，确认初始化边界条件。

11.2.3.3　模拟控制

（1）单击 Simulation Controls ，打开 Simulation Controls 对话框，单击 Step Increment。

（2）默认处于 General 二级标签栏，在 Solution Step Definition 标签栏下，选中"Time"按钮，以时间为步长控制单元。

（3）在 Step Increment Control 标签栏下，选择"Constant"，即以恒定时间方式变形，输入 0.1 s/step。

（4）单击 Simulation Steps 进入步长控制标签，在"Number of Simulation Steps"输入 20，总步长为 20 步；在"Step Increment to Save"输入 10，每 10 步保存结果。

（5）单击 Iteration，在 Solver 二级标签栏下，选择 ⊙ Sparse 求解器；在 Method 二级标签栏下，选择 ⊙ Newton-Raphson 迭代算法。

（6）单击"OK"，完成控制参数设置。

即本次传热总时间为 2 s。

11.2.3.4　运动条件

DEFORM-3D 默认勾选 Top Die 为主模具 ☑ **Primary Die**，传热模拟无运

动发生,取消勾选。

11.2.3.5　接触关系

(1)单击 Inter-Object 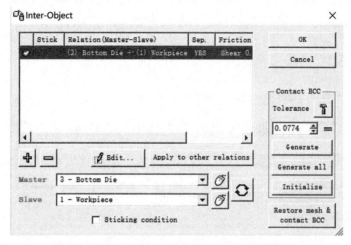 ,弹出已默认添加接触关系的对话框,删除第一对接触关系(2)Top Die-(1)Workpiece,仅保留凹模与工件进行传热接触,如图 11.34 所示。

图 11.34　传热模拟接触关系设置对话框

(2)在接触关系设置对话框,Contact BCC 接触关系边界条件标签栏下,单击"Initialize"初始化接触关系,单击 Tolerance 　 "Use system default value for contact generatation tolerance",采用系统默认的接触关系生成容差值,在下方输入框即会显示默认容差。单击 Generate all ,将接触容差应用至全部接触面。

(3)单击"OK",完成接触关系设置。

11.2.3.6　数据与运算

单击 Database Generation 　 ,检查并生成数据库文件,保存 KEY 文件,返回至 DEFORM 主界面。多道次是多工序变形,在原工序 DB 文件基础上,再进行变形,DB 文件未发生变化。因此,点击项目栏中新生成的 JMAK.DB 文件,在 Simulator 标签栏下单击"Run"按钮,提交运算。

11.2.4　工序三:水冷淬火模拟

本节基于传热过程模拟,介绍水冷淬火模拟分析的具体步骤。

在 DEFORM-3D 软件主界面,单击 JMAK.DB 文件。在 Pre Processor 标签栏下单击"DEFORM-2D/3D Pre"按钮,进入前处理主界面。

11.2.4.1 设置控制参数

单击 Simulation Controls ![icon]，在 ![icon] Main 选项卡进行主控制参数设置。在"Operation Name"输入"SIMULATION 3"，"Operation Number"设置为3，单击"OK"完成设置。本阶段为模拟工序三。"Mode"模式栏下仅勾选"Heat transfer"热传递模式，取消勾选"Deformation"变形模拟，单击"OK"，完成主控制参数设置。

11.2.4.2 空间位置关系

淬火模拟是工件快速放入水中的冷却过程。

单击任务栏 Object Positioning ![icon]，弹出"Object Positioning"对话框。

（1）位置对象选择

选择设置位置对象，通过下拉按钮 ▼ 框选对象"3 – Bottom Die"。

（2）Offset 平移功能

"Method"位置方式框选"Offset"，在"Offset type"标签栏下选择 ⊙ Distance vector (mm)。根据图形显示窗口坐标方向与对象间的实际关系，在 Z 轴方向输入"–30"，单击"Apply"。单击 View Fit ![icon]按钮，调整图形，使其最佳显示。此时，凹模已沿 $-Z$ 轴方向偏移 30 mm，并与工件分离，如图 11.35 所示。

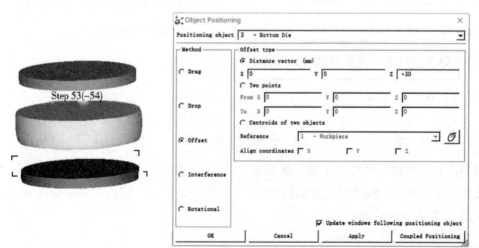

图 11.35 淬火模拟凹模位置调整

单击"OK"，完成位置调整。由于位置关系变化将影响边界条件关系，触发边界条件警示，先后弹出"Initialize Boundary Conditions"与"Boundary Conditions"对话框，依次单击"Yes"与"OK"，确认初始化边界条件。

11.2.4.3 模拟控制

(1)单击 Simulation Controls ，打开 Simulation Controls 对话框，单击 Step Increment。

(2)处于 General 二级标签栏，在 Solution Step Definition 标签栏下，选中"Time"按钮，以时间为步长控制单元。

(3)在 Step Increment Control 标签栏下，选择"Constant"，即以恒定步长方式变形，输入 0.1 s/step。

(4)单击 Simulation Steps 进入步长控制标签，在"Number of Simulation Steps"输入 100，总步长为 100 步；在"Step Increment to Save"输入 10，每 10 步保存结果。

(5)单击 Iteration，在 Solver 二级标签栏下，选择 ◉ Sparse 求解器；在 Method 二级标签栏下，选择 ◉ Newton-Raphson 迭代算法。

(6)单击"OK"，完成控制参数设置。

即本次传热总时间为 10 s。

11.2.4.4 接触关系

工件与凸模、凹模全部分离，删除全部接触关系。

11.2.4.5 边界条件

在前处理主界面模型树中，单击 Workpiece。单击边界条件 Bdry. Cnd.，切换至边界条件设置标签栏。在 Relevant Settings 标签下单击"Environment"，进入"Heat Transfer"对话框，在"Environment temperature"栏输入恒定水温"20"℃，在"Convection coefficient"栏输入常温下水的传热系数"15"N/s/mm/℃，如图 11.36 所示。单击"OK"，关闭对话框。

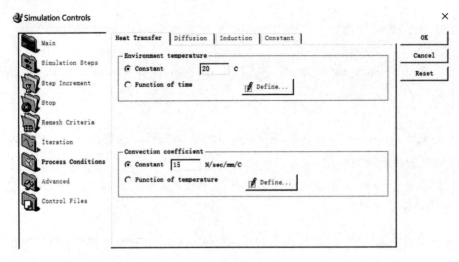

图 11.36　介质传热系数设置对话框

11.2.4.6　数据与运算

单击 Database Generation ，检查并生成数据库文件，保存 KEY 文件，返回至 DEFORM 主界面。多道次是多工序变形，在原工序 DB 文件基础上，再进行变形，DB 文件未发生变化。因此，点击项目栏中新生成的 JMAK.DB 文件，在 Simulator 标签栏下单击"Run"按钮，提交运算。

11.2.4.7　后处理分析

在 DEFORM - 3D 软件主界面，单击 JMAK.DB 文件，单击"DEFORM - 2D/3D Post"按钮，进入后处理主界面。单击快捷菜单区 Step 工具栏的 Last step 按钮，观察工序三水冷淬火结束后的变形情况。单击 Workpiece，单击 ，简化模型显示。

（1）单击快捷菜单的 Slcing 切片工具，打开切片工具对话框，将工件沿 X 轴方向纵向剖开，如图 11.37 所示。

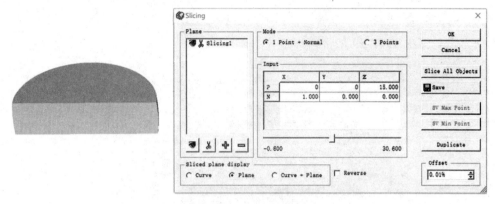

图 11.37　工件纵剖面

（2）单击快捷菜单的状态变量 State Variable ![icon]，打开状态变量对话框。本例介绍晶粒演变"Micro structure"选项卡，如图 11.38 所示。

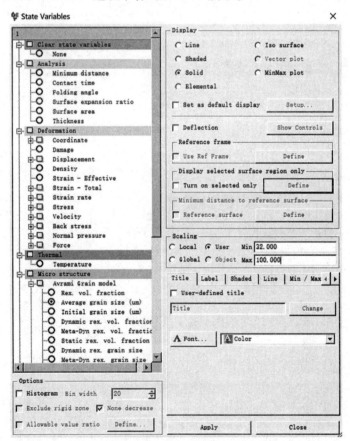

图 11.38　状态变量对话框

（3）平均晶粒尺寸。在状态变量模型树下，选中 Micro structure→Avrami Grain Model – Average grain size(![icon] Average grain size (um))选项，Display 显示标签栏下选

中 **Solid**，Scaling 缩放标签栏下选中 **User**，输入 Min"32"、Max"100"，单击
"Apply"，结果如图 11.39 所示。

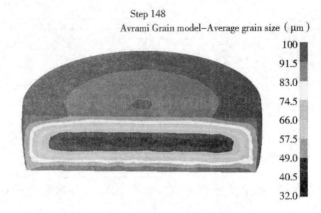

Step 148
Avrami Grain model–Average grain size（μm）

| 100 |
| 91.5 |
| 83.0 |
| 74.5 |
| 66.0 |
| 57.5 |
| 49.0 |
| 40.5 |
| 32.0 |

图 11.39　JMAK 晶粒演变情况

11.3　CA 法晶粒演变模拟

【CA 法电子资源】

11.3.1　问题分析

CA 法晶粒演变模拟需要在已计算完成的热加工计算结果 DB 文件上进行，用
DEFORM - 2D/3D Post 新一代后处理程序打开，点击 CA 工具。

11.3.2　宏观变形模拟

11.3.2.1　创建仿真模型

（1）打开 DEFORM 主程序，单击 Home 🏠 打开工作目录。

（2）单击 New Problem 📄，项目类型选择"DEFORM - 2D/3D Pre"，单位选择"SI
国际单位制"，单击"Next"，设置存储路径，选择"Under Problem Home Directory"。

（3）单击"Next"，名称设置为"CA"，单击"Finish"进入前处理主界面。

（4）单击应用菜单栏的"File"，弹出下拉菜单，单击"Input Keyword"，根据路径（安
装目录 ＊ \SFTC\DEFORM\v10.2\3D\DATA\Forging）打开 3D_SPIKE_Forging_Brick_
Mesh.KEY 文件，如图 11.40 所示。

（5）在前处理主界面，单击 Database Generation 🗄️，弹出"Database Generation"对

话框,单击 Check 检查数据库,提示 ⓘ Database can be generated,说明可以生成数据库文件,否则重新设置。单击 Generate 生成数据库,单击 Close 关闭对话框,返回至前处理主界面。

(6)单击 Save 📖,保存所有设置至 KEY 文件,单击 Quit 📖,退出前处理主界面,返回至 DEFORM – 3D 软件主界面。

(7)在 DEFORM – 3D 软件主界面,点击项目栏中新生成的 CA. DB 文件。在 Simulator 标签栏下单击"Run"按钮,提交运算,弹出"Start Simulation"提示框,单击"OK"确认。DEFORM – 3D 软件主界面下出现高亮 Running... 图标,表明模拟运算正在进行。

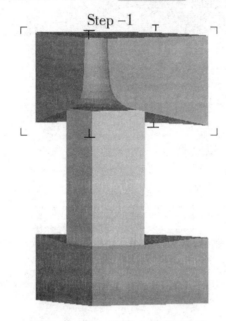

图 11.40 导入 KEY 文件图形显示

11.3.2.2 宏观变形后处理分析

在 DEFORM – 3D 软件主界面,单击 CA. DB 文件,单击"DEFORM – 2D/3D Post"按钮,进入后处理主界面。单击快捷菜单区 Step 工具栏的 Last step ▶️ 按钮。单击快捷菜单的状态变量"State Variable 💢",在状态变量模型树下,选中 Deformation→Strain – Effective (◉ Strain - Effective) 选项,Display 显示标签栏下选中 ◉ Solid,Scaling 缩放标签栏下选中 ◉ Local,单击"Apply",结果如图 11.41 所示。

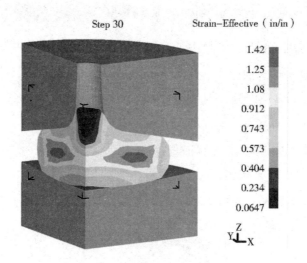

图 11.41　应变分布情况

11.3.3　CA 组织模拟

11.3.3.1　CA 组织模拟设置

进入 CA 模拟有两种方法：

（1）在 DEFORM－3D 软件主界面，单击 CA.DB 文件，单击"DEFORM Mat"按钮，进入材料后处理主界面，单击微观组织 Microstructure 按钮，弹出菜单栏单击 CA Model ，该方法适用于 DEFORM 3D V11.0 版本软件，如图 11.42 所示。

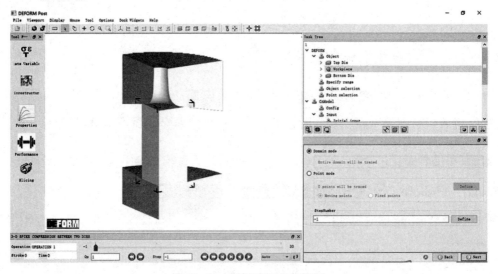

图 11.42　材料后处理主界面

(2)根据路径(安装目录 ＊ SFTC\DEFORM\v10.2\3D),双击打开 DEF_GUI_MI-CROSTRUCTURE3.exe,进入组织模拟后处理主界面,单击打开 Open Project 📂,按路径找到模拟文件 CA.DB,该方法适用于 DEFORM 3D V10.2 版本软件,如图 11.43 所示。

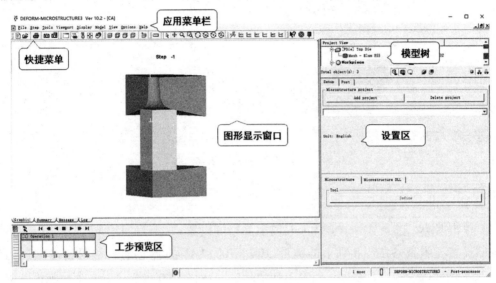

图 11.43　模拟后处理主界面

11.3.3.2　模拟观测点设置

　　本例按第(2)种方法设置操作过程,读者可自行尝试第(1)种方法,相关设置基本相同。

　　在 设 置 区 Setup 设 置 标 签 下,Microstructure project 栏 目 下,单 击 Add project按钮,新建组织模拟项目,系统自动命名为"Mi-croEvol0"。在 Microstructure 标签下,单击 Define 定义观测点,弹出"Define points"对话框,在图形显示窗口的工件上单击点选"P1"与"P2"的位置,如图 11.44 所示,单击"Next"完成选取。在"Tracking Option"对话框,保持选中默认的"No"模式。

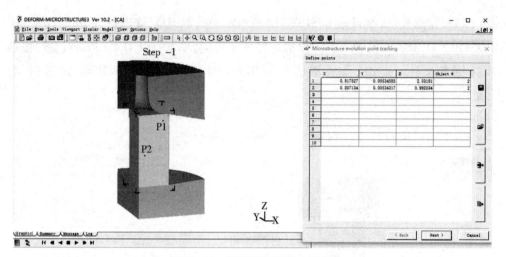

图 11.44　组织模拟观测点选取

11.3.3.3　离散晶格设置

单击"Next"进入"Discrete lattice"离散晶格的设置,如图 11.45 所示。在"Resolution"设置元胞晶格在行和列上的数量,100 × 100,"Absolute length"绝对长度默认为"1",不做修改。该设置表明一行有 100 个晶格,一列有 100 个晶格。一个元胞长度例如为 10 μm,则整个元胞的尺寸为 1 000 μm × 1 000 μm(1 mm × 1 mm)。

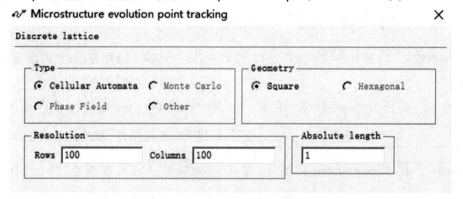

图 11.45　"Discrete lattice"离散晶格的设置

11.3.3.4　边界条件设置

单击"Next"进入边界条件"Boundary Conditions"设置,保持默认设置不做修改,单击"Next"进入"Grain Boundary and Neighborhood"。在晶界变化是否耦合材料流动"Grain Boundaries Coupled"栏选择默认设置"No"。

11.3.3.5　位错密度模型设置

单击"Next"进入"Dislocation density calculation constants"对话框,对位错密度模型

常量进行设置。位错密度计算常用的两种"硬化和恢复"模型是 Laasraoui – Jonas 模型和 Kocks – Mecking 模型。目前在离散晶格微观结构模型中实现的是 Laasroui – Jonas 模型的修改版本,选择 Nikel 的材料模型参量,输入常量参数,如图 11.46 所示。

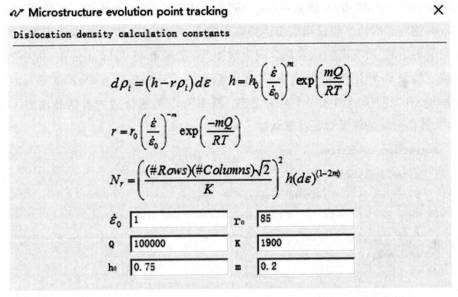

图 11.46　"Dislocation density calculation constants"位错密度模型参数设置

11.3.3.6　再结晶参数设置

单击"Next"进入"Recrystallization phenomena"对话框,设置再结晶现象,选择"Discontinuous Dynamic Recrystallization(DRX)"不连续动态再结晶模式,如图 11.47 所示。

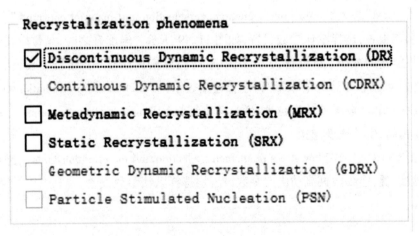

图 11.47　"Recrystallization phenomena"设置

11.3.3.7　形核条件设置

单击"Next"进入"Nucleation conditions for new grains",进行形核条件设置,选择"Function of threshold dislocation density and probability"模式,如图11.48所示。Site - saturated:饱和点形核。假设当组织达到临界应变、应变速率和再结晶温度条件时,该部位发生再结晶,所有高能位置都会成为饱和点。Threshold dislocation density:位错密度阈值。假设临界位错密度是形核的必要条件。Threshold dislocation density and probability:在当前模型加入一个经验参数"概率",以实现合适的再结晶动力。单击"Next",其余形核条件设置保持默认。

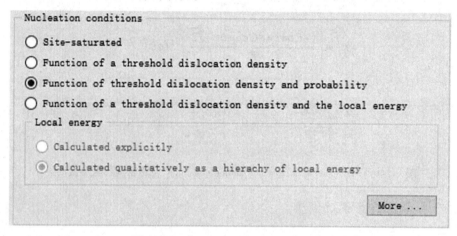

图11.48　"Nucleation conditions"设置

11.3.3.8　晶粒生长参数设置

单击"Next"进入"Grain growth phenomena selection and material constants",进行晶粒生长参数设置,选择默认参数设置,如图11.49所示。温度升高时,晶粒生长。其机制是晶界能量的减少(晶粒越大,组织中平均晶界密度越低)。晶粒生长设置:Constant 常数(以垂直于边界的微米/秒生长速度表示);Function of misorientation angle(取向差角度的函数,取向差角度越大,生长速度越快);Function of temperature(温度的函数,温度越高,生长速度越快)。

单击"Next"进入"Flow stress phenomena selection and material constants",进行流动应力参数设置,连续两页流动应力参数设置均选择默认参数设置。

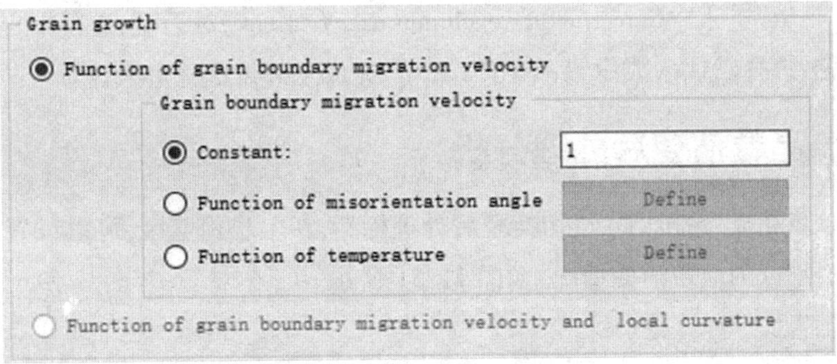

图 11.49 "Grain growth"设置

11.3.3.9 初始晶粒条件设置

单击"Next"进入"Initial microstructure input"对话框,初始晶粒分布设置由系统自动生成,在"System generated,provide average grain size"输入"10",在"Initial dislocation density ρi"输入"0.04",如图 11.50 所示。

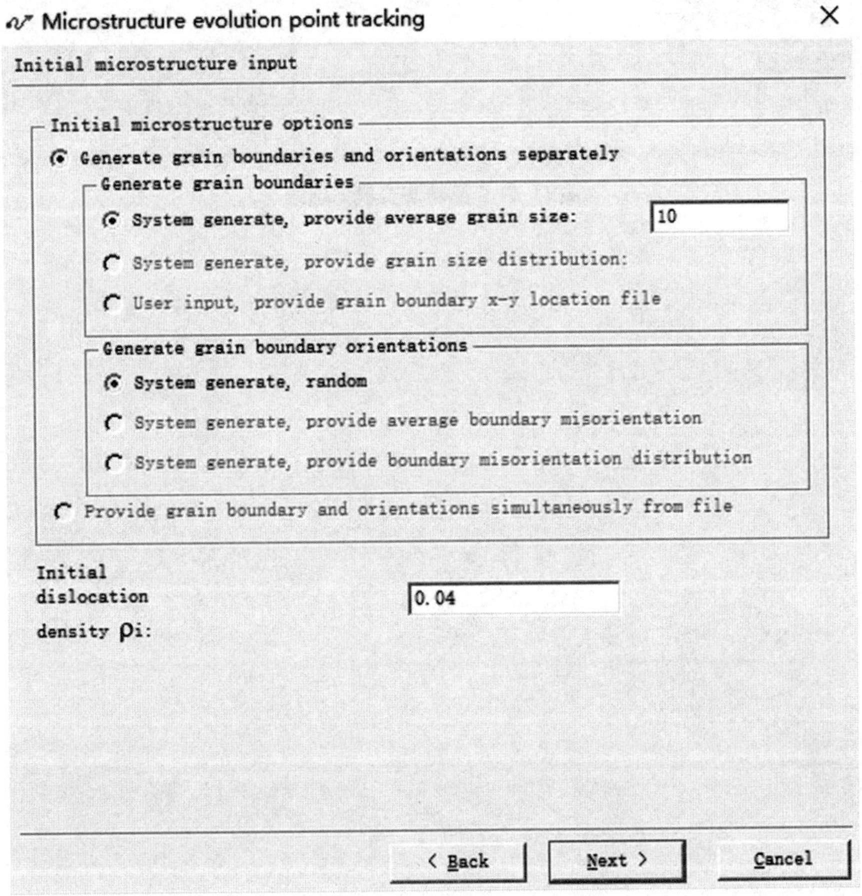

图 11.50 "Initial microstructure input"初始晶粒条件设置

单击"Next"进入"Microstructure evolution user routines"对话框,进行用户自定义模拟路径设置,选择默认参数设置,单击"Finish"完成全部设置并进入计算。

11.3.4　晶粒演变后处理分析

等待计算完成,单击"Post"切换至后处理标签,在工步预览区,可以设置每一步变形时所选观测点的晶粒演变情况,如图11.51所示。

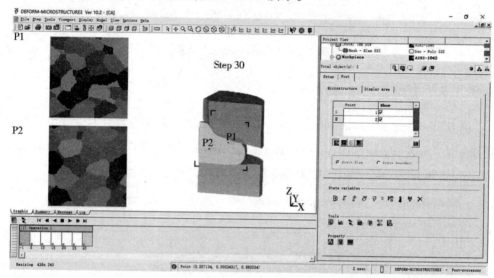

图11.51　晶粒演变模拟结果

参考文献

[1]张士红,程明,宋鸿武,等. 塑性加工先进技术[M]. 北京:科学出版社,2012.

[2]严邵华. 材料成形工艺基础[M]. 2版. 北京:清华大学出版社,2008.

[3]胡建军,李小平. DEFORM-3D 塑性成形 CAE 应用教程[M].2版. 北京:北京大学出版社,2020.

[4]吕广庶,张远明. 工程材料及成形技术基础[M]. 2版. 北京:高等教育出版社,2011.

[5]林建榕. 工程材料及成形技术[M]. 北京:高等教育出版社,2007.

[6]张彦华,薛克敏. 材料成形工艺[M]. 北京:高等教育出版社,2008.

[7]崔敏,魏敏. 材料成形工艺基础[M]. 武汉:华中科技大学出版社,2013.

[8]崔忠圻,刘北兴. 金属学及热处理原理[M].3版. 哈尔滨:哈尔滨工业大学出版社,2007.

[9]张鹏. 金属热塑性成形基础理论与工艺[M]. 哈尔滨:哈尔滨工业大学出版社,2017.

[10]祖方遒. 材料成形基本原理[M].3版. 北京:机械工业出版社,2016.

[11]俞汉清,陈金德. 金属塑性成形原理[M]. 北京:机械工业出版社,1999.

[12]汪大年. 金属塑性成形原理[M]. 北京:机械工业出版社,1986.

[13]董湘怀. 金属塑性成形原理[M]. 北京:机械工业出版社,2011.

[14]肖兵,彭必友,查五生,等. 金属塑性成形理论与技术基础[M]. 成都:西南交通大学出版社,2013.

[15]史庆南,陈亮维,王效琪. 大塑性变形及材料微结构表征[M]. 北京:科学出版社,2016.

[16]薛克敏,王晓溪,李萍. 超细晶材料制备新工艺——扭挤[J]. 塑性工程学报,2009,16(5):130-136.

[17]王广春. 金属体积成形工艺及数值模拟技术[M]. 北京:机械工业出版社,2009.

[18]刘相华. 刚塑性有限元:理论、方法及应用[M]. 北京:科学出版社,2013.

[19]徐小波. 塑性成形的刚塑性有限元方法概述[J]. 中国水运(理论版),2006(4):

102 - 103.

[20]潘祖梁.非线性问题的数学方法及其应用[M].杭州:浙江大学出版社,1998.

[21]罗喜恒,肖汝诚,项海帆.几何非线性问题求解的改进算法[J].公路交通科技,2005,22(12):75 - 77,93.

[22]ZIENKIEWICZ O C.有限元方法:基础理论[M].7版.北京:世界图书出版公司,2008.

[23]谢水生,李雷.金属塑性成形的有限元模拟技术及应用[M].北京:科学出版社,2008.

[24]蒋鹏,刘寒龙.金属塑性体积成形有限元模拟——QForm软件应用及案例分析[M].北京:中国水利水电出版社,2015.

[25]李兰云,刘静,李渊博.金属塑性成形有限元数值模拟[M].北京:中国石化出版社,2016.

[26]张莉,李升军.DEFORM在金属塑性成形中的应用[M].北京:机械工业出版社,2009.

[27]李传民,王向丽,闫华军,等.DEFORM 5.03金属成形有限元分析实例指导教程[M].北京:机械工业出版社,2006.

[28]孔凡新,吴梦陵,李振红,等.金属塑性成型CAE技术——DYNAFORM及DE-FORM[M].北京:电子工业出版社,2018.

[29]龚红英,朱卉,徐新城,等.基于Deform - 3D的汽车零件冷挤压成形方案研究[J].锻压技术,2010,35(5):16 - 19.

[30]王彤.道钉加工工艺数值仿真分析[J].装备制造技术,2020,(10):47 - 49.

[31]JI H C,LIU J P,FU X B,et al. Finite element analysis and experiment on multi - wedge cross wedge rolling for asymmetric stepped shaft of C45[J]. Journal of Central South University,2017,24(4):854 - 860.

[32]QIU P,XIAO H,LI M. Effect of non - uniform temperature field on piece rolled by three - roll cross wedge rolling[J]. Applied Mechanics & Materials,2009,16 - 19:456 - 461.

[33]张更超.楔横轧阶梯轴成形过程的有限元仿真与分析[D].杭州:浙江工业大学,2004.

[34]王晓溪,张翔,金旭晨,等.新型等通道球形转角膨胀挤压过程模拟与实验验证[J].中国有色金属学报,2018,28(11):2281 - 2287.

[35]BAGHERPOUR E,PARDIS N,REIHANIAN M,et al. An overview on severe plastic deformation:research statu,techniques classification,microstructure evolution,and applications[J]. International Journal of Advanced Manufacturing Technology,2019,

100(5 - 8):1647 - 1694.

[36]石凤健,张健伟,王雷刚,等. 高宽比对纯铜试样反复镦压过程及其组织性能的影响[J]. 稀有金属材料与工程,2020,49(9):3170 - 3176.

[37]P. 3. 瓦利耶夫,И. B. 亚力克山卓夫. 剧烈塑性形变纳米材料[M]. 林柏年,译. 北京:科学出版社,2006.

[38]ZHILYAEV A P,LANGDON T G. Using high - pressure torsion for metal processing:Fundamentals and applications[J]. Progress in Materials Science,2008,53(6):893 - 979.

[39]严健鸣. 十字轴零件冷径向挤压关键技术研究[D]. 合肥:合肥工业大学,2013.

[40]郭坤龙. 浮动凹模应用技术研究[D]. 洛阳:河南科技大学,2010.

[41]日本塑性加工学会. 旋压成形技术[M]. 北京:机械工业出版社,1988.

[42]张涛. 旋压成形工艺[M]. 化学工业出版社,2009.

[43]XIA Q X,XIAO G F,LONG H,et al. A review of process advancement of novel metal spinning[J]. International Journal of Machine Tools and Manufacture,2014,85:100 - 121.

[44]吴敏辉. 内外齿形件旋压成形模具受力分析及寿命预测[D]. 广州:华南理工大学,2020.

[45]张翔,王晓溪,李毅,等. 新型复合SPD模具应力有限元分析及结构优化[J]. 热加工工艺,2018,47(19):140 - 144.

[46]孙志仁,孔德磊,雷丽萍. 大型轴类锻件典型锻造工艺微观组织模拟[J]. 锻压技术,2021,46(6):33 - 40.

[47]吕胡缘,胡励,时来鑫,等. 基于元胞自动机的金属静态再结晶行为研究进展[J]. 材料热处理学报,2021,42(2):1 - 10.

[48]唐学峰. IN718合金环件径轴向轧制微观组织演变建模与仿真研究[D]. 北京:北京科技大学,2017.

[49]宋昕. Ti40合金热变形过程的微观组织模拟[D]. 南昌:南昌航空大学,2013.